全国高等院校土木与建筑专业创新规划教材

土 力 学

刘熙媛　徐东强　主　编

清华大学出版社
北 京

内 容 简 介

本书系统阐述了土力学的基本原理、土的基本特性和分析计算方法，结合长期教学与实践的研究成果，讲解了土力学在工程中的应用。

全书共 8 章，主要内容包括土的物理性质及工程分类，土中的应力计算，土中水的运动规律，土的压缩性与地基沉降计算，土的抗剪强度理论，土压力计算，土坡稳定分析和地基承载力。

本书可作为普通高等院校土木工程专业的教材和其他专业报考土木工程专业硕士研究生人员的参考书，亦可作为土木工程勘察、设计、施工技术人员的参考书。

图书在版编目(CIP)数据

土力学/刘熙媛，徐东强主编. —北京：清华大学出版社，2017（2023.8 重印）

(全国高等院校土木与建筑专业创新规划教材)

ISBN 978-7-302-44914-0

Ⅰ. ①土…　Ⅱ. ①刘…　②徐…　Ⅲ. ①土力学—高等学校—教材　Ⅳ. ①TU43

中国版本图书馆 CIP 数据核字(2016)第 213050 号

责任编辑：桑任松
装帧设计：刘孝琼
责任校对：周剑云
责任印制：丛怀宇

出版发行：清华大学出版社

网　　　址：http://www.tup.com.cn, http://www.wqbook.com
地　　　址：北京清华大学学研大厦 A 座　　　邮　　编：100084
社 总 机：010-83470000　　　邮　　购：010-62786544
投稿与读者服务：010-62776969, c-service@tup.tsinghua.edu.cn
质量反馈：010-62772015, zhiliang@tup.tsinghua.edu.cn
课件下载：http://www.tup.com.cn, 010-62791865

印 装 者：涿州市般润文化传播有限公司

经　　销：全国新华书店

开　　本：185mm×260mm　　印　张：16.25　　字　数：390 千字
版　　次：2017 年 3 月第 1 版　　印　次：2023 年 8 月第 5 次印刷
定　　价：49.00 元

产品编号：067255-02

前　言

　　"土力学"是高等学校土木工程专业必修的一门专业基础课。本教材遵循中华人民共和国住房和城乡建设部高等学校土木工程学科专业指导委员会编制的《高等学校土木工程本科指导性专业规范》，并综合不同院校土木工程专业的土力学与基础工程教学大纲，在教学改革和实践的基础上编写而成。同时，根据新的专业目录要求对教学内容进行了拓宽，涉及与建筑工程、道路与桥梁工程、地下工程等有关的专业知识。

　　为了适应我国"卓越工程师教育培养计划"的实施以及土木工程专业应用型人才培养的需要，本书在编写中主要遵循以下原则。

　　(1) 强调基本概念、基本原理和计算方法。力图准确地阐述土力学的基本概念和基本原理，通过有针对性的例题，学生在理解基本原理的基础上掌握土力学的基本计算方法。

　　(2) 注重理论与实践的结合，通过对特定工程问题的分析，帮助学生理解公式推导中一些假设的工程实际意义，有助于培养学生分析与解决实际问题的能力。

　　(3) 反映我国土木工程国家标准及行业标准编制建设的最新成果。在涉及规范处，强调我国设计规范在基本原则和基本规定方面内容的变化及其与土力学基本原理的关系。

　　(4) 适当吸收国内外土力学比较成熟的新内容，注意反映土力学学科发展水平和新方向。

　　本教材内容可分为两大部分：第一部分(第 1～5 章)主要介绍了土的物理性质及分类、土中的应力计算、土中水的运动规律，土的压缩性与地基沉降计算及土的抗剪强度理论；第二部分(第 6～8 章)重点介绍了土力学的三大工程应用，即土压力理论、土坡稳定分析及地基承载力理论。

　　本书由河北工业大学刘熙媛和徐东强担任主编，负责大纲编写和统稿。各章编写人员及分工如下：河北工业大学刘熙媛编写绪论、第 1 章、第 2 章、第 5 章及第 8 章，河北工业大学徐东强编写第 3 章和第 7 章，河北工业大学韩红霞编写第 4 章和第 6 章。

　　本书在编写过程中引用了相关的国家及行业标准，参阅了一些院校优秀教材的内容及相关研究成果，在此向有关作者谨表谢意。

　　由于编者的知识水平和实践能力有限，书中疏漏之处在所难免，恳请读者批评指正。

编　者

目 录

绪　　论

0.1　土力学研究的意义

土力学是研究土体的一门力学，它主要研究土体的应力、变形、强度、渗流以及稳定性。

在土木工程中，各种建筑物和构筑物都是修建在地表或埋置于地层之中。用于承受建筑物和构筑物荷载的那部分地层称为地基。地层是自然界的产物，包括岩层和土层。

土层中的土是岩石经过物理、化学、生物风化作用以及剥蚀、搬运、沉积作用所生成的各类沉积物，因此土的类型及其物理、力学性状是千差万别的，但在同一地质年代和相似的沉积环境中又有其相近性状的规律性。由于土是自然历史的产物，因此与其他材料相比，土体具有以下三个重要特点。

1) 碎散性

土体是由各种不同粒径的矿物颗粒集合组成的，颗粒间的黏结强度远比颗粒本身强度小得多。因此，土在变形、强度等力学性质上与固体连续介质力学根本不同，仅靠材料力学、弹性力学等连续介质力学知识不能描述土体在受力后所表现出来的性状及由此所引起的工程问题。土力学是利用上述力学的基本知识，考虑散体介质特性(压缩性、渗透性、颗粒间接触强度特性)的理论所建立的一门独立学科。

2) 土是三相体系

土是由固体颗粒构成土的骨架，土骨架的孔隙中存在液态水与气体，因而可将土看作固相(土颗粒)、液相(水)和气相(气体)所组成的三相体系。土的三相之间在质量和体积上的比例关系，尤其是孔隙水的作用，将对土的物理和力学性质有很大的影响。

3) 土的自然变异性

因沉积年代和地质历史条件不同，土的工程性质不仅具有分层性，而且还具有地域的差异。如黄土为干旱、半干旱地区的沉积物，而软土则多为沿海地区海相或湖相沉积物；在黄土地区，表层是形成历史较短的新近堆积近期 Q_4 黄土，深层可能为沉积历史较长的更新世 Q_3 的黄土，它们的物理力学性质有较大的差别。

由此可知，土具有与一般连续固体材料不同的孔隙特性，它不是刚性的多孔介质，而是大变形的孔隙性物质。土中孔隙体积的变化显示土的压缩性、胀缩性等变形特性；在孔隙中土粒的错位显示土的内摩擦和黏聚的抗剪强度特性；水在土孔隙中的流动显示土的渗透特性。因此，只有将土力学作为一门独立的学科，深入研究土的变形、强度及渗透特性，才能了解其复杂的物理、力学及工程性质，解决土木工程建设中的有关问题。

0.2 土力学的发展概况

自远古以来，人类广泛利用土作为建筑地基和建筑材料。如我国著名的万里长城、大运河、宫殿庙宇和世界闻名的古埃及金字塔、古罗马桥梁工程的修建，体现了古代劳动人民丰富的土木工程经验。但是由于社会生产力和技术条件的限制，直到 18 世纪，人们对土的认识基本上还处于感性认知阶段。

土力学的研究始于 18 世纪欧洲工业革命时期，由于工业发展的需要，大型建筑、公路、铁路的兴建，促使人们对地基土和路基土的一系列技术问题进行研究。

1773 年，法国科学家库仑(C. A. Coulomb)根据试验创立了砂土抗剪强度公式，提出了挡土墙土压力的滑楔体理论。

1856 年，法国工程师达西(H. Darcy)研究了砂土的渗透性，提出了层流运动的达西定律。

1857 年，英国学者朗肯(W. J. M. Rankine)发表了挡土墙土压力塑性平衡理论，对土体强度理论的发展起到了很大的作用。

1885 年，法国学者布辛奈斯克(J. Boussinesq)求得半无限弹性体在竖向力作用下的应力和变形的理论解答。

这些古典理论对土力学的发展起了很大的推动作用，沿用至今。

20 世纪 20 年代开始，对土力学的研究有了迅速的发展。1915 年，由瑞典学者彼德森(K. E. Petterson)首先提出，后来由瑞典费伦纽斯(W. Fellenius)及美国的泰勒(D. W. Taylor)进一步发展了土坡稳定分析的整体圆弧滑动面法。

1920 年，法国学者普朗特尔(L. Prandtl)发表了地基剪切破坏滑动面形状和极限承载力公式。

1925 年美籍奥地利人 K.太沙基(K. Terzaghi)出版了第一本《土力学》专著，他重视土的工程性质和土工试验，建立了饱和土的有效应力原理，将土的主要力学性质，如应力—变形—时间各因素相互联系起来，并应用于解决一系列的土工问题。从此，土力学成为一门独立的科学。

1936 年在美国召开了第一届国际土力学与基础工程会议，此后世界各国相继举办了各种学术会议，促进了不同国家与地区之间土力学研究成果的交流。中国土木工程学会于 1957 年起设立了土力学及基础工程委员会，并于 1978 年成立了土力学及基础工程学会。

伴随着世界各国超高层建筑、超深基坑、超高土坝、高速铁路等的兴建，土力学得到了进一步发展。许多学者积极研究土的本构模型(即土的应力-变形-强度-时间模型)、土的弹塑性与黏弹性理论和土的动力特性。20 世纪 60 年代以来，电子计算机的问世可将更接近于土本质的力学模型进行复杂的快速计算；同时，现代科学技术的发展，也提高了土工试验的测试精度，土力学进入了一个新的发展时期。1993 年 D.G.弗雷德隆德(Fredlund)和 H.拉哈尔佐(Rahardjo)出版了《非饱和土力学》一书，日益引起国内外土力学界的关注。

在 20 世纪 50 年代，我国学者陈宗基教授对岩土的流变学和黏土结构进行了研究。黄文熙院士对土的液化进行探讨，提出考虑土侧向变形的地基沉降计算方法，他在 1983 年编写了一本理论性较强的土力学专著《土的工程性质》，书中系统地介绍国内外的各种土的应力-应变本构模型的理论和研究成果。沈珠江院士在土体本构模型、土体静动力数值分析、非饱和土理论研究等方面取得了令人瞩目的成就，2000年出版了《理论土力学》专著，较全面地总结了近70年来国内外学者的研究成果。

21世纪，土力学理论与实践在非饱和土力学、环境土力学、土的破坏理论等方面将取得长足的发展。

0.3　土力学研究的内容和研究方法

土力学的主要研究内容包括：土的颗粒组成、黏土的物理化学性质和土的分类；土的渗透性和渗流分析(渗透特性)；在上部结构荷载及土的自重作用下土体中应力的计算；土的压缩性和地基变形(变形特性)；土的力学性质及强度理论(强度特性)；土的工程应用，包括挡土墙土压力理论、土坡稳定分析和地基承载力理论等。

土力学属于工程力学范畴，注重对土体的自然现象的观察和描述是土力学的重要特点。由于土具有碎散性、三相体性和自然变异性，要很确切地描述土体的受力条件、施工过程以及环境的影响等，还存在许多的困难。因此，不能单凭数学和力学的方法进行研究。在研究土工问题时，既要运用一般连续力学的基本原理和方法，将土的性质、加载条件和边界条件理想化，对土工问题的解决办法作一定程度的简化，又要借助现场勘察、土工测试技术、试验等手段获取计算参数进行计算。在工程施工中，通过不断采集监测数据进行分析，以避免理论计算出现的误差或工程地质条件变化对工程造成危害。

由于土的力学性质的复杂性，对于土的本构关系的研究以及计算参数的测定均远落后于计算技术的发展，而且计算参数选择不当所引起的误差远大于计算方法本身的精度范围。因此，对土的基本力学性质的研究和对土的本构模型与计算方法的验证是土力学的两大主要研究课题。

0.4　土力学课程的特点及学习方法

土力学是土木工程专业的专业基础课。土力学以连续介质力学如材料力学、弹性力学等为基础，又与工程地质、水力学等学科密切相关。建筑物、桥梁和水坝等工程的基础设计与施工、道路路基设计、挡土结构的土压力计算、地基承载力计算、边坡的稳定性分析、软土地基处理等都需要应用土力学理论。

土力学还是一门发展中的学科。由于土体的复杂性，对于许多的复杂工程问题，需要做近似处理，因而应用土力学解决实际问题时常带有许多的条件约束。另外，有些章节之间的相对独立性较强，逻辑系统性和依赖关系不太紧密。因此，学习土力学一般应注意以下几点。

(1) 牢固而准确地掌握土的三相性、碎散性等基本特点。土的三相性是理解和掌握土的其他物理特性的基础。

(2) 掌握土力学的基本计算方法，注意土力学引用其他学科理论的基本假定和适用范围，分析土力学在利用这些理论解决土的力学问题时又增加了什么假定，以及这些假定与实际问题相符的程度如何。

(3) 注重理论联系实践，注意综合利用土性知识和土力学理论解决岩土工程实际问题。土力学问题一般是根据土的基本力学性质，应用数学及力学的计算得出最后结果。学习中一方面应避免陷于单纯的理论推导，而忽略了推导中引用的条件和假设，另一方面还要分析解题中给定的条件在实际中怎样具体体现，改变这些条件可能导致哪些工程后果。

(4) 掌握土工试验的基本方法和技能。岩土工程问题计算中，岩土计算参数的选取对计算的精度有重要影响。因此，掌握土的室内和现场试验测试方法，准确确定土的物理力学参数，对土力学计算有重要意义。

(5) 在土力学的学习中，要善于转变对问题求解的思维方式。由于土的复杂性和易变性，对许多工程问题需要做简化假定，因而必然带来一定的误差；对同一问题的求解，往往会因为假定不同而求解的方法不同，结果也不相同。习惯于通过高等数学求唯一解的思维方式往往不适于解决工程力学问题。要逐渐接受和掌握多种方法求解一个问题，对多种解答做出综合评判的思维方式。

第1章　土的物理性质及工程分类

熟悉土的物质组成、颗粒特征以及土的结构和构造；掌握土的颗粒级配含义及颗粒级配累积曲线的绘图和用处，重点掌握土的三相比例指标及其换算关系、无黏性土的相对密实度、黏性土的塑性指数及液性指数的物理意义；熟悉土的分类方法；掌握土的压实原理、击实试验以及压实特性在分层压实处理地基中的应用意义；了解土的湿陷性、冻胀性和黏性土的胀缩性。

1.1　土 的 生 成

土(soil)是岩石在地质作用下经风化、破碎、剥蚀、搬运、沉积等过程的产物。土经过压密固结、胶结硬化也可再生成岩石。岩石与土构成地壳。土作为建筑物及构筑物的地基，是土力学的主要研究对象。

岩石的风化一般可分为物理风化、化学风化和生物风化。物理风化就是指岩石经受风、霜、雨、雪的侵蚀，或受波浪的冲击、地震等引起各种力的作用，温度的变化、冻胀等因素使整体岩石产生裂隙、崩解碎裂成岩块、岩屑的过程。例如，岩体冷却时引起的温度应力或地表附近日常的气温变化都可导致岩体开裂，雨水渗入这些裂缝后冻胀将促使裂缝张开，最后岩体崩解成岩块。通过同样的过程，这些岩块又可进一步碎裂成岩屑。在干旱地区，大风刮起的砂、砾相互摩擦并撞击岩体，引起岩体剥落和岩块碎裂。这种风化作用只改变颗粒的大小与形状，不改变岩石的矿物成分。化学风化是指岩体与水溶液和气体等发生溶解作用、水化作用、水解作用、碳酸化作用和氧化作用，形成新的矿物。化学风化不仅改变岩石的物理状态，同时也改变其化学成分。例如，正长石$[K(AlSi_3O_8)]$经水解作用后，开始形成的K^+与水中OH离子结合，形成KOH随水流失；析出一部分SiO_2可呈胶体溶液随水流失，或形成蛋白石$[SiO_2 \cdot nH_2O]$残留于原地；其余部分可形成难溶于水的高岭石$[Al_4(Si_4O_{10})(OH)_8]$而残留于原地。生物风化是指岩石在动、植物及微生物影响下所受到的破坏作用。

目前土木工程主要研究地球表面覆盖的第四纪沉积物，它是由原岩风化产物经各种地质作用而成的沉积物，距今有 100 万年的历史。由于沉积的历史不长，第四纪沉积物尚未

胶结岩化，因此第四纪形成的各种沉积物通常是松散软弱的多孔体，与岩石的性质有很大的差别。不同成因的第四纪沉积物也具有不同的工程特性。根据成因类型，第四纪沉积物可分为残积物、坡积物、洪积物、冲积物和风积物等。

(1) 残积物也称为残积土，是残留在原地未被搬运的那一部分原岩风化剥蚀后的产物，它的分布受地形控制。由于风化剥蚀产物是未经搬运的，颗粒磨圆度或分选性较差，没有层理构造。

(2) 坡积物也称为坡积土，是雨雪流水的地质作用将高处原岩风化剥蚀后的产物缓慢地洗刷剥蚀，顺着斜坡逐渐向下移动，沉积在较平缓的山坡上而形成的沉积物。一般坡积土土质不均，且其厚度变化很大，尤其是新近堆积的坡积土，土质疏松，压缩性较高。

(3) 洪积物也称为洪积土，是由于暴雨或大量融雪集聚而成的山洪急流，它冲刷地表并夹带大量的碎屑物质堆积于山谷冲口或山前平缓地带而形成洪积土。靠近沟口的洪积土颗粒较粗，地下水位埋藏较深，土的承载能力一般较高，是良好的天然地基；离山较远的地段是洪积层外围的细碎屑沉积段，其成分均匀，厚度较大，通常也是良好的地基。

(4) 冲积物也称为冲积土，是河流流水的地质作用将两岸基岩及其上部覆盖的坡积物、洪积物剥蚀后搬运、沉积在河流坡降平缓地带形成的沉积物。冲积土分布范围很广，其主要类型有山区河谷冲积土、山前平原冲积土、平原河谷冲积土、三角洲冲积土等，其特点是具有明显的层理构造。碎屑物质常呈圆形或亚圆形颗粒，其搬运的距离越长，则沉积的物质越细。

(5) 风积物也称为风积土，是由风力带动土粒经过一段搬运距离后沉积下来的堆积物，主要有砂土和黄土，分布在西北、华北各省。风积土没有明显的层理，颗粒以带角的细砂粒和粉粒为主，同一地区颗粒较均匀。干旱地带粉质土粒细小，土粒之间的联结力很弱。典型的风积土，如黄土(或黄土类土)具有肉眼可见的竖直细根孔，颗粒组成以带角的粉粒为主，常占干土总质量的60%~70%，并含有少量的黏土和盐类胶结物。由于黄土天然孔隙比一般在1.00左右，具有一些大孔隙，因而密度很低。黄土分布在干旱地区，含水率很低，一般为10%左右，干燥时胶结强度较大，可是一经遇水，土体结构即遭破坏，胶结强度迅速降低，黄土地基会在自重或建筑物荷载作用下急剧下沉，黄土的这种性质称为湿陷性。在黄土地区修造建筑物时一定要充分注意到黄土的这一性质。

除上述五种成因类型的沉积物外，还有湖泊沉积物、海洋沉积物、冰川沉积物等。

1.2　土的三相组成

土是由固体土颗粒、水和气体组成的三相分散系。固体颗粒是三相分散系中的主体，构成土的骨架，颗粒大小及其搭配是影响土性质的基本因素。土粒的矿物成分与土粒大小有密切的关系，通常粗大土粒其矿物成分往往保持母岩未被风化的原生矿物，而细小土粒主要是次生矿物等无机物质以及土生成过程中混入的有机质。土粒的形状与土粒大小也有很大关系，粗大土粒其形状都是块状或柱状，而细小土粒主要呈片状。土中水体是溶解各种离子的溶液，其含量多少也明显影响土的性质，如含水率高的土往往比较软，特别是由细小颗粒组成的黏性土，含水多少直接影响土的强度。土中气体可以与大气相连，也可以以气泡形式存在，对土性影响相对较小。土的性质一方面取决于每一相的特性，另一方面取决于土的三相比例关系。由于气体易被压缩，水能从土体流进或流出，土的三相相对比例会随时间和荷载条件的变化而变化，土的一系列性质也随之改变。土在形成过程中所经历的每一个环节以及在形成后沉积时间的长短、外界环境的变化都对土的性质有显著的影响。

土的三相组成物质、相对含量等各种因素必然在土的轻重、松密、湿干、软硬等一系列物理性质上有不同反映，土的物理性质又在一定程度上决定了它的力学性质，所以土的三相组成是土的最基本的工程特性。

1.2.1 土中固体颗粒

1. 粒组的划分

自然界中的土都是由大大小小不同粒径的土粒组成的。土粒的大小称为粒度，通常以粒径表示。界于一定粒度范围内的土粒称为粒组，划分粒组的分界尺寸称为界限粒径。各个粒组随着分界尺寸的不同，土的主要性质也相应呈现出一定质的变化。例如，当粒径从大到小变化时：可塑性、黏性将从无到有；透水性从大变小；而毛细水将从无到有。

目前，粒组划分的界限尺寸在不同的国家，甚至同一国家的不同部门根据用途不同都有不同的规定。表1-1提供的是《土的分类标准》(GB/T 50145)土粒粒组的划分方法。

表1-1 土粒粒组的划分

粒组统称	粒组名称		粒径范围/mm	一般特性
巨粒	漂石(块石)颗粒		$d>200$	透水性很大，无黏性，无毛细水
	卵石(碎石)颗粒		$60 < d \leqslant 200$	
粗粒	圆砾 (角砾) 颗粒	粗	$20 < d \leqslant 60$	透水性大，无黏性，毛细水上升高度不超过粒径大小
		中	$5 < d \leqslant 20$	
		细	$2 < d \leqslant 5$	
	砂粒	粗	$0.5 < d \leqslant 2$	易透水，无黏性，遇水不膨胀，干燥时松散，毛细水上升高度不大
		中	$0.25 < d \leqslant 0.5$	
		细	$0.075 < d \leqslant 0.25$	
细粒	粉粒		$0.005 < d \leqslant 0.075$	透水性小，湿时稍有黏性，遇水膨胀小，干时稍有收缩，毛细水上升高度较大而快，易冻胀
	黏粒		$\leqslant 0.005$	透水性很小，湿时有黏性、可塑性，遇水膨胀大，干时收缩显著；毛细水上升高度大，但速度慢

注：1. 漂石、卵石和圆砾颗粒均呈一定的磨圆状(圆形或亚圆形)；块石、碎石和角砾颗粒均呈棱角状。

2. 粉粒也称粉土粒，粉粒的粒径上限0.075相当于200号筛的孔径。

3. 黏粒也称黏土粒，黏粒的粒径上限也有采用0.002mm为标准的。

2. 土的颗粒级配

工程土通常是不同粒组的混合物，而土的性质主要取决于不同粒组的相对含量。土的颗粒级配(grain grading)或称土的粒度成分是指大小土粒的搭配情况，通常以土中各个粒组干土的相对含量的百分比来表示。为了解各粒组的相对含量，需要进行颗粒分析，颗粒分析的方法有筛分法和沉降分析法。

《土工试验方法标准》(GB/T 50123)规定：筛分法适用于粒径为60～0.075mm 的土。试验时，将风干的均匀土样放入一套孔径不同的标准筛，如图1-1所示。标准筛的孔径依次为60mm、40mm、20mm、10mm、5mm、2mm、1mm、0.5mm、0.25mm、0.075mm，经筛析机上、下振动，将土粒分开，称出留在每个筛上的土重，即可求出留在每个筛上土重的相对含量。

图 1-1　筛分法用标准筛

对于粒径小于 0.075mm 的土可用沉降分析法。沉降分析法有密度计法、移液管法等。沉降分析法的原理是土粒在水中的沉降原理，如图1-2所示，将定量的土样与水混合倾注于量筒中，经过搅拌，使各种粒径的土粒在悬液中均匀分布，此时悬液浓度(单位体积悬液内含有的土粒重量)在上下不同深度处是相等的。但静置后，土粒在悬液中下沉，较粗的颗粒沉降较快，在深度 L_i 处只含有粒径 $\leqslant d_i$ 的土粒，悬液浓度降低了。如在深度 L_i 处考虑一小区段 mn，则 mn 段悬液的浓度(t_i时)与开始($t=0$)浓度之比，即可求得 $\leqslant d_i$ 的累计百分含量。关于 d_i 的计算原理，土粒下沉时的速度与土粒形状、粒径、质量密度以及水的黏滞度有关。当土粒简化为理想球体时，土粒的沉降速度可以用斯笃克斯(Stokes，1845)定律计算：

$$v = \frac{\rho_s - \rho_w}{18\eta} g d^2 \qquad (1-1)$$

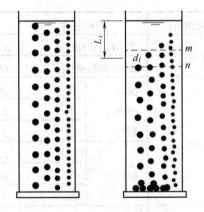

图 1-2　土粒在悬液中的沉降

式中：v ——土粒在水中的沉降速度(cm/s)；

g ——重力加速度，981cm/s²；

ρ_s ——土粒的密度(g/cm³)；

d ——直径(cm)；

ρ_w ——水的密度(g/cm³)；

η ——水的黏滞度(10^{-3}Pa・s)。

进一步考虑，将速度 v 和土粒密度 ρ_s 表示为 $v = \dfrac{距离}{时间} = \dfrac{L}{t}$ 和 $\rho_s = G_s\rho_{w_1} \approx G_s\rho_w$，代入式(1-1)，可变换为

$$d = \sqrt{\frac{18\eta}{(G_s - 1)\rho_w g}} \sqrt{\frac{L}{t}} \qquad (1-2)$$

水的 η 值由温度确定，斯笃克斯假定：①颗粒是球形的；②颗粒周围的水流是线流；③颗粒大小要比分子大得多。理论公式求得的粒径并不是实际的土粒尺寸，而是与实际土粒在液体中具有相同沉降速度的理想球体的直径(称为水力当量直径)。此时，土粒沉降距离 L 处悬液密度可采用密度计法(即比重计法)或移液管法测得，并由此计算出小于该粒径 d 的累计百分含量。采用不同的测试时间 t 即可测得细颗粒各粒组的相对含量。

颗粒分析的结果常用两种方式表达：列表法、级配曲线法。

(1) 列表法：列出表格，直接表达各粒组的百分含量。

(2) 级配曲线法：根据筛分试验结果，采用级配曲线法表示土粒的颗粒级配或粒度成分。该法是比较全面和通用的一种图解法，其特点是可简单获得定量指标，特别适用于几种土级配好坏的相对比较。半对数坐标的颗粒级配曲线如图 1-3 所示，横坐标代表粒径，以对数坐标表示；纵坐标表示小于(或大于)某粒径的土重累计百分含量。由累计曲线的坡度可以大致判断土粒的均匀程度或级配是否良好。如曲线较陡，表示粒径大小相差不多，土粒较均匀，级配不良；反之，曲线平缓，则表示粒径大小相差悬殊，土粒不均匀，级配良好。

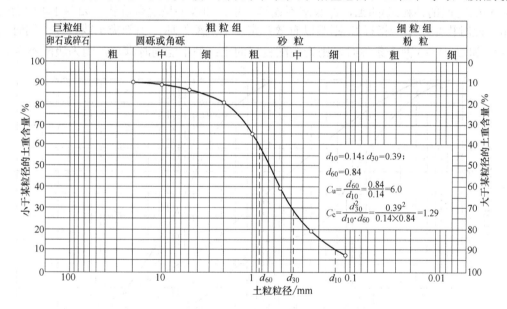

图 1-3　颗粒级配累计曲线

常用两个级配指标描述土的级配特征：不均匀系数 C_u 和曲率系数 C_c。

不均匀系数(coefficient of uniformity)用来反映土颗粒粒径分布均匀性，表达式如下：

$$C_u = \frac{d_{60}}{d_{10}} \qquad (1-3)$$

曲率系数(coefficient of curvature)用来反映土颗粒粒径分布曲线形态，表达式如下：

$$C_c = \frac{d_{30}^2}{d_{10} \times d_{60}} \qquad (1-4)$$

式中：d_{10}——有效粒径，在级配曲线上小于该粒径的土粒质量累计百分数为 10%；

d_{30}——中值粒径,对应级配曲线上小于该粒径的土粒质量累计百分数为 30%;

d_{60}——限制粒径,在级配曲线上小于该粒径的土粒质量累计百分数为 60%。

由图 1-4 级配曲线可知,曲线 A 的坡度平缓,表示该土的粒径分布范围宽,d_{10} 与 d_{60} 相距远,土的不均匀系数 C_u 大,土粒不均匀。大颗粒形成的孔隙有足够的小颗粒充填,土体易于密实,故在工程上是级配良好的土。相反,曲线 B 的坡度陡,表示该土的粒径分布范围窄,d_{10} 与 d_{60} 靠近,土的不均匀系数 C_u 小,土粒均匀。因此,不均匀系数 C_u 的大小可用来衡量土中土粒的不均匀程度。一般来说,土的不均匀系数 C_u 大,土就有足够的细土粒去充填粗土粒形成的孔隙,当它压实时就能得到较高的密实度。但是某些级配不连续的土,例如缺乏中间粒径的土,粒径分布曲线呈台阶形,如图 1-4 中的曲线的 C,尽管其不均匀系数 C_u 较大,但由于土中缺乏中间粒径,孔隙体积较大,当有水流动时易将小颗粒带走,渗透稳定性差,易于产生管涌。所以,土的不均匀系数 C_u 大,未必表明土中粗细粒的搭配就好。粒径分布曲线的形状可用曲率系数 C_c 来反映。若曲率系数过大,表示粒径分布曲线的台阶出现在 d_{10} 与 d_{30} 之间。反之,若曲率系数过小,表示台阶出现在 d_{30} 与 d_{60} 之间。

一般情况下,工程上把 $C_u < 5$ 的土称为匀粒土,属于级配不良;$C_u > 10$ 的土属于级配良好。对于级配连续的土,采用单一指标 C_u 即可达到比较满意的判别结果。但缺乏中间粒径 (d_{60} 与 d_{10} 之间的某粒组)的土,即级配不连续,累计曲线上呈现台阶状,如图 1-4 中曲线 C 所示,此时再采用单一指标 C_u 则难以有效判定土的级配好坏。当砾类土或砂类土同时满足 $C_u \geq 5$ 和 $C_c = 1 \sim 3$ 两个条件时,则为级配良好的土;如不能同时满足,则为级配不良。

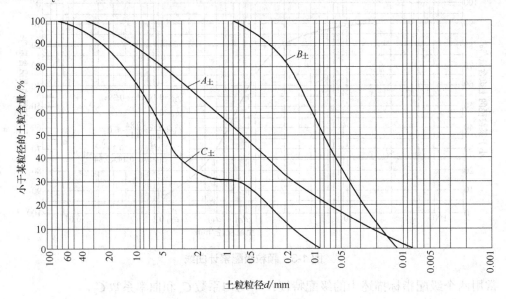

图 1-4 颗粒累计曲线的对比分析

对于级配良好的土,较粗颗粒间的孔隙被较细的颗粒所充填,这一连锁充填效应使土的密实度较好。此时,地基土的强度和稳定性较好,透水性和压缩性也较小。而作为填方工程的建筑材料则比较容易获得较大的密实度,是土建工程良好的填方用土。

3. 土粒的矿物成分

土粒分为无机矿物颗粒与有机质,无机矿物颗粒由原生矿物和次生矿物组成。原生矿物是指地壳岩浆在冷凝过程中形成的矿物，常见的如石英、长石、云母、角闪石等。原生矿物是原岩经物理风化形成的，其物理、化学性质较稳定，其成分与母岩完全相同。原生矿物经化学风化后形成次生矿物，其矿物成分与母岩完全不同。次生矿物主要有黏土矿物，如蒙脱石、伊利石和高岭土，无定形的氧化物胶体(如 Al_2O_3、Fe_2O_3)以及盐类(如 $CaCO_3$、$CaSO_4$、NaCl 等)。有些条件下微生物参与风化过程，在土中产生有机质成分，如多种复杂的腐殖质。此外，土中的植物残骸等有机质残余物形成土中的泥炭。

粗大土颗粒往往是岩石经过物理风化作用形成的原石碎屑，是物理化学性质比较稳定的原生矿物颗粒，一般有单矿物颗粒和多矿物颗粒两种形态。细小土粒主要是化学风化作用形成的次生矿物颗粒和生成过程中有机质物质的介入。次生矿物的成分、性质及其与水的作用均很复杂，是细粒土具有塑性特征的主要因素之一，对土的工程性质影响很大。有机质同样对土的工程性质有很大的影响。

4. 黏土矿物的晶体结构

黏土颗粒的矿物成分主要有黏土矿物和其他化学胶结物或有机质，其中黏土矿物的结晶结构特性对黏性土的影响较大。黏性矿物基本上是由两种晶片构成的(见图 1-5)：一种是硅氧晶片(简称硅片)，它的基本单元是硅-氧(Si-O)四面体，由一个居中的硅原子和四个在角点的氧原子组成；另一种是铝氢氧晶片(简称铝片)，它的基本单元为铝-氢氧离子(Al-OH)八面体，由一个居中的铝原子和六个在角点的氢氧离子组成。而硅片和铝片构成了两种类型的晶胞(晶格)，即由一层硅片和一层铝片构成的二层型晶胞(1∶1 型晶胞)和由两层硅片中间夹一层铝片构成的三层型晶胞(2∶1 型

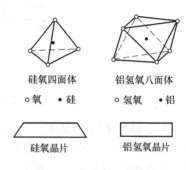

图 1-5 黏土矿物晶片示意图

晶胞)。黏土矿物颗粒基本上是由上述两种类型晶胞叠接而成，其中主要有蒙脱石、伊利石和高岭石三类，如图 1-6 所示。

(a) 蒙脱石　　　　　　　　(b) 伊利石　　　　　　　　(c) 高岭石

图 1-6 黏土矿物示意图

蒙脱石是由伊利石进一步风化或火山灰风化而成的产物，其结构单元是 2∶1 型晶胞。晶胞间只有氧原子与氧原子的范德华键力连接，没有氢键，故其键力很弱，如图 1-7(a)所示。另外，夹在硅片中间的铝片内 Al^{3+} 常被低价的其他离子(如 Mg^{2+})所代替，晶胞间出现多余的负电荷，可以吸引其他阳离子(如 Na^+、Ca^{2+} 等)或水化离子。因此，晶胞活动性极大，水分子可以进入，从而改变晶胞之间的距离，甚至达到完全分散到单晶胞。因此，当土中蒙

脱石含量高时，则土具有很大的吸水膨胀和失水收缩的特性。

伊利石主要是云母在碱性介质中风化的产物，也是由三层型晶胞叠接而成，晶胞间同样有氧原子与氧原子的范德华键力。但伊利石构成时，部分硅片中的 Si^{4+} 被低价的 Al^{3+}、Fe^{3+} 等所取代，相应四面体的表面将镶嵌一正价阳离子 K^+，以补偿正电荷的不足，如图 1-7(b) 所示。嵌入的 K^+ 离子增加了伊利石晶胞间的连接作用，所以伊利石的结晶构造的稳定性优于蒙脱石。

高岭石是长石风化的产物，其结构单元是二层型晶胞，如图 1-7(c)所示。这种晶胞间一面是露出铝片的氢氧基，另一面则是露出硅片的氧原子。晶胞之间除了较弱的范德华键力(分子键)之外，更主要的连接是氧原子与氢氧基之间的氢键，它具有较强的连接力，晶胞之间的距离不易改变，水分子不能进入。其晶胞活动性较小，使得高岭石的亲水性、膨胀性和收缩性均小于伊利石，更小于蒙脱石。

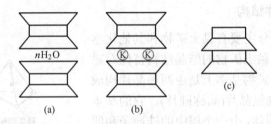

图 1-7 黏土矿物结构单元示意图

由于黏土矿物是很细小的扁平颗粒，颗粒表面具有很强的与水相互作用的能力，表面积越大，这种能力就越强。黏土矿物表面积的相对大小可以用单位体积(质量)颗粒的总表面积，即比表面积来表示。例如，一个棱边为 1mm 的立方体颗粒，其体积为 $1mm^3$，总表面积只有 $6mm^2$，比表面积为 $6mm^2/1mm^3=6mm^{-1}$。若将 $1mm^3$ 立方体颗粒分割为棱边 0.001mm 的许多立方体颗粒，则其表面积可达 $6×10^3mm^2$，比表面积可达 $6×10^3mm^{-1}$。由此可见，由于土粒大小不同而造成的比表面积数值上有巨大的变化，必然导致土的性质的突变。蒙脱石颗粒比高岭石颗粒的比表面积大几十倍，因而具有极强的亲水性。因此，在土颗粒矿物成分一定的条件下，黏土的比表面积是反映其特性的一个重要指标。

5. 黏土颗粒的带电性

黏土颗粒的带电现象早在 1809 年被莫斯科大学列依斯(Reuss)发现。把潮湿的黏土块放在一个玻璃器皿内，将两个无底的玻璃筒插入黏土块中，向筒中注入相同深度的清水，并将阴阳电极分别放入两个筒内的清水中，然后将直流电源与电极连接。通电后发现，放阳极的筒中水位下降，水逐渐变混浊；放阴极的筒中水位逐渐上升，如图 1-8(a)所示。这说明黏土颗粒本身带有一定的负电荷，在电场作用下向阳极移动，这种现象称为电泳；而极性水分子与水中的阳离子(K^+、Na^+等)形成水化离子，在电场的作用下这类水化离子向负极移动，这种现象称为电渗。电泳、电渗是同时发生的，统称为电动现象。工程中利用黏土的这种电动现象对透水性很差的黏土地基进行电渗法排水固结。

黏土颗粒一般为扁平状(片状)，与水作用后扁平状颗粒的表面带负电荷，但颗粒(断裂)的边缘局部却带有正电荷，如图 1-8(b)所示。

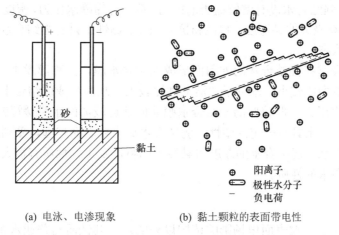

(a) 电泳、电渗现象　　　　(b) 黏土颗粒的表面带电性

图 1-8　黏土颗粒表面带电现象

1.2.2　土中水

一般情况下，土中总是含水的。土中水按其形态可分为液态、固态和气态。一般液态水可视为中性、无色、无味的液体，其重力密度为 $9.81kN/m^3$。实际上，土中水是成分复杂的电解质水溶液，它与土粒有着复杂的相互作用。土中水在不同作用力下处于不同的状态，根据主要作用力的不同，工程对土中水的分类如表 1-2 所示。

表 1-2　土中水的分类

水的类型		主要作用
结合水		物理化学力
自由水	毛细水	表面张力及重力
	重力水	重力

1. 结合水

结合水是受土粒表面电场吸引的水，分强结合水和弱结合水。当土颗粒比较细小时，颗粒表面往往带有负电荷。因此，在土粒周围形成电场，土中水分子是极性分子，氢原子端呈现正电荷，氧原子端呈现负电荷，水分子及水溶液中的阳离子(如 Na^+、Ca^{2+}、Al^{3+} 等)被土粒电场所吸引，水分子呈定向排列。

强结合水是指紧靠土粒表面的结合水，亦称吸着水。水溶液中的阳离子一方面受电场吸引，另一方面受布朗运动的扩散力作用。在最靠近土粒表面，静电引力大于扩散力，水分子被牢固吸附在颗粒表面，形成强结合水层(又称固定层)，如图 1-9

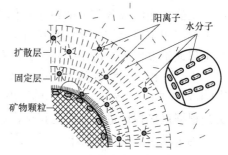

图 1-9　结合水分子定向排列图

所示。强结合水的厚度很薄，只有几个水分子厚度，但其中阳离子的浓度最大，水分子定向排列特征明显。强结合水没有溶解盐类的能力，不能传递静水压力，密度为 $1.2\sim2.4g/cm^3$，冰点为-78℃，具有极大的黏滞度、弹性和抗剪强度。黏性土只有强结合水时，呈固体状态，磨碎后则呈粉末状态。

弱结合水是紧靠在强结合水的外围而形成的结合水膜，亦称薄膜水。在离土粒表面较远的地方，静电引力比较小，水分子的活动性比较大，从而形成弱结合水层(又称扩散层)。它仍然不能传递水压力，但较厚的弱结合水膜能向邻近较薄的水膜缓慢转移。当土中含有较多的弱结合水时，土具有一定的塑性。弱结合水离土粒表面越远，受到电分子引力越小，并逐渐过渡到自由水。弱结合水的厚度对黏性土的特征及工程性质有很大影响。由此可见，结合水不具备普通水的性质。

2. 自由水

自由水是存在于土粒表面电场影响范围以外的水，其性质与普通水相同，能传递静水压力，冰点为0℃，有溶解能力。自由水又分重力水与毛细水。

重力水是存在于地下水位以下透水土层中的水，它能在重力或压力差作用下运动，对土颗粒有浮力作用。当它在土孔隙中流动时，对所流经的土体施加渗流力(亦称动水压力)，对土中应力状态及地下构筑物稳定分析有重要的影响。

毛细水是存在于地下水位以上透水层中的水，它是由于水与空气交界处表面张力作用而产生。若把土的孔隙看作是连续的变截面的毛细管，根据物理学可知，毛细管直径越小，毛细水的上升高度越高。因此，黏性土中毛细水的上升高度比砂类土要大。

1.2.3 土中气体

在非饱和土体的孔隙中，除水之外还存在着气体。在粗粒土中，土中气体常与大气连通，在外力作用下，连通的气体能很快从孔隙中被挤出，它对土的性质影响不大。在细粒土中则常存在与大气隔绝的封闭气泡。在外力作用下，气泡可被压缩或溶解于水中，当外力减小时，气泡会恢复原状或重新游离出来，使得土的压缩性增大，透水性减小。

1.3 土的三相比例指标

土的三相组成各部分的重量和体积之间的比例关系对土的工程性质有重要的影响。表示土的三相组成比例关系的指标称为土的三相比例指标，也称为土的物理性质指标。它们是工程地质报告中不可缺少的部分，利用土的物理性质指标可间接地评定土的工程性质。

土的三相比例指标共 9 个，可分为两类：一类是必须通过试验测定的指标，如土粒比重(相对密度)d_s、含水率 w、土的密度 ρ，称为直接指标，也叫做土的基本物理指标；另一类是根据直接指标进行换算的指标，如孔隙比 n、孔隙率 e、饱和度 S_r 等，称为间接指标。

为了求得三相比例指标，将土体实际分散的三相物质抽象地集合在一起，构成理想土体的三相草图。图 1-10 示意了三相之间的数量关系，右边注明各相的体积，左边注明各项的质量，图中符号意义如下：

m_s——土粒质量；

m_w——土中水质量；

m——土的总质量，$m=m_s+m_w$；

V_s、V_w、V_a——土粒、土中水、土中气的体积；

V_v——土中孔隙体积，$V_v=V_w+V_a$；

V——土的总体积，$V=V_s+V_w+V_a$。

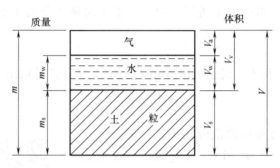

图 1-10　土的三相组成示意图

1.3.1　指标的定义

1. 土的基本物理指标

1）土粒比重(土粒相对密度)d_s

土粒质量与同体积 4℃时水的质量之比称为土粒比重(specific gravity of soil particle)，亦称为土粒相对密度，无量纲，即

$$d_s = \frac{m_s}{V_s} \cdot \frac{1}{\rho_{w_1}} = \frac{\rho_s}{\rho_{w_1}} \tag{1-5}$$

式中：ρ_s——土粒密度，即土粒单位体积的质量(g/cm^3)；

ρ_{w_1}——纯水在 4℃时的质量，近似等于 1g/cm^3 或 10^3kg/m^3。

由公式可知，一般情况下，土粒比重在数值上就等于土粒密度。土粒比重取决于土的矿物成分，因此土粒比重的变化幅度不大。土粒比重在实验室内用比重瓶法测定，也可按经验数值选用，一般土粒比重参考值如表 1-3 所示。

表 1-3　土粒比重参考值

土的名称	砂 土	粉 土	黏 性 土	
			粉质黏土	黏 土
土粒比重	2.65～2.69	2.70～2.71	2.72～2.73	2.74～2.76

2）土的含水率(含水率)w

土中水的质量与土粒质量之比称为土的含水率(water content)，以百分数计，即

$$w = \frac{m_w}{m_s} \times 100\% \tag{1-6}$$

土的含水率反映土的干湿程度。含水率越大，一般来说土也越软。土的含水率变化幅度很大，它与土的种类、埋藏条件及所处的地理环境等有关。一般干的粗砂土，其值接近于零，而饱和砂土可达 30%，坚硬黏土含水率可小于 20%，饱和状态的软黏土(如淤泥)可达 60%或更大。泥炭土含水率可达 300%，甚至更高。

土的含水率一般用烘干法测定。先称小块原状土样湿土质量，然后置于烘箱内维持 100～105℃烘至恒重，再称干土质量，湿土与干土质量之差与干土质量之比就是土的含水率。

3) 土的密度 ρ

土单位体积的质量称为土的密度(density)，单位为 g/cm^3 或 kg/m^3，即

$$\rho = \frac{m}{V} \tag{1-7}$$

天然状态下土的密度变化范围很大，一般黏性土 $\rho = 1.8 \sim 2.0$g/cm^3，砂土 $\rho = 1.6 \sim 2.0$g/cm^3，腐殖土 $\rho = 1.5 \sim 1.7$g/cm^3。土的密度一般用"环刀法"测定，如图 1-11 所示。用容积已知的圆环刀刃口向下切取原状土样，使保持天然状态的土样压满环刀内，用天平称得环刀内土样质量，与环刀容积之比值即为土的密度。

图 1-11 环刀取土样

单位体积土的重量称为土的重度 γ (unit weight)，其值等于土的密度乘以重力加速度，单位是 kN/m^3，即

$$\gamma = \rho \cdot g \tag{1-8}$$

式中：g——重力加速度，约等于 9.81m/s^2 或 9.81N/kg，在土力学计算中一般取 10N/kg。

2. 特殊条件下土的密度和重度

1) 土的干密度 ρ_d 和土的干重度 γ_d

土的干密度 ρ_d (dry density)指土单位体积中固体颗粒的质量，单位是 g/cm^3，即

$$\rho_d = \frac{m_s}{V} \tag{1-9}$$

土单位体积中固体颗粒的重量称为土的干重度 γ_d (dry unit weight)，单位是 kN/m^3，即

$$\gamma_d = \frac{m_s g}{V} \tag{1-10}$$

土的干密度或干重度反映土颗粒排列的紧密程度，因此工程上常用它作为控制人工填土密实度的指标。

2) 土的饱和密度 ρ_{sat} 和饱和重度 γ_{sat}

土的饱和密度(saturated density)是指土孔隙中全部充满水时的单位体积质量，即

$$\rho_{sat} = \frac{m_s + V_v \rho_w}{V} \tag{1-11}$$

土孔隙中充满水时单位体积的重量则称为土的饱和重度 γ_{sat} (saturated unit weight)，即

$$\gamma_{\text{sat}} = \frac{m_s g + V_v \cdot \gamma_w}{V} \tag{1-12}$$

式中，γ_w——水的重度，$\gamma_w \approx 9.81\text{kN/m}^3$，工程实用上常近似取值 10kN/m^3。

3) 有效重度 γ'

处于地下水位以下的土，当受到水的浮力作用时单位体积中土粒的重量与同体积水的重量之差称为土的有效重度或浮重度(buoyant unit weight) γ'，即

$$\gamma' = \frac{m_s g - V_s \gamma_w}{V} \tag{1-13}$$

各种密度或重度指标在数值上有如下关系：$\gamma_{\text{sat}} \geqslant \gamma \geqslant \gamma_d > \gamma'$ 或 $\rho_{\text{sat}} \geqslant \rho \geqslant \rho_d$。

3. 描述土的孔隙体积相对含量的指标

1) 土的孔隙比 e

土的孔隙比(void ratio)是土中孔隙体积与土颗粒体积之比，即

$$e = \frac{V_v}{V_s} \tag{1-14}$$

孔隙比 e 用小数表示，可以用来评价天然土层的密实程度。一般 $e<0.6$ 的土是密实的低压缩性土，$e>1.0$ 的土是疏松的高压缩性土。

2) 土的孔隙率 n

土的孔隙率(porosity)是土中孔隙体积与总体积之比，以百分数表示，即

$$n = \frac{V_v}{V} \times 100\% \tag{1-15}$$

3) 土的饱和度 S_r

土的饱和度(degree of saturation)是土中孔隙水体积与孔隙总体积之比，以百分数表示，即

$$S_r = \frac{V_w}{V_v} \times 100\% \tag{1-16}$$

土的饱和度反映土中孔隙被水充满的程度，$S_r=0$ 为完全干燥的土，$S_r=100\%$ 为完全饱和的土。根据饱和度，砂土的湿度可分为三种状态：$0 < S_r \leqslant 50\%$ 为稍湿；$50\% < S_r \leqslant 80\%$ 为很湿；$80\% < S_r \leqslant 100\%$ 为饱和。

1.3.2　指标的换算

如前所述，土的三相比例指标中，土粒比重 d_s、含水率 w 和密度 ρ 是通过试验直接测定的。在测定这三个基本指标后，根据定义可以换算出其他六个指标。

换算时常采用图 1-12 进行各指标关系的推导。令 $V_s = 1$，则有

$$V_v = e, \quad V = 1+e, \quad m_s = V_s d_s \rho_w = d_s \rho_w, \quad m_w = w \cdot m_s$$
$$m = m_s + m_w = (1+w)d_s \rho_w$$

因为已知 $\rho = \dfrac{m}{V} = \dfrac{d_s(1+w)\rho_w}{1+e}$，可以得到

$$e = \frac{d_s(1+w)\rho_w}{\rho} - 1 \tag{1-17}$$

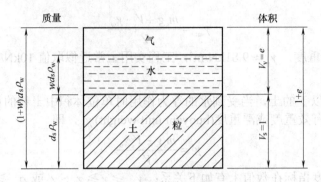

图 1-12 土的三相物理换算图

所以其他换算指标依据定义推导如下：

$$\rho_d = \frac{m_s}{V} = \frac{d_s \rho_w}{1+e} = \frac{\rho}{1+w} \tag{1-18}$$

$$\rho_{sat} = \frac{m_s + V_v \rho_w}{V} = \frac{(d_s + e)\rho_w}{1+e} \tag{1-19}$$

$$\gamma' = \frac{m_s g - V_s \gamma_w}{V} = \frac{m_s g - (V - V_v)\gamma_w}{V} = \frac{m_s g + V_v \gamma_w - V\gamma_w}{V} = \gamma_{sat} - \gamma_w \tag{1-20}$$

$$n = \frac{V_v}{V} = \frac{e}{1+e} \tag{1-21}$$

$$S_r = \frac{V_w}{V_v} = \frac{m_w}{V_v \rho_w} = \frac{w \cdot d_s}{e} \tag{1-22}$$

土的三相物理指标换算公式列于表 1-4 中。

表 1-4 土的三相物理指标换算公式

指标名称	符号	表达式	单位	换算公式	常见数值范围
比重	d_s	$d_s = \frac{m_s}{V_s} \cdot \frac{1}{\rho_w}$		$d_s = \frac{S_r \cdot e}{w}$	黏性土：2.72～2.75 粉土：2.70～2.71 砂土：2.65～2.69
含水率	w	$w = \frac{m_w}{m_s} \times 100\%$		$w = \frac{S_r \cdot e}{d_s} \times 100\%$ $= \left(\frac{\rho}{\rho_d} - 1\right) \times 100\%$	
密度	ρ	$\rho = \frac{m}{V}$	g/cm³	$\rho = \frac{d_s + S_r \cdot e}{1+e}\rho_w$ $\rho = \frac{d_s(1+w)\rho_w}{1+e}$	1.6～2.0
干密度	ρ_d	$\rho_d = \frac{m_s}{V}$	g/cm³	$\rho_d = \frac{\rho}{1+w}$ $\rho_d = \frac{d_s}{1+e}\rho_w$	1.3～1.8

续表

指标名称	符号	表达式	单位	换算公式	常见数值范围
饱和密度	ρ_{sat}	$\rho_{sat} = \dfrac{m_s + V_v \rho_w}{V}$	g/cm^3	$\rho_{sat} = \dfrac{d_s + e}{1+e}\rho_w$	1.8～2.3
重度	γ	$\gamma = \rho \cdot g$	kN/m^3	$\gamma = \dfrac{d_s(1+w)\gamma_w}{1+e}$ $\gamma = \gamma_d(1+w)$	16～20
干重度	γ_d	$\gamma_d = \rho_d \cdot g$	kN/m^3	$\gamma_d = \dfrac{\gamma}{1+w}$	13～18
饱和重度	γ_{sat}	$\gamma_{sat} = \rho_{sat} \cdot g$	kN/m^3	$\gamma_{sat} = \dfrac{d_s + e}{1+e}\gamma_w$	18～23
有效重度	γ'	$\gamma' = \dfrac{m_s g - V_s \gamma_w}{V}$	kN/m^3	$\gamma' = \gamma_{sat} - \gamma_w = \dfrac{(d_s-1)\gamma_w}{1+e}$	8～13
孔隙比	e	$e = \dfrac{V_v}{V_s}$		$e = \dfrac{d_s \gamma_w(1+w)}{\gamma} - 1$	黏性土和粉土: 0.40～1.20 砂土: 0.30～0.90
孔隙率	n	$n = \dfrac{V_v}{V} \times 100\%$		$n = \dfrac{e}{1+e}$	黏性土和粉土: 30%～60% 砂土: 25%～45%
饱和度	S_r	$S_r = \dfrac{V_w'}{V_v} \times 100\%$		$S_r = \dfrac{w \cdot d_s}{e} = \dfrac{w \cdot \gamma_d}{n \gamma_w}$	

【例 1-1】 某原状土样，经试验测得天然密度 1.67g/cm^3，含水率 w=12.9%，土粒比重 d_s=2.67，求该土样的孔隙比 e、孔隙率 n 和饱和度 S_r。

解：绘制三相草图。设土体总重量为 W，土中水重量为 W_w，土粒重量 W_s，三相草图如图 1-13 所示。

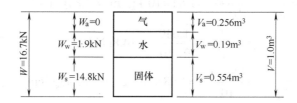

图 1-13　例 1-1 三相草图

(1) 设土的体积 V=1.0m^3，根据重度定义，由式(1-7)、式(1-8)得到土的重量 W。
$$W = \gamma V = \rho \cdot g \cdot V = 1.67 \times 10^3 \times 10 \times 1 = 16.7 \text{kN}$$

(2) 根据含水率的定义，由式(1-6) $W_w = w W_s = 0.129 W_s$，从三相草图有
$$W_s + W_w = W$$
$$W_s + 0.129 W_s = 16.7 \text{kN}$$

$$W_s = \frac{16.7}{1.129} = 14.8 \text{kN}$$

$$W_w = 16.7 - 14.8 = 1.9 \text{kN}$$

(3) 根据土粒比重定义，由式(1-5)得土粒体积

$$V_s = \frac{W_s}{d_s \gamma_w} = \frac{14.8}{2.67 \times 10} = 0.554 \text{m}^3$$

(4) 水的体积

$$V_w = \frac{W_w}{\gamma_w} = \frac{1.9}{10} = 0.190 \text{m}^3$$

(5) 气体的体积

$$V_a = V - V_s - V_w = 1 - 0.554 - 0.190 = 0.256 \text{m}^3$$

至此，三相草图中三相组成的体积或重量均已算出，将计算结果填至三相草图中。

(6) 根据孔隙比的定义，由式(1-14)知

$$e = \frac{V_v}{V_s} = \frac{V_a + V_w}{V_s} = \frac{0.256 + 0.19}{0.554} = 0.805$$

(7) 根据孔隙率的定义，按式(1-15)有

$$n = \frac{V_v}{V} = \frac{0.256 + 0.19}{1} \times 100\% = 44.6\%$$

(8) 根据饱和度的定义。由式(1-16)有

$$S_r = \frac{V_w}{V_v} = \frac{V_w}{V_a + V_w} = \frac{0.19}{0.256 + 0.19} \times 100\% = 42.6\%$$

【例1-2】某原状土样的体积为70cm³，湿土的重量为1.29N，干土的重量为1.039N，土的相对密度为 2.68，求土样的重度、密度、干土重度、干土密度、含水率、孔隙比及饱和重度。

解：土的重度
$$\gamma = \frac{W}{V} = \frac{1.29}{70 \times 10^{-6}} = 18.4 \text{kN/m}^3$$

土的密度
$$\rho = \frac{\gamma}{g} = \frac{18.4 \times 10^3}{10} = 1.84 \times 10^3 \text{kg/m}^3 = 1.84 \text{g/cm}^3$$

干土重度
$$\gamma_d = \frac{W_s}{V} = \frac{1.039}{70 \times 10^{-6}} = 14.8 \text{kN/m}^3$$

干土密度
$$\rho_d = \frac{\gamma_d}{g} = \frac{14.8 \times 10^3}{10} = 1.48 \times 10^3 \text{kg/m}^3 = 1.48 \text{g/cm}^3$$

土的含水率
$$w = \frac{W_w}{W_s} \times 100\% = \frac{1.29 - 1.039}{1.039} \times 100\% = 24.16\%$$

土的孔隙比
$$e = \frac{d_s \gamma_w (1+w)}{\gamma} - 1 = \frac{2.68 \times 10(1+0.2416)}{18.4} - 1 = 0.81$$

饱和土重度
$$\gamma_{sat} = \frac{d_s + e}{1+e} \gamma_w = \frac{2.68 + 0.81}{1+0.81} \times 10 = 19.28 \text{kN/m}^3$$

1.4　土的物理状态指标

1.4.1　无黏性土的密实度

无黏性土一般是指砂(类)土和碎石(类)土。这两类土中一般黏粒含量甚少，不具有可塑性，呈单粒结构。最能反映无黏性土工程性质的是土体的密实度。呈密实状态时，土的强度较大，可作为良好的天然地基；呈疏松状态时则是一种软弱地基，尤其是饱和粉细砂，稳定性很差，在振动荷载作用下可能产生液化。

1. 砂土的密实度

砂土的密实度可用天然孔隙比衡量。一般当 $e<0.6$ 时属于密实的砂土，是良好的地基；当 $e>0.95$ 时为松散状态，不宜作为天然地基。

根据孔隙比 e 来评价砂土的密实度虽然简单，但没有考虑土颗粒级配的影响。例如，有某一确定的天然孔隙比，对均粒的砂土，即级配不良的砂土，可能处于密实状态；而对于级配良好的砂土，同样具有这一孔隙比，则可能为中密或稍密状态。因此，为了合理确定砂土的密实度状态，在工程上提出了相对密实度 D_r 的概念。D_r 的表达式为

$$D_r = \frac{e_{max} - e}{e_{max} - e_{min}} \tag{1-23}$$

式中：e_{max}——砂土的最大孔隙比，即在最松散状态时的孔隙比，一般用"松砂器法"测定；

　　　e_{min}——砂土的最小孔隙比，即在最密实状态下的孔隙比，一般用"振击法"测定；

　　　e——砂土在天然状态下的孔隙比。

从上式可看出：$e = e_{min}$ 时，　$D_r = 1$，土呈最密实状态；

　　　　　　　$e = e_{max}$ 时，　$D_r = 0$，土呈最松散状态。

因此，D_r 值能反映无黏性土的密实度。根据 D_r 值划分砂土密实度的标准如表 1-5 所示。

表 1-5　按相对密实度 D_r 划分砂土密实度

密 实 度	密　实	中　密	松　散
D_r	$2/3 < D_r \leqslant 1$	$1/3 < D_r \leqslant 2/3$	$D_r \leqslant 1/3$

相对密实度从理论上反映了颗粒级配、颗粒形状等因素。但由于对砂土很难采取原状土样，故天然孔隙比 e 值不易确定，而且最大、最小孔隙比的试验方法存在人为因素影响，对同一砂土的试验结果往往离散性很大。因此，《建筑地基基础设计规范》(GB 50007)和《公路桥涵地基与基础设计规范》(JTG D63)中均用标准贯入锤击数 N 来划分砂土的密实度，如表 1-6 所示。

2. 碎石土的密实度

《建筑地基基础设计规范》(GB 50007)中，碎石土的密实度可按重型(圆锥)动力触探试

验锤击数 $N_{63.5}$ 划分，如表 1-7 所示。

表 1-6 按标准贯入锤击数 *N* 划分砂土密实度

密 实 度	密 实	中 密	稍 密	松 散
标贯击数 *N*	*N*>30	15<*N*≤30	10<*N*≤15	*N*≤10

表 1-7 按重型触探锤击数 $N_{63.5}$ 划分碎石土密实度

密 实 度	密 实	中 密	稍 密	松 散
$N_{63.5}$	$N_{63.5}$>20	10<$N_{63.5}$≤20	5<$N_{63.5}$≤10	$N_{63.5}$≤5

注：1. 本表适用于平均粒径小于或等于 50mm 且最大粒径不超过 100mm 的卵石、碎石、圆砾、角砾；对于平均粒径大于 50mm 或最大粒径大于 100mm 的碎石土，可按规范附录鉴别其密实度。

　　2. 表内 $N_{63.5}$ 为经综合修正后的平均值。

　　碎石土颗粒较粗，更不易取得原状土样，也难以将贯入器击入其中。对这类土更多的是在现场进行观察，根据其骨架颗粒含量、排列、可挖性及可钻性鉴别。表 1-8 为碎石类土的野外鉴别方法。

表 1-8 碎石土密实度的野外鉴别方法

密 实 度	骨架颗粒含量和排列	可 挖 性	可 钻 性
密 实	骨架颗粒含量大于总重量的 70%，呈交错排列，连续接触	锹镐挖掘困难，用撬棍方能松动；井壁一般较稳定	钻进极困难，冲击钻探时，钻杆、吊锤跳动剧烈；孔壁较稳定
中 密	骨架颗粒含量等于总重的 60%～70%，呈交错排列，大部分接触	锹镐可挖掘，井壁有掉块现象，从井壁取出大颗粒时能保持颗粒凹面形状	钻进较困难，冲击钻探时，钻杆、吊锤跳动不剧烈；孔壁有坍塌现象
稍 密	骨架颗粒含量等于总重的 55%～60%，排列混乱，大部分不接触	锹可以挖掘；井壁易坍塌；从井壁取出大颗粒后砂土立即坍落	钻进较容易；冲击钻探时钻杆稍有跳动；孔壁易坍塌
松 散	骨架颗粒含量小于总重的 55%，排列十分混乱，绝大部分不接触	锹易挖掘，井壁极易坍塌	钻进很容易；冲击钻探时钻杆无跳动；孔壁极易坍塌

注：1. 骨架颗粒是指与碎石土分类名称相对应粒径的颗粒。

　　2. 碎石土密实度的划分应按表列各项要求综合确定。

1.4.2　黏性土的软硬状态

1. 黏性土的界限含水率

　　黏性土根据其含水率的大小可以处于不同的状态。当黏性土的含水率很高时，黏性土像液体泥浆那样不能保持其形状，极易流动，称其处于流动状态。随着黏土含水率的不断减小，泥浆变稠，体积收缩，其流动能力减弱，逐渐进入可塑状态。所谓可塑状态，是指黏性土在某含水率范围内可用外力塑成任何形状而不产生裂纹，并当外力移去后仍能保持既得的形状，黏性土的这种特性叫作可塑性。当含水率继续减小时，黏性土将丧失其可塑性，在外力作用下不产生较大的变形而容易破碎，土进入半固体状态。若黏性土的含水率进一步减小，它的体积也不再收缩，这时空气进入土体，使土的颜色变淡，土就进入了固体状态。土从流动状态逐渐进入到可塑、半固体、固体状态的过程如图 1-14 所示。

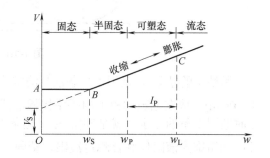

图 1-14　黏性土的状态转变过程

1) 界限含水率

黏性土由一种状态转到另一种状态的界限含水率称为界限含水率。它对黏性土的分类及工程性质评价有重要意义。

液限(w_L)——黏性土由流动状态转变为可塑状态的界限含水率称为液限(liquid limit)，也称为流限或可塑性上限，用 w_L 符号表示。

塑限(w_P)——黏性土由可塑状态转变为半固态的界限含水率叫塑限(plastic limit)，也称可塑性下限，用 w_P 符号表示。

缩限(w_S)——黏性土由半固体状态转变固体状态的界限含水率，即黏性土随含水率的减小而体积开始不变时的含水率称为缩限(shrinkage limit)，用 w_S 符号表示。

2) 液限和塑限的测定

我国采用锥式液限仪(见图 1-15)测定黏性土的液限 w_L。测试方法如下：将盛土杯中装满调均匀的重塑土样，刮平杯口表面，放置于底座上，将 76g 重、锥角为 30°的圆锥体轻放在试样表面的中心，使其在自重作用下沉入试样，若圆锥体经过 5s 恰好沉入 10mm 深度，这时杯内土样的含水率就是液限 w_L 值。为了避免放锥时的人为晃动影响，现在多采用电磁放锥的方法，可以提高测试精度，实践证明其效果较好。

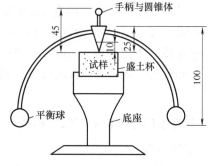

图 1-15　锥式液限仪

在国际上，一些国家使用碟式液限仪(见图 1-16)来测定黏性土的液限。它是将调成浓糊状的试样装在碟内，刮平表面，用开槽器在土中成槽，槽底宽度为 2mm，然后将碟子抬高 10mm，使碟子自由落下，连续 25 次，如土槽合拢长度为 13mm，这时试样的含水率就是液限。

对比结果显示，我国长期使用的 76g 圆锥仪下沉深度 10mm 的液限值与碟式液限仪测得的结果不一致。国内外研究成果表明，取 76g 圆锥仪下沉深度 17mm 时的含水率与碟式液限仪测出的液限值相当。

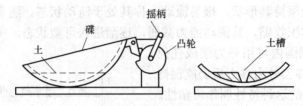

图 1-16 碟式液限仪

黏性土的塑限 w_P 采用"搓条法"测定,即用双手将天然湿度的土样搓成小圆球(球径小于 10mm),放在毛玻璃板上用手掌慢慢搓成小土条,若土条搓到直径为 3mm 时恰好断裂,这时断裂土条的含水率就是塑限 w_P。搓条法受人为因素影响较大,因而成果不稳定。实践证明利用锥式液限仪联合测定液限、塑限,可以取代搓条法。

联合测定法求液限、塑限是采取锥式液限仪以电磁放锥法对黏性土试样按不同的含水率进行若干次试验(一般为 3 组),并按测定结果在双对数坐标纸上作出 76g 圆锥体的入土深度与含水率的关系曲线(见图 1-17)。根据大量试验资料,它接近于一条直线。

为了使国内外液限测定结果具有可比性,《土工试验方法标准》(GB/T 50123)、《土的分类标准》(GB/T 50145)规定,在含水率与圆锥入土深度的关系图上取圆锥入土深度 17mm 所对应的含水率为液限,取圆锥入土深度 10mm 所对应的含水率为 10mm 液限,取圆锥入土深度为 2mm 所对应的含水率为塑限。《公路土工试验规程》(JTG E40)规定:采用 76g 圆锥仪下沉深度 17mm 或 100g 圆锥仪下沉深度 20mm 的液限值,与碟式液限仪测定的液限值相当。

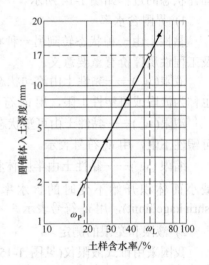

图 1-17 圆锥体入土深度与含水率的关系

2. 黏性土的塑性指数和液性指数

1) 塑性指数 I_P

土的塑性指数(plasticity index)是液限与塑限的差值(省去%符号),用符号 I_P 表示,即

$$I_P = w_L - w_P \qquad (1\text{-}24)$$

塑性指数 I_P 表示土处于可塑状态的含水率变化范围,它与土中结合水的含量、土的颗粒组成、矿物成分以及土中水的离子成分和浓度等因素有关。一般来说,土粒越细,且细颗粒(黏粒)的含量越高,则其比表面积和可能的结合水含量越高,I_P 值越大;黏土矿物(尤其是蒙脱石)可能具有的结合水量大,I_P 也大;水中高价阳离子的浓度增加时,土粒表面吸附的反离子层的厚度变薄,结合水含量相应减少,I_P 也变小,反之则大。因此,塑性指数 I_P 在一定程度上综合反映了影响黏性土特征的各种主要因素,在工程上常用其对黏性土进行分类(详见本章 1.6 节土的工程分类)。

2) 液性指数 I_L

土的液性指数(liquidity index)是指黏性土的天然含水率与塑限的差值除以塑性指数，用符号 I_L 表示，即

$$I_L = \frac{w - w_P}{I_P} = \frac{w - w_P}{w_L - w_P} \tag{1-25}$$

由式(1-25)可见：$I_L < 0$ 时，即 $w < w_P$，土处于坚硬状态；$0 \leqslant I_L \leqslant 1.0$ 时，即 $w_P \leqslant w \leqslant w_L$，土是可塑的；$I_L > 1.0$ 时，即 $w > w_L$，土是流动的。因此，液性指数值可以反映黏性土的软硬状态。I_L 值越大，黏性土越软。

《建筑地基基础设计规范》(GB 50007)规定黏性土根据液性指数值划分为坚硬、硬塑、可塑、软塑及流塑五种状态，如表 1-9 所示。需要注意的是，该规范采用圆锥入土深度 10mm 所对应的液限计算塑性指数和液性指数。

表 1-9　黏性土软硬状态的划分

状态	坚硬	硬塑	可塑	软塑	流塑
液性指数	$I_L \leqslant 0$	$0 < I_L \leqslant 0.25$	$0.25 < I_L \leqslant 0.75$	$0.75 < I_L \leqslant 1.0$	$I_L > 1.0$

由液限和塑限的测定方法可知，液限 w_L 和塑限 w_P 都是土样在完全扰动的情况下测得的，因此它只反映了天然结构已破坏的重塑土物理状态的界限含水率。它们反映黏土颗粒与水的相互作用，但并不完全反映具有结构性的黏性土体与水的关系，以及作用后表现出的物理状态。因此，保持天然结构的原状土，在其含水率达到液限以后，并不处于流动状态，即室内测得的 $I_L > 1.0$ 的天然原状土并未真正处于流动状态，而称其为流塑状态。在含水率相同的情况下，原状土要比重塑土坚硬。

1.4.3　黏性土的灵敏度和触变性

1. 黏性土的灵敏度

黏性土的一个重要特征是具有天然结构性，当天然结构被破坏时，土粒间的胶结物质以及土粒、离子、水分子之间所组成的平衡体系受到破坏，黏性土的强度降低，压缩性增大。土的结构性对强度的这种影响一般用灵敏度来衡量。土的灵敏度是具有天然结构性原状土的强度与完全扰动后重塑土的强度之比，重塑试样具有与原状试样相同的尺寸、重度和含水率。强度测定通常采用无侧限抗压强度试验(详见第 5 章)。对于黏性土的灵敏度 S_t 可按下式计算：

$$S_t = \frac{q_u}{q_u'} \tag{1-26}$$

式中：q_u——原状土试样的无侧限抗压强度(kPa)；
　　　q_u'——重塑土试样的无侧限抗压强度(kPa)。

根据灵敏度可将饱和黏性土分为低灵敏度($1 < S_t \leqslant 2$)、中灵敏度($2 < S_t \leqslant 4$)、高灵敏度($S_t > 4$)。土的灵敏度越高，结构性越强，扰动后土的强度降低越多，所以在地基处理和基础

施工中应尽量减少对黏性土结构的扰动。

2. 黏性土的触变性

黏性土的结构受到扰动后，强度降低，但随着静置时间增加，土粒、离子、水分子之间又组成新的平衡体系，土的强度逐渐恢复，这种性质称为土的触变性。在黏性土中沉桩时，常利用振动的方法破坏桩侧土与桩尖土的结构，降低沉桩阻力。但在沉桩完成后，土的强度随时间逐渐恢复，使桩的承载能力逐渐增加，这就是利用了土的触变性机理。

软黏土易于触变的实质是这类土的微观结构主要为片架结构，含有大量的结合水。土体的强度主要来源于土粒间的连接特征，即粒间电分子力产生的"原始黏聚力"和粒间胶结物产生的"固化黏聚力"。当土体被扰动时，这两类黏聚力被破坏或部分破坏，土体强度降低。但扰动破坏的外力停止后，被破坏的粒间电分子力可随时间部分恢复，因而强度有所增大。然而，固化黏聚力的破坏是无法在短时间内恢复的。因此，易于触变性的土被扰动而降低的强度仅能部分地恢复。

1.4.4 黏性土的胀缩性、湿陷性和冻胀性

1. 黏性土的胀缩性

土的胀缩性是指黏性土具有吸水膨胀和失水收缩的两种变形特性。黏粒成分主要由亲水矿物组成，具有显著的吸水膨胀和失水收缩两种变形特性的黏性土习惯称为膨胀土。描述土的膨胀特性的指标是自由膨胀率 δ_{ef}，它反映了土中黏土矿物成分、颗粒组成、化学成分和阳离子性质的基本特征。自由膨胀率按下式计算：

$$\delta_{ef} = \frac{V_w - V_0}{V_0} \times 100\% \tag{1-27}$$

式中：V_0——黏性土试样初始体积(ml)；

V_w——黏性土试样在水中膨胀稳定后的体积(ml)。

具有下列工程地质性质特征的场地，且自由膨胀率大于或等于 40%的土，应判定为膨胀土：①裂隙发育，常有光滑面和擦痕，有些裂隙中充填有灰白、灰绿色黏土，在自然条件下呈坚硬或硬塑状态；②多出露于二级或二级以上阶地、山前和盆地边缘丘陵地带，地形平缓，无明显自然陡坎；③常见浅层塑性滑坡、地裂，新开挖坑(槽)壁易发生坍塌等；④建筑物裂隙随气候变化而张开和闭合。

黏性土中的矿物越多，小于 0.002mm 的黏粒在土中占较多分量，且吸附着较活泼的钠、钾阳离子时，土体内部积蓄的膨胀势越强，自由膨胀率就越大，土体显示出强烈的胀缩性。调查表明，自由膨胀率较小的膨胀土，膨胀潜势较弱，建筑物损坏轻微；自由膨胀率高的土，具有强的膨胀潜势，则建筑物将遭到严重破坏。

2. 土的湿陷性

土的湿陷性是指土在自重压力作用下或自重压力和附加压力综合作用下，受水浸湿后，土的结构迅速破坏而发生显著的附加下沉特征。湿陷性土在我国广泛分布，除湿陷性黄土外，在干旱或半干旱地区，特别是在山前洪积、坡积扇中常遇到湿陷性的碎石类土和砂类

土，在一定的压力下浸水后也常具有强烈的湿陷性。

黄土是否具有湿陷性以及湿陷性的强弱程度如何，应按黄土的湿陷性系数 δ_s 来衡量。湿陷系数 δ_s 由室内固结试验测定，其计算公式为

$$\delta_s = \frac{h_p - h_p'}{h_0} \tag{1-28}$$

式中：h_p ——保持天然湿度和结构的试样加至一定压力时下沉后的稳定高度(mm)；

　　　h_p' ——上述加压稳定后的试样在浸水(饱和)作用下附加下沉后的高度(mm)；

　　　h_0 ——试样的原始高度(mm)。

测定湿陷性系数 δ_s 的压力应自基础底面算起，如基底标高不确定时，自地面下 1.5m 算起。基底下 10m 以内的土层应用 200kPa，10m 以下至非湿陷性黄土层顶面应用其上覆土的饱和自重压力，当自重压力大于 300kPa 时仍应用 300kPa，当基底压力大于 300kPa 时宜用实际压力。

《湿陷性黄土地区建筑规范》(GB 50025)规定：当 $\delta_s < 0.015$ 时，应定为非湿陷性黄土；$\delta_s \geq 0.015$ 时，应定为湿陷性黄土。

3. 土的冻胀性

土的冻胀性是指土的冻胀和冻融给建筑物带来危害的变形特性。在冰冻季节，表层土会因土中水分结冰而成为冻土。冻土根据冻融情况分为季节性冻土、隔年冻土和多年冻土。季节性冻土是指冬季冻结、夏季全部融化的冻土；若冬季冻结，一两年内不融化的土层称为隔年冻土；凡冻结状态持续三年或三年以上的土层称为多年冻土。我国的多年冻土主要分布在纬度较高的严寒地区，如东北的大、小兴安岭北部，青藏高原以及西部天山、阿尔泰山等地区，总面积约占我国领土的 20%，而季节性冻土的分布范围更广。

在冰冻季节，水结冰后体积要膨胀 9%，考虑到土的孔隙率和饱和度，土体在冻结后体积膨胀 3%～4%。因此，在冻胀土上的建筑物和构筑物，包括房屋建筑、铁路及公路路基等，可能会因冻胀而遭到破坏。冻胀隆起力可能相当大，且隆起力的大小在较短的水平距离内也不均匀，它能破坏道路，使路基隆起，使柔性路面鼓包、开裂，使刚性路面错缝或折断；土的冻胀还使修建在其上的建筑物抬起，引起建筑物的开裂、倾斜，甚至倒塌。对工程危害更大的是在季节性冻土地区，土层解冻融化后，由于土层中积聚的冰透镜体融化，土中含水率大大增加，加之细粒土排水能力差，土层处于饱和状态，土层软化，强度大大降低。路基冻融后，在车辆反复碾压下，轻者路面变松软，限制行车速度，重者路面开裂、翻浆，使路面完全破坏。因此，土的冻胀和冻融都会给工程带来危害，应采取必要的防治措施。

土发生冻胀的根本原因是冻结时土中未冻结区的水分向冻结区迁移和积聚的结果。有关土中水分的迁移积聚发生的机理可以依据"结合水迁移学说"来解释。

当土层中的温度降至负温时，土孔隙中的自由水首先在 0℃ 时冻结成冰晶体。随着气温继续下降，弱结合水的最外层也开始冻结，使冰晶体逐渐扩大，这样使冰晶体周围土粒的结合水膜减薄。结合水膜的减薄引起两种作用力：一是土体中产生剩余的分子引力；二是由于结合水膜的减薄，水膜中的离子浓度增加(因为结合水中的水分子结成冰晶体，使离子浓度相应增加)，这样就产生渗附压力。渗附压力是当两种水溶液的浓度不同时，在它们之间产生一种压力差，使浓度较小的溶液向浓度较大的溶液渗流的现象。在这两种引力的作

用下，附近未冻结区水膜较厚处的结合水被吸引到冻结区的水膜较薄处，造成水分的迁移积聚。被吸引到冻结区的水分又因负温作用冻结，使冰晶体增大，而不平衡力继续存在。若未冻结区存在着水源(如地下水距冻结区很近)，并有适当水源补给通道(即毛细通道)，能够源源不断地补充被吸引的结合水，则未冻结区的水分就会不断地向冻结区迁移积聚，使冰晶体扩大，在土层中形成冰透镜体，土体体积发生隆胀，即冻胀现象。

一般粉粒土颗粒的粒径较小，具有显著的毛细现象。黏性土尽管颗粒更细，有较厚的结合水膜，但毛细孔很小，对水分迁移的阻力很大，没有通畅的水源补给通道，所以其冻胀性较粉土小。至于砂土等粗粒土，孔隙较大，毛细现象不显著，因而不会发生冻胀。根据上述对土的冻胀机理及影响因素分析可知，粉土、粉质砂土和粉质黏土是冻胀敏感性土，而粗粒土和黏土则认为是非冻胀敏感性土。所以，在工程实践中常在地基或路基中换填中、粗砂土，以防治冻胀。

就地下水位而言，当冻结区地下水位较高，毛细水上升高度能够达到或接近冻结线，使冻结区能够得到外部水源的补给时，将发生比较强烈的冻胀现象。

此外，土的冻前天然含水率也是制约季节性冻土的冻胀类别的重要条件。在《冻土地区建筑地基基础设计规范》(JGJ 118)和《建筑地基基础设计规范》(GB 50007)中，确定基础埋深时必须考虑地基土的冻胀性。根据土类别、冻前天然含水率、地下水位以及土平均冻胀率，可将季节性冻土与多年冻土季节融化层分为：I 级，不冻胀；II 级，弱冻胀；III 级，冻胀；IV 级，强冻胀；V 级，特强冻胀。冻土层的平均冻胀率 η 应按下式计算：

$$\eta = \frac{\Delta z}{z_d} \times 100 \tag{1-29}$$

式中：Δz ——地表冻胀量(mm)；

z_d ——设计冻深，$z_d = h' - \Delta z$ (mm)；

h' ——冻土厚度(mm)。

为了防止冻胀对建筑物产生危害，一般要求建筑物基础底面在冻胀土冻结深度以下，这对冻胀敏感性土是必需的。而对非冻胀敏感性土，或者无补充的水源，也可不必满足这一条件。但实际土层中可能有些看上去是非冻胀敏感性土而实际上具有冻胀敏感性。如粗粒土料中含有相当的细颗粒或含有敏感性材料的夹层；黏土中含有大量粉土或黏土层中含有裂隙，一些发丝粗细的裂缝起着毛细管的作用，使水迁移。

还可以用其他方法来防止房屋基础底板、道路路面的冻胀，如：①挖除冻结深度以内的冻胀敏感性土；②切断供给冰透镜体的水源；③保护冻胀敏感性土，使其不会降到零度以下。

对道路和机场跑道，常用冻胀非敏感性土来代替敏感性土或者用排水设施，降低地下水位。对房屋基础底板，换土的方法用得更多。用于"代换的非冻胀敏感性土"有粗粒土和黏土两种。一般用粗粒土，它易于填筑压实，在天气很差时也易于施工，且易于排水。研究指出：级配良好的非冻胀性土，小于 0.02mm 的颗粒不能超过 3%；对级配均匀的非冻胀性土，小于 0.02mm 的颗粒可超过 10%。这种土也可能存在冰透镜体，但其发展是有限的，是可允许的。

在冻结深度内设置障碍，阻止毛细水补充给冰透镜体。这种障碍可以是一定厚度的粗颗粒土，毛细水在其中不能存在；也可以是压得很密实的黏土，或者塑料，或者土工膜，

使水不能浸入。这种方法宜用于填方工程，房屋基础底板也可考虑，但对需要开挖较深的工程可能是不经济的。

如果能保持基础底板或路基下的土不冻结，也就不会有冻胀问题了。冷藏库、溜冰场或类似建筑，可在底板和地基土之间设隔热层，防止地基土冻结。

1.5 土的结构与构造

1.5.1 土的结构

试验表明，同一种土的原状土和重塑土的力学性质有很大差别，这就是说，土的结构和构造对土的性质有很大的影响。

土的结构是指土粒的原位集合体特征，是土粒的大小、形状、相互排列及连接关系等特征的综合。它对土的力学性质有重要的影响，一般分为单粒结构、蜂窝结构和絮状结构。

1. 单粒结构

单粒结构通常是由粗大的土粒在水中或空气中沉积形成，是砂土、砾土的代表性结构。由于砂、砾的颗粒较粗大，其比表面积小，在沉积过程中自重力远大于颗粒之间的引力，即土粒在沉积过程中主要受重力控制。当土粒下沉时，一旦与已沉稳的土粒相接触，就滚落到平衡位置，形成单粒结构。这种结构的特征是土粒之间以点与点接触为主。根据其排列情况，又可分为紧密和疏松两种情况，如图1-18所示。一般来说，单粒结构比较稳定，孔隙所占的比例较小。但对于疏松的砂土，特别是饱和的粉、细砂，当受到地震等动力荷载作用时，极易产生液化而丧失其承载能力，必须引起重视。

2. 蜂窝结构

蜂窝结构是由粉粒(粒径为 0.075～0.005mm)在水中下沉时形成的，由于颗粒之间的引力大于自重应力，下沉中的颗粒遇到已沉积的颗粒时就停留在最初的接触点上不再下沉，逐渐形成土粒链。土粒链组成弓架结构，形成具有很大孔隙的蜂窝结构，如图1-19所示。

(a) 疏松 (b) 紧密

图 1-18 土的单粒结构

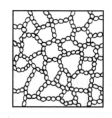

图 1-19 土的蜂窝结构

具有蜂窝状结构的土有很大的孔隙，但由于弓架结构作用和一定程度的粒间连接力作用，其可承担一般水平的静荷载。当其承受较高水平的荷载或动荷载时，其结构将破坏，导致严重的地基沉降。

3. 絮状结构

絮状结构是由黏粒(粒径小于0.005mm)集合体组成的。黏粒土在水中处于悬浮状态,不会因单个颗粒的自重而下沉。这时,黏土颗粒与水的作用产生的粒间作用力就凸显出来。粒间作用力有粒间排斥力和粒间吸引力两种,且均随粒间的距离减小而增加,但增长的速率不尽相同。

粒间排斥力是两个土颗粒靠近时土粒反离子层间孔隙水的渗透压力产生的渗透斥力。该斥力的大小与双电层的厚度有关,随着水溶液的性质改变而发生明显变化。相距一定距离的两个土粒,粒间排斥力随着离子的浓度、离子价数及温度的增加而减小。粒间吸引力主要是范德华力,随着粒间距离的增加很快衰减,这种变化取决于土粒的大小、形状、矿物成分、表面电荷等因素,但与土中水溶液的性质几乎无关。粒间作用力的作用范围从几埃到几百埃,它们中间既有吸引力又有排斥力,当总的吸引力大于排斥力时表现为净吸力,反之为净斥力。

在高含盐量的水中沉积的黏土,由于离子浓度的增加,反离子层减薄,渗斥力降低。因此,在粒间较大的净吸力作用下,黏土颗粒容易絮凝成集合体下沉,形成盐溶液中的絮凝结构,如图1-20(a)所示。混浊的河水流入海中,由于海水的盐度高,很容易絮凝沉积为淤泥。在无盐的溶液中,有时也可能产生絮凝,这一方面是由于某些片状黏土颗粒(断裂的)的边缘上存在局部正电荷的缘故。当一个黏粒的边(正电荷)与另一黏粒的面(负电荷)接触时,产生静电吸引力。另一方面,布朗运动(随机运动)的悬浮颗粒在运动的过程中可能形成边-面连接的絮凝结构集合体,并在重力作用下沉积,形成无盐溶液中的絮凝结构,如图1-20(b)所示。当土粒间表现为净斥力时,土粒将在分散状态下缓慢沉积,这时土粒是定向(或至少半定向)排列的,片状颗粒在一定程度上平行排列,形成所谓的分散型结构,如图1-20(c)所示。

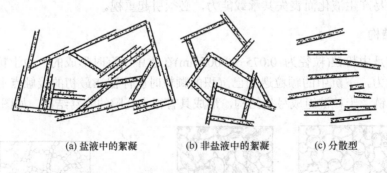

(a) 盐液中的絮凝   (b) 非盐液中的絮凝   (c) 分散型

图1-20　黏土颗粒沉积结构

絮凝沉积形成的土在结构上亦称片架结构,这类结构实际是不稳定的,随着溶液性质的改变或受到震荡后可重新分散。在沉降法进行颗粒分析试验中,利用了这一特性,试验中所加的分散剂一般都是一价阳离子的弱酸盐(如六磷偏磷酸钠)。通过离子交换,将反离子层中高价离子交换下来,使得双电层变厚,粒间渗斥力增长,达到分散的目的。

具有絮状结构的黏性土,其土粒之间的连接强度(结构强度)往往由于长期的固结(压密)作用和胶结作用而得到加强,因此集粒间的连接特征是影响这一类土工程性质的主要因素之一。

1.5.2 土的构造

土的构造是同一土层中的物质成分和颗粒大小都相近的各部分之间的相互关系，是土层在空间的赋存状态，其表征土层的层理、裂隙及大孔隙等宏观特征。

1. 层理构造

土的构造最主要的特征就是成层性，即层理构造。它是在土的生成过程中，由于不同阶段沉积的物质成分、颗粒大小或颜色不同，而沿竖向呈现的成层特征，常见的有水平层理构造(是指具有夹层、尖灭或透镜体等产状)，如图 1-21 所示。

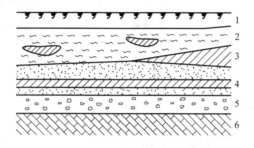

图 1-21 水平层理构造

1—表土层；2—淤泥夹黏土透镜体；3—黏土尖灭层；4—砂土夹黏土层；5—砾石层；6—石灰岩层

2. 裂隙构造

土的构造的另一特征是土的裂隙性，如黄土的柱状裂隙、膨胀土的收缩裂隙。裂隙的存在大大降低了土体的强度和稳定性，增大了透水性，对工程不利。此外，也应注意到土中有无包裹物(如腐殖物、贝壳、结核体等)以及天然或人为的孔洞存在。这些构造特征都造成土的不均匀性。

3. 分散构造

在颗粒搬运和沉积的过程中，经过分选的卵石、砾石、砂等沉积厚度常常较大，没有明显的层理，呈现分散构造。具有分散构造的土层中各部分的土粒无明显差别，分布均匀，各部分性质亦接近，可作为各向同性体看待。

1.6 土的工程分类

1.6.1 土的分类原则

土是自然地质历史的产物，它的成分、结构和性质千变万化，其工程性质也是千差万别的。为了能大致判别土的工程特性和评价土作为地基或建筑材料的适宜性，有必要对土进行工程分类。分类体系的建立是将工程性质相近的土归为一类，以便对土作出合理的评价和选择恰当的方法对土的特性进行研究。因此，必须选用对土的工程性质最有影响、最能反映土的基本属性又便于测定的指标作为土的分类依据。

目前国内各部门根据各自的用途特点和实践经验制订各自的分类方法，但一般遵循两个原则：一是简明原则，土的分类体系采用的指标既要能综合反映土的主要工程性质，又要指标测定的方法简单，使用方便；二是工程特性差异的原则，分类体系采用的指标要在一定程度上反映不同类工程用土的不同特性。土的总分类体系如图 1-22 所示。

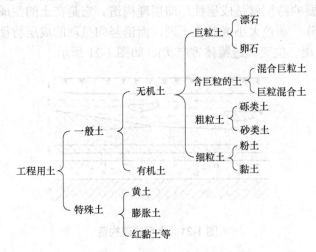

图 1-22 土的总分类体系

目前国内外有两大类土的工程分类体系：一是建筑工程系统的分类体系，它侧重于把土作为建筑地基和环境，故以原状土作为研究对象，例如《建筑地基基础设计规范》(GB 50007)中地基土的分类；二是材料工程系统的分类体系，它侧重于把土作为建筑材料，用于路堤、土坝和填土地基等工程，故以扰动土为分类对象，例如《土的分类标准》(GB/T 50145)和《公路土工试验规程》(JTG E50)工程用土的分类。

1.6.2 土的分类标准

在国际上土的统一分类系统(unified soil classification system)来源于美国 A.卡萨格兰特(Casagrande，1942)提出的一种分类体系，属于材料工程系统的分类。其主要特点是充分考虑了土的粒度成分和可塑性指标，即粗粒土土粒的个体特征和细粒土土粒与水的相互作用。这种方法采用了扰动土的测试指标，当天然土作为地基或环境时忽略了土粒的集合特征(土的结构性)。因此，这种方法无法考虑土的成因、年代对工程的影响。

在我国，为了统一工程用土的鉴别、定名和描述，同时也便于对土的性状作出一般定性评价，制定了《土的分类标准》(GB/T 50145)。它的分类体系基本上采用了与卡氏相似的分类原则，采用简便易测的定量分类指标，最能反映土的基本属性和工程性质，也便于电子计算机的资料检索。土的粒组应根据表 1-1 规定的土颗粒粒径范围划分为巨粒、粗粒和细粒。

1. 巨粒土和粗粒土的分类标准

巨粒土和含巨粒的土(包括混合巨粒土和巨粒混合土)和粗粒土(包括砾类土和砂类土)，按粒组含量、级配指标(不均匀系数 C_u 和曲率系数 C_c)和所含细粒的塑性高低划分为 16 种土类，如表 1-10～表 1-12 所示。

表 1-10　巨粒土和含巨粒土的分类

土　类	粒组含量		土 代 号	土 名 称
巨粒土	巨粒含量 75%～100%	漂石含量大于卵石含量	B	漂石(块石)
		漂石含量不大于卵石含量	Cb	卵石(碎石)
混合巨粒土	50%<巨粒含量≤75%	漂石含量大于卵石含量	BSl	混合土漂石(块石)
		漂石含量不大于卵石含量	CbSl	混合土卵石(碎石)
巨粒混合土	15%<巨粒含量≤50%	漂石含量大于卵石含量	SlB	漂石(块石)混合土
		漂石含量不大于卵石含量	SlCb	卵石(碎石)混合土

表 1-11　砾类土的分类(砾粒组含量>50%)

土　类	粒组含量		土 代 号	土 名 称
砾	细粒含量<5%	级配：C_u≥5，C_c=1～3	GW	级配良好砾
		级配：不同时满足上述要求	GP	级配不良砾
含细粒土砾	细粒含量 5%～15%		GF	含细粒土砾
细粒土质砾	15%<细粒含量≤50%	细粒组中粉粒含量≤50%	GC	黏土质砾
		细粒组中粉粒含量>50%	GM	粉土质砾

表 1-12　砂类土的分类(砾粒组≤50%)

土　类	粒组含量		土 代 号	土 名 称
砂	细粒含量<5%	级配：C_u≥5，C_c=1～3	SW	级配良好砂
		级配：不同时满足上述要求	SP	级配不良砂
含细粒砂	细粒含量 5%～15%		SF	含细粒土砂
细粒土质砂	15%<细粒含量≤50%	细粒组中粉粒含量≤50%	SC	黏土质砂
		细粒组中粉粒含量>50%	SM	粉土质砂

2. 细粒土的分类标准

细粒土是指粗粒组($0.075\text{mm}<d≤60\text{mm}$)含量不大于 25%的土。细粒土可按塑性图进一步细分。综合我国的情况，当用重 76g、锥角 30° 液限仪锥尖入土 17mm 对应的含水率为液限(即相当于碟式液限仪测定值)时，可用图 1-23 的塑性图分类。当用重 76g、锥角 30° 液限仪锥尖入土 10mm 对应的含水率为液限时，可采用类似的方法进行分类。细粒土分类标准如表 1-13 所示。

若细粒土内粗粒质量为总质量的 25%～50%，该类土称为含粗粒的细粒土。这类土的分类仍按上述塑性图进行划分，并根据所含粗粒类型进行如下分类。

(1) 当粗粒中砾粒占优势，称为含砾细粒土，在细粒土代号后加代号 G，例如含砾低液限黏土，代号 CLG。

(2) 当粗粒中砂粒占优势，称为含砂细粒土，在细粒土代号后加代号 S，例如含砂高液限黏土，代号 CHS。

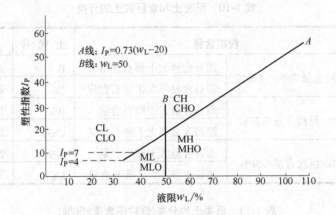

图 1-23　细粒土分类的塑性图

若细砾土内含部分有机质，则土名前加"有机质"，对有机质细粒土的代号后加代号 O，例如低液限有机质粉土，代号 MLO。

表 1-13　细类土的分类

土的塑性指标在塑性图中的位置		土 代 号	土 名 称
塑性指数 I_P	液限 w_L		
$I_P \geqslant 0.73(w_L - 20)$ 和 $I_P \geqslant 7$	$\geqslant 50\%$	CH	高液限黏土
	$<50\%$	CL	低液限黏土
$I_P < 0.73(w_L - 20)$ 和 $I_P < 4$	$\geqslant 50\%$	MH	高液限粉土
	$<50\%$	ML	低液限粉土

1.6.3　地基土的工程分类

1. 建筑地基土的分类

《建筑地基基础设计规范》(GB 50007)和《岩土工程勘察规范》(GB 50021)对地基土进行工程分类的特点是，注重土的天然结构特性和强度，并始终与土的主要工程特性——变形和强度特征紧密联系。因此，首先考虑了按地质年代和地质成因的划分，同时将某些特殊形成条件和特殊工程性质的区域性特殊土与普通土区别开来。

1) 按沉积年代划分

地基土按沉积年代可划分为两种。①老沉积土：第四纪晚更新世 Q_3 及其以前沉积的土，一般呈超固结状态，具有较高的结构强度。②新近沉积土：第四纪全新世中近期沉积的土，

一般呈欠固结状态，结构强度较低。

2) 按颗粒级配(粒度成分)和塑性指数划分

土按颗粒级配和塑性指数分为碎石土、砂土、粉土和黏性土四大类。

(1) 碎石土。碎石土是粒径大于 2mm 的颗粒含量超过全重 50%的土。根据颗粒级配和颗粒形状，按表 1-14 分为漂石、块石、卵石、碎石、圆砾和角砾。

表 1-14　碎石土的分类

土的名称	颗粒形状	颗粒级配/mm
漂　石	圆形及亚圆形为主	粒径大于 200mm 的颗粒含量超过全重的 50%
块　石	棱角形为主	
卵　石	圆形及亚圆形为主	粒径大于 20mm 的颗粒含量超过全重的 50%
碎　石	棱角形为主	
圆　砾	圆形及亚圆形为主	粒径大于 2mm 的颗粒含量超过全重的 50%
角　砾	棱角形为主	

注：分类时应根据粒组含量由上到下以最先符合者确定。

(2) 砂类土。砂类土是指粒径大于 2mm 的颗粒含量不超过全重 50%、粒径大于 0.075mm 的颗粒超过全重 50%的土。根据粒组含量砂土可分为砾砂、粗砂、中砂、细砂和粉砂，其分类标准如表 1-15 所示。

表 1-15　砂土的分类

土的名称	颗粒级配
砾　砂	粒径大于 2mm 的颗粒含量占全重的 25%～50%
粗　砂	粒径大于 0.5mm 的颗粒含量超过全重的 50%
中　砂	粒径大于 0.25mm 的颗粒含量超过全重的 50%
细　砂	粒径大于 0.075mm 的颗粒含量超过全重的 85%
粉　砂	粒径大于 0.075mm 的颗粒含量超过全重的 50%

注：分类时应根据粒组含量由大到小以最先符合者确定。

例如：某土样的颗粒级配试验成果为大于 20mm 的颗粒占 10%；20～10mm 的颗粒占 1%；10～5mm 的颗粒占 3%；5～2mm 的颗粒占 6%；2～0.5mm 的颗粒占 41%；0.5～0.25mm 的颗粒占 21%；0.25～0.1mm 的颗粒占 11%；<0.1mm 的颗粒占 7%(累计全重为 100%)。按表 1-14 分析上列数据，则该土样的土名不能定为漂石或块石，也不是卵石或碎石，因为其中>20mm 粒径的土粒含量只占全重的 10%，而小于 50%；它也不是圆砾或角砾，因为>2mm 粒径的土粒含量占(10+1+3+6)%=20%，而小于 50%。在工程实践中，粒径>2mm 土粒量占全重 25%～50%时，土名定为砾砂，其性质介乎粗砂粒和砾石之间，本实例占 20%<25%，所以也不是砾砂，因此应继续按表 1-15 分析该土样的颗粒级配。将占全重 41%的 2～0.5mm 粒径范围的粒组(粗砂粒)与更粗的土粒累计，则为(10+1+3+6+41)%=61%，此值超过了 50%，因此应定名为粗砂。

(3) 粉土。粉土是指粒径大于 0.075mm 的颗粒含量不超过全重 50%且塑性指数 $I_p \leqslant 10$

的土。一般根据地区规范(如上海、天津、深圳等)，由黏粒含量的多少可按表 1-16 划分为黏质粉土和砂质粉土。

粉土密实度和湿度分别根据孔隙比 e 和含水率 w 划分，如表 1-17 和表 1-18 所示。

表 1-16　粉土的分类

土的名称	黏粒含量 M_c/%	土的名称	黏粒含量 M_c/%
黏质粉土	$10 \leq M_c$	砂质粉土	$M_c < 10$

注：黏粒是指粒径小于 0.005mm 的颗粒。

表 1-17　粉土密实度的分类(GB 50021)

密实度	密实	中密	稍密
孔隙比 e	$e < 0.75$	$0.75 \leq e \leq 0.90$	$e > 0.90$

表 1-18　粉土湿度的分类(GB 50021)

湿度	稍湿	湿	很湿
含水率 w/%	$w < 20$	$20 \leq w \leq 30$	$w > 30$

(4) 黏性土。塑性指数 $I_P > 10$ 的土称为黏性土。根据塑性指数 I_P 按表 1-19 分为粉质黏土和黏土。其状态按液性指数 I_L 可分为坚硬、硬塑、可塑、软塑和流塑，如表 1-9 所示。

表 1-19　黏性土按塑性指数分类

土的名称	粉质黏土	黏土
塑性指数	$10 < I_P \leq 17$	$I_P > 17$

注：确定 I_P 时，液限以 76g 圆锥仪沉入土样中深度 10mm 为准。

3) 特殊土

特殊土是指在特定地理环境或人为条件下形成的具有一些特殊成分、结构和性质的土。它的分布一般具有明显的区域性。特殊土主要包括软土、膨胀土、红黏土、冻土、盐渍土和人工填土等。

(1) 软土。软土包括淤泥、淤泥质土、泥炭、泥炭质土。

淤泥是在静水或缓慢的流水环境中沉积，并经过生物化学作用形成的。它是天然含水率大于液限、天然孔隙比大于或等于 1.5 的黏性土。天然含水率大于液限而天然孔隙比小于1.5，但大于或等于 1.0 的黏性土或粉土为淤泥质土。

土的有机质含量 w_u(w_u 按灼失量试验确定)大于 5%时称为有机质土。含有大量未分解的腐殖质，有机质含量大于 60%为泥炭；有机质含量大于或等于 10%且小于或等于 60%为泥炭质土。泥炭含水率极高，压缩性很大，且不均匀，对工程十分不利，必须引起足够重视。

(2) 膨胀土。膨胀土为土中的黏粒成分主要由亲水性矿物组成，同时具有显著的吸水膨胀和失水收缩特性，其自由膨胀率大于或等于 40%的黏性土。

(3) 红黏土。红黏土是指碳酸盐岩系的岩石经红土化作用形成的高塑性黏土。其液限一般大于 50%。红黏土经再搬运后仍保留基本特征，其液限大于 45% 的土称为次生红黏土。我国的红黏土以贵州、云南、广西等省区最为典型，且分布较广。

(4) 人工填土。根据其组成和成因，人工填土可分为素填土、压实填土、杂填土和冲填土。

素填土是由碎石土、砂土、粉土、黏性土等组成的填土。经过压实或夯实的素填土为压实填土。杂填土为含有建筑垃圾、工业废料、生活垃圾等杂物的填土。冲填土为由水力冲填泥沙形成的填土。

(5) 盐渍土。盐渍土是土中易溶盐含量大于 0.3%，且具有融陷、盐胀、腐蚀等工程特性的土。盐渍土按含盐化学成分可分为氯盐渍土、亚氯盐渍土、亚硫酸盐渍土、硫酸盐渍土、碱性盐渍土，按含盐量可分为弱盐渍土、中盐渍土、强盐渍土和过盐渍土。

2. 公路桥涵地基土的分类

公路桥涵地基土的分类应符合《公路桥涵地基与基础设计规范》(JTG D63)的规定。目前该规范 2007 版中碎石土、砂土、粉土的分类方法与《建筑地基基础设计规范》(GB 5007)完全相同，参见表 1-14～表 1-18。

黏性土是指塑性指数 I_p 大于 10 且粒径大于 0.075mm 的颗粒含量不超过全重 50% 的土。黏性土根据塑性指数分为黏土和粉质黏土，分类标准如表 1-19 所示。注意确定 I_p 时液限和塑限以 76g 锥试验确定，但对圆锥入土深度未做明文规定。规范条文说明建议采用 76g 锥入土深度 17mm 的方法测量液限，为规范的进一步修订积累资料。

黏性土根据沉积年代按表 1-20 分为老黏性土、一般黏性土和新近沉积黏性土。

表 1-20　黏性土的沉积年代分类

沉积年代	土的分类
第四纪晚更新世(Q_3)及以前	老黏性土
第四纪全新世(Q_4)	一般黏性土
第四纪全新世(Q_4)以后	新近沉积黏性土

1.7　土的压实性

在土木工程建设中，经常遇到需要将土按一定要求进行堆填的情况，例如路堤、土坝、桥台、挡土墙、管道埋设、基础垫层以及基坑回填等。为了改善这些填土的工程性质，常采用一些措施使土变得密实，这就是填土压实工程。它是把土作为建筑材料，按一定要求和范围进行堆填而成。

工程中经常应用的填土压实方法有夯实法、碾压法、振动法等。这些方法是指利用外部的夯压能，使土颗粒重新排列压实变密，从而增强土颗粒之间的摩擦和咬合力，并增加颗粒间的分子引力，使土在短时间内得到新的结构强度。

填土不同于天然土层，因为经过挖掘、搬运之后，原状结构已被破坏，含水率也已经发生变化，堆填时必然在土团之间留下许多大孔隙。显然，未经压实的填土强度低、压缩性大而且不均匀，遇水易发生坍陷、崩解等问题。为使填土满足工程要求，必须按照一定标准进行压实。特别是像道路路堤这样的土工构筑物，在车辆的频繁运行和反复动荷载的作用下可能出现不均匀或过大的沉陷或坍落，甚至失稳滑动，从而使运营条件恶化并增加维修工作量，所以路堤填土必须具有足够的密实度，以确保行车安全。

土的压实也用在地基处理方面，例如用重锤夯实处理软弱土地基使之承载力提高、沉降量降低，以前的重锤夯实法多用于地基表层松软或地基设计荷载较小的情况，目前广泛运用的强夯法多用于处理较厚的软弱地基或设计荷载较大的地基。

1.7.1 土的压实原理

大量工程实践经验表明，对于过湿的黏性土进行碾压时会出现软弹现象，土体难以压实，对于很干的土进行碾压或夯实也不能把土充分压实，而只有在适当的含水率范围内才能压实。而试验研究表明，当土中的含水率较小时，土粒表面的结合水膜很薄，土粒间距较小，颗粒间以引力占优势，所以呈凝聚结构，阻碍土的压实；当含水率太大时，土孔隙中存在大量的自由水，压实时孔隙水不易排出，从而形成较大的孔隙压力，也将阻止土粒的靠拢，达不到很好的压实效果。只有当土中的含水率适当时，水在其中起润滑作用，并且也不占有太多的孔隙时，土粒才易于靠拢而形成最密实的排列。

土的压实效果一般用干重度 γ_d 来表示。未经压实松散土的干重度一般为 $11.0\sim13.0\,\text{kN/m}^3$，经压实后可达 $15.5\sim18.0\,\text{kN/m}^3$，一般填土为 $16.0\sim17.0\,\text{kN/m}^3$。

在一定的压实功能下使土最容易压实，并能达到最大密实度时的含水率称为土的最优(或最佳)含水率，用 w_{op} 表示，相对应的干重度称为最大干重度，用 γ_{dmax} 表示。

1.7.2 击实试验

土的最优含水率 w_{op} 可通过室内击实试验测定。击实试验是研究土的击实性能的室内基本试验方法。击实是指对土瞬时地重复施加一定的机械功，使土体变密的过程。在击实过程中，由于击实功是瞬时地作用于土体，土中气体有所排出，而土中的含水率则基本不变，因此可将土样预先调制成所需的含水率。

试验时将同一种土配制成 $5\sim6$ 份含水率不同的试样，以同样的击实功分别对每一份试样进行击实。试验的仪器(见图 1-24)和方法参见本行业的《土工试验方法标准》(GB/T 50123)。测定各试样击实后的含水率 w 和重度 γ，计算出相应的干重度 γ_d，即可绘出含水率与干重度的关系曲线，称为击实曲线，如图 1-25 所示。对应于最大干重度(曲线的峰值处)的含水率即为最优含水率 w_{op}。

击实曲线具有以下特点。

(1) 曲线峰值。在一定的击实功能作用下，只有当含水率达到最优含水率 w_{op} 时，土才能被击实至最大干重度，击实效果最好。

(2) 击实曲线与饱和曲线的位置关系。理论饱和曲线表示当土处于饱和状态时的 $\gamma_d\text{-}w$ 的关系。击实曲线位于理论饱和曲线左侧，表明击实土不可能被击实到完全饱和状态。试验证明，黏性土在最佳击实情况(即击实曲线峰值)下，其饱和度通常为80%左右。这表明当土的含水率接近和大于最佳值时，土孔隙中的气体越来越处于与大气不连通的状态，击实作用已不能将其排出土外。

(3) 击实曲线的形态。击实曲线在最优含水率两侧的形态不同，曲线左段比右段坡度陡，说明土的含水率处于偏干状态(含水率小于 w_{op})时，含水率对土的密实度影响更为显著。

图 1-24　击实试验设备

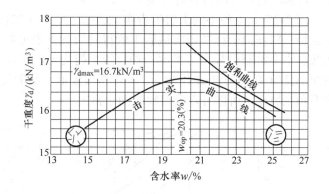

图 1-25　击实曲线

1.7.3　影响击实效果的因素

大量的工程实践和试验研究表明，影响土的压实效果的主要因素是土的含水率、压实功能、土的类别和颗粒级配等。

1. 含水率的影响

含水率的大小对土的击实效果影响极大。土的压实机理表明，不同的含水率使土中颗粒间的作用力发生了变化，改变了土的结构与状态，从而在一定击实功能下改变着土的压实效果。

2. 压实功能的影响

压实功能是除含水率以外的另一个影响压实效果的重要因素。压实功能是指压实工具的重量、碾压的次数或落锤高度、作用时间等。夯击的压实功能与夯锤的重量、落高、夯击次数以及被夯击土的厚度等有关，碾压的压实功能则与碾压机具的重量、接触面积、碾压遍数以及土层的厚度等有关。

图 1-26 显示了压实功能对压实曲线的影响。压实功能越大，土的干重度越大，表明土愈越实。但必须指出，增加压实功应有一定的限度和条件。因为压实功能增加到一定限度以上，压实效果提高缓慢。另外，当土处于偏干状态时增加压实功的效果显著，偏湿时则收效不大，甚至适得其反。

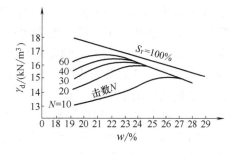

图 1-26　压实功能对压实曲线的影响

图 1-26 的关系曲线还显示，随着压实功的增加，最佳含水率值变小，因此在填土压实工程中，若土的含水率较小，需选用夯实功能较大的机具；若土的含水率较大，则应选择压实功能较小的机具，否则会出现"橡皮土"现象。

3. 不同土类和级配的影响

在同一击实功能条件下，不同土类的击实特性不一样，土的颗粒大小、级配、矿物成分和添加的材料等因素也对压实效果有影响。

图 1-27 是五种不同土料的击实试验结果，图 1-27(a)是其不同的粒径曲线，图 1-27(b)是五种土料在同一标准击实试验中所得到的五条击实曲线。由图可知，颗粒越粗，就越能在低含水率时获得最大干重度；颗粒级配越均匀，压实曲线的峰值范围就越宽广而平缓。级配不良(土粒均匀)的土压实后，其干密度要低于级配良好的土。因为级配良好的土有足够的细颗粒填充，所以可以获得较高的干密度。

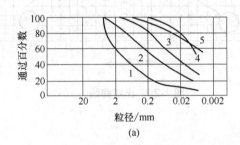
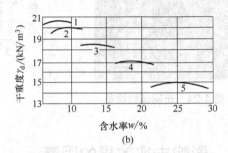

图 1-27　各种土的击实曲线

砂性土也可用类似黏性土的方法进行试验。干砂在压力与振动作用下容易密实；稍湿的砂土，因为有毛细压力作用使砂土互相靠紧，阻止颗粒移动，击实效果不好；饱和砂土毛细压力消失，击实效果良好。

1.7.4　压实特性在现场填土中的应用

土的压实特性均是从室内击实试验中得到的，而现场碾压或夯实的情况与室内击实试验有差别。例如，现场填筑时的碾压机械和击实试验的自由落锤的工作情况不一样，前者大都是碾压，而后者则是冲击。现场填筑中，土在填方中的变形条件与击实试验时土在刚性击实筒中的变形条件也不一样，前者可产生一定的侧向变形，后者则完全受侧限。目前还未能从理论上找出二者的普遍规律。但为了把室内的击实试验结果用于实际工程的设计与施工，必须研究室内击实试验和现场碾压的关系。

图 1-28 是羊足碾不同碾压遍数的工地试验结果与室内击实试验结果的比较。该图的比较

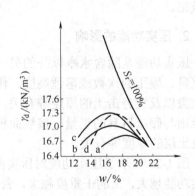

图 1-28　工地试验与击实试验的对比

a—羊足碾，碾压 6 遍；b—羊足碾，碾压 12 遍；
c—羊足碾，碾压 24 遍；d—普氏击实仪

表明：用室内击实试验来模拟工地填土的压实是可靠的。为便于工地填土压实质量的施工控制，可采用压实系数(也称压实度)λ_c 来表示：

$$\lambda_c = \frac{\gamma_d'}{\gamma_d} \tag{1-30}$$

式中：γ_d'——工地碾压时要求达到的干密度；

　　　γ_d——室内击实试验得到的最大干重度。

λ_c 值越接近于 1，表示对填土压实质量的要求越高，这一标准应用于主要受力层或者重要工程中。对于路基的下层或次要工程，λ_c 值可取得小一些。具体取值参见《建筑地基基础设计规范》《公路路基设计规范》《建筑地基处理技术规范》等相关规范。

从工地填土压实和室内击实试验对比可见，室内击实试验既是研究土的压实特性的室内基本方法，又为实际填方工程提供了两方面用途：一是用来判别在某一击实功作用下土的击实性能是否良好，以及土可能达到的最佳密实度范围与相应的含水率值，为现场填方设计合理选用填土含水率和填筑密度提供依据；另一方面是为制备试样以研究现场填土的力学特性提供合理的密度和含水率。

思　考　题

1-1　土由哪几部分组成？土中三相比例的变化对土的性质有什么影响？

1-2　土的颗粒级配含义和颗粒分析的试验方法是什么？如何判断颗粒级配是否良好？

1-3　黏土颗粒为什么会带负电荷？

1-4　主要的黏土矿物包括哪几种？各有什么特性？

1-5　说明土的天然重度、饱和重度、浮重度的物理概念和相互关系，比较同一种土的这几个指标的数值大小。

1-6　下列指标中，哪几项对黏性土有意义？哪几项对无黏性土有意义？①颗粒级配；②相对密实度；③塑性指数；④液性指数。

1-7　何为塑性指数？塑性指数大的土具有哪些特点？何为液性指数？如何应用液性指数来评价土的软硬状态？

1-8　《建筑地基基础设计规范》(GB 50007)与《土的分类标准》(GB/T 50145)对土的分类有何不同？按《建筑地基基础设计规范》，砂土和黏性土分别根据什么进行分类？

1-9　何为最优含水率？影响填土压实效果的主要因素有哪些？

习　题

1-1　有一天然完全饱和土样切满于环刀内，称得总质量为 72.49g，烘干至恒重后为 61.28g，环刀质量为 32.54g，土粒相对密度为 2.74，试求该土样的 γ、w、γ_d、e。[答案：$e=1.069$]

1-2　某土样天然重度为 18.5kN/m³，含水率 $w=34\%$，土粒相对密度 $d_s=2.71$，试求该土

样的饱和重度 γ_{sat} 和有效重度 γ'。[答案：$\gamma' = 8.7\text{kN/m}^3$]

1-3 已知土的重度为 18.7kN/m³，含水率 9.5%，土粒相对密度为 2.70，计算土的孔隙比和饱和度。如果土在相同的孔隙比下完全饱和，土的饱和重度和含水率应是多少？[答案：$e = 0.55$，$S_r = 46.6\%$；$\gamma_{\text{sat}} = 20.5\text{kN/m}^3$，$w = 20.3\%$]

1-4 某一无黏性土样的天然密度为 1.74g/cm³，含水率为 20%，土粒相对密度为 2.65，最大干密度为 1.67g/cm³，最小干密度为 1.39g/cm³。试求其相对密实度 D_r，并判定其相对密实程度。[答案：$D_r = 0.25$；属于松散状态]

1-5 试证明：

(1) $\gamma' = \dfrac{d_s - 1}{1 + e} \gamma_w = \gamma_{\text{sat}} - \gamma_w$；

(2) $e = \dfrac{d_s(1 + w)\gamma_w}{\gamma} - 1$；

(3) $S_r = \dfrac{w d_s}{e}$。

1-6 甲、乙两种土样的颗粒分析结果列于表 1-21，试绘制颗粒级配曲线，并确定不均匀系数以及评价级配均匀情况。[答案：甲土的 $C_u = 23$]

表 1-21 甲、乙两土样的颗粒分析结果

粒径/mm		2～0.5	0.5～0.25	0.25～0.1	0.1～0.075	0.075～0.02	0.02～0.01	0.01～0.005	0.005～0.002	<0.002
相对含量/%	甲土	24.3	14.2	20.2	14.8	10.5	6.0	4.1	2.9	3.0
	乙土		5.0	5.0	17.1	32.9	18.6	12.4	9.0

1-7 某一完全饱和黏土试样的天然含水率 $w = 30\%$，土粒相对密度 $d_s = 2.73$，液限 $w_L = 33\%$，塑限 $w_p = 17\%$。试求孔隙比 e、干重度 γ_d、饱和重度 γ_{sat}，并根据塑性指数 I_p 和液性指数 I_L 值确定该土的分类名称和软硬状态。[答案：$\gamma_{\text{sat}} = 19.5\text{kN/m}^3$]

1-8 某原状土处于完全饱和状态，测得其含水率为 32.5%，重度为 18.0kN/m³，液限为 36.4%，塑限为 18.9%。试求：

(1) 土样的名称及其物理状态；

(2) 若将土样压密，使其干重度达到 15.8kN/m³，此时的土的孔隙比将减小多少？[答案：黏土，软塑；0.27]

1-9 某土含水率 $w_1 = 12\%$，重度 $\gamma = 19.0\text{kN/m}^3$，若其孔隙比保持不变，含水率增加到 $w_2 = 22\%$，问：1m³ 土需要加多少水？[答案：1m³ 土需要加水 170kg]

1-10 以不同含水率配制土样进行室内击实试验，测定其重度，试验数据如表 1-22 所示。

表 1-22 不同含水率的土样试验数据

$w/\%$	17.2	15.2	12.2	10.0	8.8	7.4
$\gamma/(\text{kN/m}^3)$	20.2	20.6	21.2	20.9	19.9	18.5

已知土粒比重 $d_s = 2.65$，试绘制该土样的击实曲线，并确定最优含水率。[答案：$w_{op} = 10.5\%$]

第2章 土中的应力计算

学习要点

掌握不同情况下土中自重应力的计算方法以及分布规律；熟悉基底压力的分布形式，掌握基底压力和基底附加压力计算方法；掌握各种荷载分布形式下地基中附加应力的分布规律及计算方法，理解应力扩散的概念；熟悉太沙基有效应力原理。

2.1 概　　述

土中的应力分析是土工设计的一项重要内容。土体作为建筑物的地基，在建筑物载荷作用下将产生应力、变形，使建筑物发生沉降、倾斜、水平位移。土体的变形过大时，往往会影响建筑物的正常和安全使用；此外，土体中应力过大时也会导致土的强度破坏，甚至使土体发生滑动失去稳定。因此，通过研究土体中应力的大小和分布规律，能够进一步分析土体的变形及强度、土工结构物的变形及稳定等问题。

一般而言，土体中的应力主要包括两种：

(1) 土体自身重力产生的自重应力(self-weigh stress)。

(2) 由建筑物荷载、车辆荷载、土中水的渗流力、地震等的作用所引起的附加应力(additional stress)。

对土中应力的研究可借助于古典弹性理论的方法。

古典弹性理论研究的对象是连续的、均匀的、完全弹性和各向同性的介质，而实际的土体是非连续的、非均匀的、非完全弹性的，且常表现为各向异性。虽然土体的实际情况与弹性体的假设有差别，但在一定的条件下引用古典弹性理论研究土体中的应力是合理的，其分析如下。

(1) 连续体：指整个物体所占据的空间都被介质填满，不留任何空隙。而土是由颗粒堆积而成的具有孔隙的非连续体，土中应力是通过土颗粒间的接触点而传递的。但是由于建筑物的基础面积尺寸远远大于土颗粒尺寸，而我们所研究的土体在通常应力下的变形和强度是对整个土体而言，而不是对单个土颗粒而言，因此我们只需了解整个受力面上的平均应力，而不需要研究单个颗粒上的受力状态，所以可以忽略土分散性的影响，近似地把土体作为连续体考虑。

(2) 完全弹性体：指受力体中应力增加时，应力-应变之间呈直线关系，应力减小后变形能完全恢复的物体。而变形后的土体，当外力卸除后不能完全恢复原状，存有较大的残余变形。但是在实际工程中土中应力水平较低，土的应力-应变关系接近于线性关系，可以应用弹性理论方法进行分析。

(3) 各向同性：主要指受力体的变形性质是各向同性的。但土在形成过程中具有各种结构与构造，因此天然地基常常是各向异性的，将土看作各向同性有一定的误差。

(4) 匀质体：指整个受力体各点的性质都是相同的。自然界中土体具有成层性，当各层土的性质相差不大时，将土作为匀质体所引起的误差不大。

如图 2-1 所示，将土体看作一个半无限空间体，x 轴和 y 轴无限延伸所夹的平面为土体的表面，土体深度延伸的方向为 z 轴的正方向。土中某点 M 的应力状态可以用一个正六面体上的应力来表示，如图 2-2 所示。单元体上的 3 个法向应力分量为 σ_x、σ_y、σ_z，6 个剪应力分量为 $\tau_{xy} = \tau_{yx}$，$\tau_{yz} = \tau_{zy}$，$\tau_{zx} = \tau_{xz}$。剪应力下角标的前面一个英文字母表示剪应力作用面的外法线方向，后一个字母表示剪应力的作用方向。

应该注意，在土力学中法向应力以压应力为正，拉应力为负。剪应力方向的规定是当剪应力作用面上的外法线方向与坐标的正方向一致时，剪应力的方向与坐标轴正方向一致时为负，反之为正；若剪应力作用面上的外法线方向与坐标轴正向相反时，则剪应力的方向与坐标轴正方向一致时为正，反之为负。图 2-2 中所示的法向应力及剪应力均为正值。

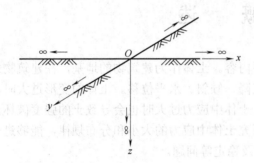

图 2-1　半无限空间体

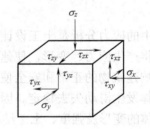

图 2-2　土中一点应力状态

土体中的应力状态一般有三种类型。

1. 三维应力状态

在半无限空间体表面上作用局部荷载时，土体中的应力状态属于三维应力状态(即空间应力状态)。此时，土体中任一点的应力都与 x、y、z 三个坐标有关，该点的应力分量用矩阵的形式表示为

$$\sigma_{ij} = \begin{bmatrix} \sigma_{xx} & \tau_{xy} & \tau_{xz} \\ \tau_{yx} & \sigma_{yy} & \tau_{yz} \\ \tau_{zx} & \tau_{zy} & \sigma_{zz} \end{bmatrix}$$

2. 二维应变状态

当半无限空间体表面上作用分布荷载(如路堤或挡土墙下地基)，其一个方向的尺寸远大于另一个方向的尺寸，并且每个横截面上的应力大小和分布形式均一样时，在地基中引起

的应力状态即可简化为二维应变状态(即平面应变状态)。此时，沿长度方向切出的任一 xOz 截面均可认为是对称面，其任一点的应力只与 x、z 两个坐标有关，并且沿 y 轴方向的应变 $\varepsilon_y=0$。根据对称性，有 $\tau_{yx}=\tau_{xy}=\tau_{yz}=\tau_{zy}=0$，其应力分量用矩阵的形式表示为

$$\sigma_{ij}=\begin{bmatrix}\sigma_{xx} & 0 & \tau_{xz}\\ 0 & \sigma_{yy} & 0\\ \tau_{zx} & 0 & \sigma_{zz}\end{bmatrix}$$

3. 侧限应力状态

侧限应力状态是指侧向应变为零的一种应力状态，如地基在自重作用下的应力状态即属于此种应力状态。若将地基土体视为半无限弹性体，则在地基同一深度 z 处，土单元体沿 x 轴和 y 轴的受力条件均相同，因此土体无侧向变形，只有竖直方向的变形。此时，任何竖直面均可看成是对称面，故在任何竖直面和水平面上，$\tau_{xy}=\tau_{yz}=\tau_{zx}=0$，其应力矩阵可表示为

$$\sigma_{ij}=\begin{bmatrix}\sigma_{xx} & 0 & 0\\ 0 & \sigma_{yy} & 0\\ 0 & 0 & \sigma_{zz}\end{bmatrix}$$

2.2 土中自重应力

若土体是均匀的半无限体，则在半无限土体中任意取的截面都是对称面，根据侧限应力状态的应力矩阵可知该对称面又是一主平面。对于匀质土，由于地面以下任一深度处竖向自重应力都是均匀的且无限分布的，所以在自重应力作用下地基土只产生竖向变形，而无侧向位移及剪切变形，即 $\varepsilon_z\neq0$，$\varepsilon_x=\varepsilon_y=0$，$\gamma_{xy}=\gamma_{xz}=\gamma_{zy}=0$。

如图 2-3 所示，若取四平面所夹的土柱体为脱离体，则该脱离体上作用的力有：土柱体的重力 W；土柱体底面的反力 σ_{cz}；侧向土压力 σ_{cx} 和 σ_{cy}。根据竖直方向的静力平衡条件，$W=\sigma_{cz}\times A$(A 为土柱体的横截面面积)。

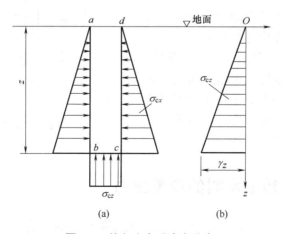

图 2-3 均匀土自重应力分布

2.2.1 均质土体中的自重应力

当地基是均质土时，在深度 z 处 $W = \gamma \cdot z \cdot A$，则 $\sigma_{cz} A = \gamma \cdot z \cdot A$，即

$$\sigma_{cz} = \gamma \cdot z \tag{2-1}$$

式中： γ ——土的天然重度(kN/m^3)；

σ_{cz} —— z 平面上由土体本身自重产生的应力(kPa)。

土体中自重应力分布范围是土体存在的半无限空间范围。从公式(2-1)可知，自重应力随深度 z 线性增加，沿水平面均匀分布，如图2-3所示。

地基土在自重的作用下，除受竖向正应力作用外，还受水平向正应力作用。根据弹性力学原理可知，水平向正应力 σ_{cx}、σ_{cy} 与 σ_{cz} 成正比，而水平向及竖向的剪应力均为零，即

$$\sigma_{cx} = \sigma_{cy} = K_0 \sigma_{cz} \tag{2-2}$$

$$\tau_{xy} = \tau_{yz} = \tau_{zx} = 0 \tag{2-3}$$

式中：K_0——土的侧压力系数(或静止土压力系数)。

2.2.2 成层土体中的自重应力

地基土体往往是成层状的，由于各土层具有不同的重度，故深度 z 处的竖向自重应力 σ_{cz} 可按下式计算：

$$\sigma_{cz} = \gamma_1 \cdot h_1 + \gamma_2 \cdot h_2 + \cdots + \gamma_n \cdot h_n = \sum_{i=1}^{n} \gamma_i \cdot h_i \tag{2-4}$$

式中：n——从天然地面起到深度 z 处的土层数；

h_i——第 i 层土的厚度(m)；

γ_i——第 i 层土的天然重度(kN/m^3)。

由公式(2-4)可知，成层土自重应力在土层分界面处发生转折，沿竖直方向分布呈折线形，如图2-4所示。

必须指出，这里所讨论的土中自重应力是指土颗粒之间接触点传递的应力，该粒间应力使土粒彼此挤紧，不仅会引起土体变形，而且也会影响土体的强度，所以粒间应力又称为有效应力(详见本章第5节)。本节所讨论的自重应力都是有效自重应力。以后各章有效自重应力均简称为自重应力。

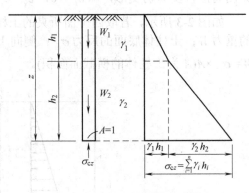

图2-4 成层土自重应力分布

2.2.3 土层中有地下水时的自重应力

计算地下水位以下土的自重应力时，应根据土的性质确定是否需要考虑水的浮力作用。

若受到水的浮力作用，则水下部分土的重度应按土层的浮重度(有效重度)来计算，如图 2-5 所示。

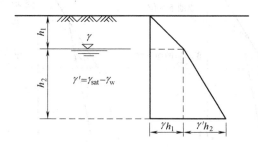

图 2-5　有地下水时土中应力分布

在地下水位以下，如果埋藏有不透水层(例如岩层或只含结合水的坚硬黏土层)，由于不透水层中不存在自由水产生的浮力，故不透水层顶面及层面以下土中的应力应按上覆土层的水土总重计算，且土的自重应力计算采用土层的实际天然重度而不再按有效重度考虑，因此上覆土层与不透水层交界面处的自重应力将发生突变，如图 2-6 所示。

如图 2-7 所示，水下地基土中应力的计算可按如下方式考虑：若为完全透水的砂土层，不论河水深浅，计算自重应力时应考虑浮力的影响；若为不透水层，不考虑浮力的影响，且 h_w 深度的河水等于加在河床底面上的满布压力 $\gamma_w h_w$，此时河底不透水层中深度 z 处的压力为

$$\sigma_{cz} = \gamma \cdot z + \gamma_w \cdot h_w \tag{2-5}$$

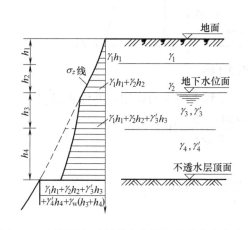

图 2-6　有地下水时成层土中竖向自重应力分布

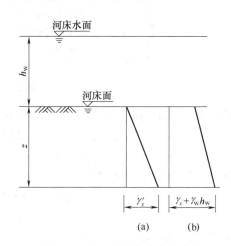

图 2-7　水下地基土中应力分布

由于地下水位以下土的自重应力取决于土的有效重度，则地下水位的升降会引起土体自重应力的变化，如图 2-8 所示。如果因大量抽取地下水导致地下水位大幅度下降，使地基中原地下水位与变动后水位之间土层的有效自重应力增加，如图 2-8(a)所示。增加的有效自重应力相当于附加应力的作用，使地基产生沉降(地基的沉降也有固结变形的作用，参见第 4 章)。相反，由于某种原因，如筑坝蓄水、农业灌溉以及工业用水大量渗入地下等，造成地下水位的长期上升，如图 2-8(b)所示，如果该地区的土体具有湿陷性或膨胀性，则会导致一些工程问题，对此应引起充分重视。

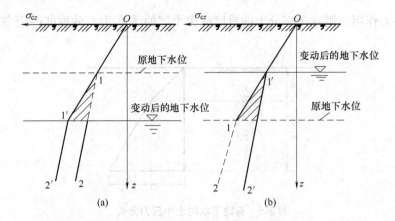

图 2-8 地下水位升降对地基自重应力的影响

O—1—2 线为原来自重应力的分布；O—1′—2′为地下水位变动后自重应力的分布

【例 2-1】某土层及其物理性质指标如图 2-9 所示，计算土中自重应力。

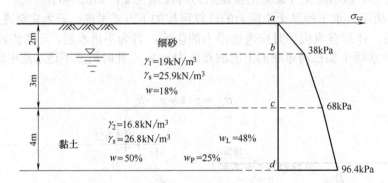

图 2-9 例 2-1 图

解： 第一层土为细砂，地下水位以下的细砂受到水的浮力作用，其浮重度 γ' 为

$$\gamma' = \frac{(\gamma_s - \gamma_w)\gamma}{\gamma_s(1+w)} = \frac{(25.9 - 9.81) \times 19}{25.9 \times (1 + 0.18)} = 10(\text{kN/m}^3)$$

第二层黏土层浮重度 γ' 为

$$\gamma' = \frac{(26.8 - 9.81) \times 16.8}{26.8 \times (1 + 0.50)} = (7.1\text{kN/m}^3)$$

a 点：$z = 0$，$\sigma_{cz} = \gamma \cdot z = 0$。

b 点：$z = 2\text{m}$，$\sigma_{cz} = 19 \times 2 = 38(\text{kPa})$。

c 点：$z = 5\text{m}$，$\sigma_{cz} = \sum \gamma_i h_i = 19 \times 2 + 10 \times 3 = 68(\text{kPa})$。

d 点：$z = 9\text{m}$，$\sigma_{cz} = 19 \times 2 + 10 \times 3 + 7.1 \times 4 = 96.4(\text{kPa})$。

土层中的自重应力 σ_{cz} 的分布图如图 2-9 所示。

【例 2-2】计算图 2-10 所示水下地基土中的自重应力分布。

解： 水下粗砂层受到水的浮力作用，其浮重度为

$$\gamma' = \gamma_{sat} - \gamma_w = 19.5 - 9.81 = 9.69(\text{kN/m}^3)$$

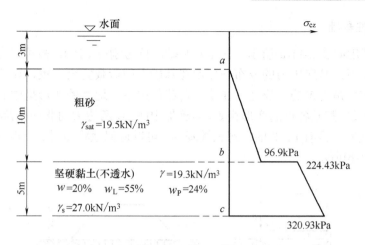

图 2-10　例 2-2 图

该坚硬黏土层为不透水层，不受水的浮力作用，因此该层面以下的应力应按上覆土层的水土总重计算，则土中各点的应力：

a 点：$z=0$，$\sigma_{cz}=0$。

b 点：$z=10\text{m}$，若该点位于粗砂层中，$\sigma_{cz}=\gamma'\cdot z=9.69\times10=96.9\,(\text{kPa})$；

若该点位于坚硬黏土层中：$\sigma_{cz}=\gamma'\cdot z+\gamma_w\cdot h_w=96.9+9.81\times13=224.43\,(\text{kPa})$。

c 点：$z=15\text{m}$，$\sigma_{cz}=224.43+19.3\times5=320.93\,(\text{kPa})$。

土中自重应力 σ_{cz} 的分布图如图 2-10 所示。

2.3　基础底面压力及其简化计算

建筑物荷载是通过基础传递到地基土中的，因此在基础底面与地基土之间便产生了接触应力。在外部荷载作用下基础底面压力的大小及其分布形式将对地基土中的应力大小及分布规律产生直接影响。因此，在计算地基中附加应力及设计基础结构时，都必须研究基底压力的分布规律。

2.3.1　基底压力的分布规律

基底压力(contact pressure)分布的问题是涉及基础与地基土两种不同物体间的接触压力问题，在弹性理论中称为接触压力课题。这是一个比较复杂的问题，影响它的因素很多，如基础的刚度、形状、尺寸、埋置深度以及土的性质、荷载大小等。目前在弹性理论中主要研究不同刚度的基础与弹性半空间体表面间的接触压力分布问题。下面着重分析基础刚度的影响。

从理论概念上可将各种基础按其与地基土的相对抗弯刚度(EI)分成三类，即理想柔性基础、理想刚性基础和有限刚性基础。

1. 理想柔性基础

理想柔性基础如图 2-11(a)所示，假定其基础的抗弯刚度 EI=0，故可以完全适应地基的变形。这种情况下，基底压力的分布与作用在基础上的荷载完全一致，如荷载是均匀的，则基底压力分布也是均匀的。反之，在均布荷载作用下，地基的变形呈中心大、边缘小的凹形。如果要使柔性基础各点的变形相等，需施加中间小、两边大的非均布荷载[如图 2-11(a)中虚线所示]。实际上没有 EI=0 的理想柔性基础，可以近似地将路堤、土坝等视作理想柔性基础，如图 2-11(b)所示。

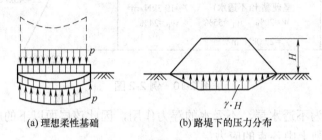

(a) 理想柔性基础　　　　　(b) 路堤下的压力分布

图 2-11　理性柔性基础下的压力分布

2. 理想刚性基础

对于理想刚性基础，可假定其基础的抗弯刚度 EI=∞，即在外荷载作用下基础本身为不变形的绝对刚体。在中心荷载作用下，理想刚性基础各点竖向变形相同。如果地基是完全弹性体，根据弹性理论解得的基底压力分布如图 2-12(a)中实线所示，边缘应力为无穷大。

3. 有限刚性基础

理想刚性基础中的应力状态在实际上是不可能存在的，因为基底压力不可能超过土的极限强度。当作用的荷载较大时，基础边缘由于应力很大，将会使土产生塑性变形，边缘应力不再增加，而使中央部分继续增大。而基础也不是绝对刚性，因此应力重分布的结果是使基底压力分布呈各种复杂的形式。实际压力如图 2-12(a)中虚线所示，基底压力分布呈马鞍形，中央小而两边大；或重新分布而呈抛物线形分布，如图 2-12(b)所示；若作用荷载继续增大，则基底压力会继续发展呈倒钟形分布，如图 2-12(c)所示。桥梁墩台的扩大基础、重力式码头、挡土墙、大块墩柱等可视作刚性基础。

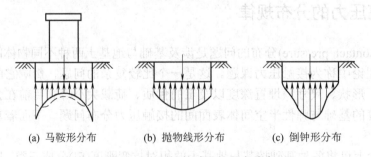

(a) 马鞍形分布　　　　(b) 抛物线形分布　　　　(c) 倒钟形分布

图 2-12　刚性基础下的压力分布

此外，试验研究结果表明，刚性基础底面的压力分布形状不仅与荷载大小有关，而且与基础的埋置深度及土的性质有关。

2.3.2　基底压力的简化计算

根据弹性理论的圣维南原理，在总荷载保持定值的前提下，基底压力分布的形式对土中应力的影响在超过一定深度(1.5～2.0 倍基础宽度)后就不显著了。因此，当基础尺寸不太大时，在实用上可以采用简化的计算方法，即假定基底压力分布的形式是线性变化的，则可以利用材料力学的公式进行简化计算。

1. 中心荷载作用下的基底压力

中心荷载作用下的基础，其所受荷载的合力通过基底形心处。基底压力假定为均匀分布[见图 2-13(a)]，此时基底平均压力按下式计算：

$$p = \frac{F+G}{A} \tag{2-6}$$

式中：F——由上部结构传来的作用在基础底面中心的竖直荷载(kN)；

G——基础自重及其上回填土重的总重，$G = \gamma_G \cdot A \cdot d$，其中 γ_G 为基础及回填土平均重度，一般取 20kN/m³，在地下水位以下部分应扣去浮力，d 为基础埋深；

A——基础底面积(m²)，对矩形基础 $A = lb$，l 和 b 分别为矩形基底的长度和宽度[见图 2-13(b)]；对于荷载沿长度方向均匀分布的条形基础，可沿长度方向取一延米长进行计算，则 F、G 为沿长度方向一延米长上作用的荷载(kN/m)。

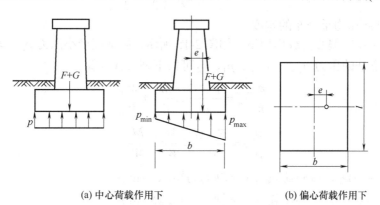

(a) 中心荷载作用下　　　　　　　(b) 偏心荷载作用下

图 2-13　基底压力分布的简化计算

2. 偏心荷载作用下的基底压力

对于单向偏心荷载，如图 2-13(b)所示，假定在基础的宽度方向偏心，长度方向不偏心，此时沿宽度方向基础边缘的最大压力 p_{max} 与最小压力 p_{min} 按材料力学的偏心受压公式计算：

$$\left.\begin{array}{c} p_{max} \\ p_{min} \end{array}\right\} = \frac{F+G}{lb} \pm \frac{M}{W} = \frac{F+G}{lb}\left(1 \pm \frac{6e}{b}\right) \tag{2-7}$$

式中：M——作用于基底的力矩(kN·m)；

W——基础底面的抵抗矩，对矩形基础 $W = lb^2/6$，对条形基础 $W = b^2/6$；

e——荷载偏心矩，$e = M/(F+G)$ (m)；

F、G、l、b 符号含义同公式(2-6)。

由式(2-7)可知，按荷载偏心矩e的大小，基底压力的分布可能出现下述三种情况，如图 2-14 所示。

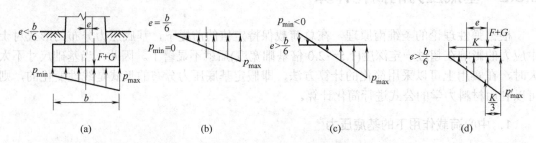

图 2-14　单向偏心荷载下矩形基础的基底压力分布

(1) 当$e<b/6$时，$p_{min}>0$，基底压力呈梯形分布[见图 2-14(a)]。

(2) 当$e=b/6$时，$p_{min}=0$，基底压力呈三角形分布[见图 2-14(b)]。

(3) 当$e>b/6$时，$p_{min}<0$，即产生拉力[见图 2-14(c)]。由于基底与地基土之间不能承受拉力，此时产生拉力部分的基底将与土脱开，而使基底压力重分布。因此，根据偏心荷载应与基底反力相平衡的条件，荷载合力$F+G$应通过三角形反力分布图形的形心[见图 2-14(d)]，由此可得基底边缘的最大压应力p'_{max}为

$$p'_{max}=\frac{2(F+G)}{l\cdot K}=\frac{2(F+G)}{3\left(\dfrac{b}{2}-e\right)l} \tag{2-8}$$

式中：K——基底压力重分布的宽度。

矩形基础在双向偏心荷载作用下，如图 2-15 所示。如基底最小压力$p_{min}\geqslant 0$，则矩形基础边缘四个角点处的压力p_{max}、p_{min}、p_1、p_2可按下列公式计算：

$$\left.\begin{array}{l}p_{max}\\p_{min}\end{array}\right\}=\frac{F+G}{lb}\pm\frac{M_x}{W_x}\pm\frac{M_y}{W_y} \tag{2-9}$$

$$\left.\begin{array}{l}p_1\\p_2\end{array}\right\}=\frac{F+G}{lb}\mp\frac{M_x}{W_x}\pm\frac{M_y}{W_y} \tag{2-10}$$

式中：$M_x=(F+G)e_y$，偏心荷载对x–x轴的力矩($kN\cdot m$)；

　　　$M_y=(F+G)e_x$，偏心荷载对y–y轴的力矩($kN\cdot m$)；

　　　$W_x=lb^2/6$，基础底面x–x轴的抵抗矩(m^3)；

　　　$W_y=bl^2/6$，基础底面y–y轴的抵抗矩(m^3)。

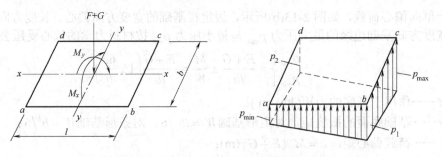

图 2-15　双向偏心荷载下矩形基础的基底

2.3.3　基底附加压力

建筑物建造前，地基土中早已存在自重应力(因此自重应力又称原存应力)。一般天然土层在自重应力作用下的变形早已结束，只有新增加于基底上的压力(即基底附加压力)才能引起地基的附加应力和变形。

如果基础砌置在天然地面上，那么全部基底压力就是新增加于地基表面的基底附加压力 p_0，即

$$p_0 = p \tag{2-11}$$

实际上，一般浅基础总是埋置在天然地面以下某一深度处。若假定基础埋深为 d，则基底附加压力为

$$p_0 = p - \sigma_{cz} = p - \gamma_0 d \tag{2-12}$$

式中：p ——基底平均压力(kPa)；

σ_{cz} ——土中自重应力，基底处 $\sigma_{cz} = \gamma_0 d$ (kPa)；

γ_0 ——基础底面标高以上天然土层的加权平均重度，$\gamma_0 = (\gamma_1 h_1 + \gamma_2 h_2 + \cdots)/(h_1 + h_2 + \cdots)$。

如图 2-16 所示，建造建筑物基础需开挖基坑，开挖前在基底位置处由土自重而产生的应力为 $\gamma_0 d$，该应力由于基坑开挖而卸载。因此，由建筑物建造后的基底压力中扣除基底处原有的土中自重应力后，才是基底平面处新增加于地基上的附加压力。

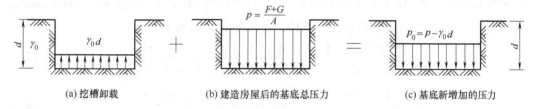

(a) 挖槽卸载　　　　　(b) 建造房屋后的基底总压力　　　　　(c) 基底新增加的压力

图 2-16　开挖前后基底压力变化情况示意图

由式(2-12)可以看出，增大基础埋深 d 可以减小基底附加压力 p_0。根据这一原理，在工程上可通过增大基础埋深的方法来减小基底附加压力，从而减小土中的附加应力，达到减小建筑物沉降的目的。

2.4　地基附加应力

地基附加应力是建筑物荷载在地基土中所引起的应力增量。竖向荷载作用下，附加应力会使地基土产生较大的竖向变形，从而引起其上建筑物的沉降。本节介绍在竖向荷载作用下地基附加应力的计算。

由于地基比建筑物基础要大得多，因而常把地基看作半无限空间体。建筑物基础底面上的荷载向大体积的地基传力时，地基中承受应力的面积总是要随着深度逐渐扩大，因而单位面积上的应力就逐渐减小，这种现象称为应力扩散现象，它是附加应力的一个特点。

一般情况下，建筑物作用于地基表面的荷载分布是多种多样，如图 2-17 所示，但各种不同分布的荷载都可以划分成均布荷载和三角形分布荷载的组合，如图 2-17 中虚线所示，所以，本章主要介绍均布荷载和三角形荷载作用下地基附加应力的解法。

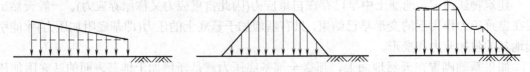

图 2-17　各种地面压力图形的分解

按照弹性力学的求解方法，地基附加应力计算分为空间问题和平面问题两类。本节所介绍的集中力、矩形面积荷载和圆形面积荷载下的解答属于空间问题；线荷载和条形荷载下的解答属于平面问题。应该注意的是，任何荷载都有其作用面积，因此实际中没有集中力，但集中力作用下的附加应力解是求解上述荷载作用下附加应力解的基础。应用集中力的解答，通过叠加原理或者积分的方法可以得到各种分布荷载作用下的土中附加应力的计算公式。

2.4.1　竖向集中力作用下的地基附加应力计算

设在均匀的各向同性的半无限弹性体表面作用一竖向集中力 P，如图 2-18 所示。在半无限弹性体内任一点 $M(x,y,z)$ 引起的应力和位移解由法国学者布辛奈斯克(J.Boussinesq，1885)求得。共有六个应力分量和三个位移分量，其表达式如下：

$$\sigma_x = \frac{3P}{2\pi}\left\{\frac{x^2z}{R^5}+\frac{1-2\mu}{3}\left[\frac{R^2-Rz-z^2}{R^3(R+z)}-\frac{x^2(2R+z)}{R^3(R+z)^2}\right]\right\} \tag{2-13a}$$

$$\sigma_y = \frac{3P}{2\pi}\left\{\frac{y^2z}{R^5}+\frac{1-2\mu}{3}\left[\frac{R^2-Rz-z^2}{R^3(R+z)}-\frac{y^2(2R+z)}{R^3(R+z)^2}\right]\right\} \tag{2-13b}$$

$$\sigma_z = \frac{3P}{2\pi}\cdot\frac{z^3}{R^5}=\frac{3P}{2\pi R^2}\cos^3\theta \tag{2-13c}$$

$$\tau_{xy}=\tau_{yx}=\frac{3P}{2\pi}\left[\frac{xyz}{R^5}-\frac{1-2\mu}{3}\frac{xy(2R+z)}{R^3(R+z)^2}\right] \tag{2-14a}$$

$$\tau_{zx}=\tau_{xz}=\frac{3P}{2\pi}\frac{xz^2}{R^5}=\frac{3Px}{2\pi R^3}\cos^2\theta \tag{2-14b}$$

$$\tau_{yz}=\tau_{zy}=\frac{3P}{2\pi}\frac{yz^2}{R^5}=\frac{3Py}{2\pi R^3}\cos^2\theta \tag{2-14c}$$

$$u=\frac{P(1+\mu)}{2\pi E}\left[\frac{xz}{R^3}-(1-2\mu)\frac{x}{R(R+z)}\right] \tag{2-15a}$$

$$v=\frac{P(1+\mu)}{2\pi E}\left[\frac{yz}{R^3}-(1-2\mu)\frac{x}{R(R+z)}\right] \tag{2-15b}$$

$$w=\frac{P(1+\mu)}{2\pi E}\left[\frac{z^2}{R^3}+2(1-\mu)\frac{1}{R}\right] \tag{2-15c}$$

式中：u,v,w——M 点分别沿坐标轴 x,y,z 方向的位移；

$\qquad$ R——M 点至坐标原点 O 的距离，$R = \sqrt{x^2 + y^2 + z^2} = \sqrt{r^2 + z^2} = z/\cos\theta$；

$\qquad$ θ——R 线与 z 坐标轴的夹角；

$\qquad$ r——M 点与集中力作用点的水平距离；

$\qquad$ E——弹性模量；

$\qquad$ μ——泊松比。

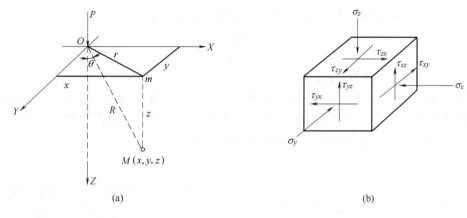

(a) $\qquad\qquad\qquad\qquad\qquad$ (b)

图 2-18　布辛奈斯克课题

上述的应力及位移分量计算公式，在集中力作用点处是不适用的，因为当 $R \rightarrow 0$ 时应力及位移趋于无穷大，这与实际情况是不符的。这种情况的出现首先是由于点荷载客观上是不存在的，无论多大的荷载都是通过一定的接触面积传递的；其次，当局部土承受足够大的应力时，将因产生塑性变形而发生应力转移，弹性理论已不再适用。

以上公式中竖向正应力和竖向位移最常用，因此本章将着重讨论竖向正应力 σ_z 的计算。为了应用方便，式(2-13c)的表达式可写成如下形式：

$$\sigma_z = \frac{3P}{2\pi}\frac{z^3}{R^5} = \frac{3P}{2\pi z^2}\frac{1}{\left[1 + \left(\dfrac{r}{2}\right)^2\right]^{\frac{5}{2}}} = \alpha\frac{P}{z^2} \qquad (2\text{-}16)$$

式中：α——集中力作用下的地基竖向附加应力系数，按 r/z 查表 2-1 得到。

表 2-1　集中力作用下的竖向附加应力系数 α 值

r/z	α	r/z	α	r/z	α	r/z	α	r/z	α
0.00	0.4775	0.50	0.2733	1.00	0.0844	1.50	0.0251	2.00	0.0085
0.05	0.4745	0.55	0.2466	1.05	0.0744	1.55	0.0224	2.20	0.0058
0.10	0.4657	0.60	0.2214	1.10	0.0658	1.60	0.0200	2.40	0.0040
0.15	0.4516	0.65	0.1978	1.15	0.0581	1.65	0.0179	2.60	0.0029
0.20	0.4329	0.70	0.1762	1.20	0.0513	1.70	0.0160	2.80	0.0021
0.25	0.4103	0.75	0.1565	1.25	0.0454	1.75	0.0144	3.00	0.0015
0.30	0.3849	0.80	0.1386	1.30	0.0402	1.80	0.0129	3.50	0.0007

续表

r/z	α	r/z	α	r/z	α	r/z	α	r/z	α
0.35	0.3577	0.85	0.1226	1.35	0.0357	1.85	0.0116	4.00	0.0004
0.40	0.3294	0.90	0.1083	1.40	0.0317	1.90	0.0105	4.50	0.0002
0.45	0.3011	0.95	0.0956	1.45	0.0282	1.95	0.0095	5.00	0.0001

在工程实践中最常遇到的问题是地面竖向位移(即沉降)。如图 2-19 所示，将地面某点的坐标值 $z=0$，$R=r$ 代入式(2-15c)可得该点的垂直位移公式：

$$w = \frac{P(1-\mu^2)}{\pi E_0 r}\tag{2-17}$$

式中：E_0——土的变形模量(kPa)。

利用公式(2-16)，可求出地基中任意点的附加应力值。如果将地基划分为许多网格，并求出各网格点上的 σ_z 值，则可绘出土中附加应力的分布曲线，如图 2-20 所示。随着点的位置的不同 σ_z 的分布规律也不同，概括起来有以下特征。

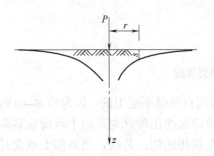

图 2-19　集中力作用下的地面沉降

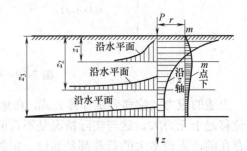

图 2-20　集中力作用下 σ_z 的分布

(1) 在集中力作用线($r=0$)上，距该力的作用点越远，σ_z 越小，即 σ_z 随深度增加而减小。这是因为 z 越大应力分布面积越大所致。

(2) 在不通过集中力作用点的任一竖向剖面上，σ_z 的分布特点是在半无限体表面处 $\sigma_z=0$。随着深度的增加，σ_z 逐渐增大，在某一深度处达到最大值，在这以下又逐渐减小，而且减小得比较快。

(3) 在半无限体内任一水平面上，随着与集中力作用点距离的增大，σ_z 值迅速地减小。

(4) 在浅处的水平面上，σ_z 的数值较大，但衰减得较快；在深处的水平面上，σ_z 的数值虽然较小但衰减得较慢，应力扩散得较远。

若在空间将 σ_z 相同的点连接成曲面，可以得到 σ_z 等值线，其空间曲面的形状如泡状，所以也称为应力泡，如图 2-21 所示。

当半无限体上作用着多个集中荷载时，它们对某点的应力影响可分别计算，然后进行叠加。计算公式如下：

$$\sigma_z = \alpha_1 \frac{P_1}{z^2} + \alpha_2 \frac{P_2}{z^2} + \cdots = \frac{1}{z^2}\sum_{i=1}^{n}\alpha_i P_i \tag{2-18}$$

应力分布如图 2-22 所示，图中曲线 a、曲线 b 分别为在 P_1、P_2 荷载作用下产生的附加应力分布图，曲线 c 为两者叠加后的应力图。

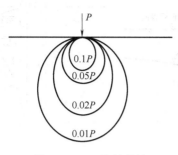

图 2-21 σ_z 的等值线

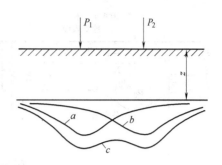

图 2-22 σ_z 的叠加示意图

【例 2-3】 在地基上作用一集中力 $P=200\text{kN}$，要求确定：

(1) 在地基中 $z=2\text{m}$ 的水平面上，水平距离 $r=0$、1m、2m、3m、4m 处各点的附加应力 σ_z 的值，并绘出分布图。

(2) 在地基中 $r=0$ 的竖直面上，距地表面 $z=0$、1m、2m、3m、4m 处各点的附加应力 σ_z 值，并绘出分布图。

(3) 在地基中 $r=1\text{m}$ 的竖直面上，距地表面 $z=0$、1m、2m、3m、4m 处各点的附加应力 σ_z 值，并绘出分布图。

解： 各点的竖向应力 σ_z 可按公式(2-16)计算，计算资料列于表 2-2～表 2-4 中，同时可画出 σ_z 的分布，如图 2-23 所示。

表 2-2 $z=2\text{m}$ 处水平面上竖向附加应力 σ_z 的计算

r/m	0	1	2	3	4
r/z	0	0.5	1.0	1.5	2.0
α	0.4775	0.2733	0.0844	0.0251	0.0085
σ_z/kPa	23.8	13.7	4.2	1.2	0.4

表 2-3 $r=0$ 处竖直面上的竖向附加应力 σ_z 的计算

z/m	0	1	2	3	4
r/z	0	0	0	0	0
α	0.4775	0.4775	0.4775	0.4775	0.4775
σ_z/kPa	∞	95.6	23.8	10.6	6.0

表 2-4 $r=1\text{m}$ 处竖直面上竖向附加应力 σ_z 的计算

z/m	0	1	2	3	4
r/z	∞	1	0.5	0.33	0.25
α	0	0.0844	0.2733	0.3686	0.4103
σ_z/kPa	0	16.8	13.7	8.2	5.1

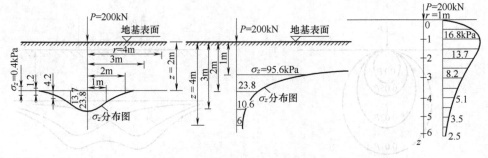

图 2-23　例 2-3 图

2.4.2　局部荷载作用下的地基附加应力计算

实际中的基底压力总是在一定的范围内分布。对于作用于某一面积范围内的分布荷载，可将其划分为若干小块面积，而把每个小块面积上的压力当作一个集中荷载作用于它的中点，如图 2-24 所示。此时可按式(2-16)计算每个小块面积上的压力所产生的附加应力，然后进行叠加，即得整个基底面上分布荷载作用下的附加应力。

若在半无限体表面作用一分布荷载 $p(x, y)$ ，如图 2-25 所示，为了计算土中某点 $M(x, y, z)$ 的竖向附加应力 σ_z 值，可在分布荷载作用范围内取一微分面积 $\mathrm{d}F = \mathrm{d}\xi\mathrm{d}\eta$ 进行讨论。作用在该微分面积上的荷载为 $\mathrm{d}P = p(x, y)\mathrm{d}\xi\mathrm{d}\eta$， $\mathrm{d}P$ 作用点的坐标为 $(\xi, \eta, 0)$，则力作用点距 M 的距离 $R = \sqrt{z^2 + (x - \xi)^2 + (y - \eta)^2}$ 。

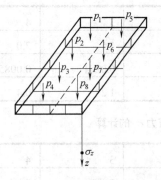

图 2-24　基础上的分布荷载用集中荷载代替　　图 2-25　分布荷载作用下土中附加应力的计算

根据公式(2-16)，有

$$\sigma_z = \frac{3P}{2\pi}\frac{z^3}{R^5}$$

由 $\mathrm{d}P$ 引起的竖向附加应力为

$$\mathrm{d}\sigma_z = \frac{3z^3}{2\pi}\frac{p(x, y)\mathrm{d}\xi\mathrm{d}\eta}{\left[z^2 + (x - \xi)^2 + (y - \eta)^2\right]^{\frac{5}{2}}} \tag{2-19}$$

对于整个分布荷载，可在其基底面积范围内进行积分求得，即

$$\sigma_z = \iint_F \mathrm{d}\sigma_z = \frac{3z^3}{2\pi}\iint_F \frac{\mathrm{d}P}{R^5} = \frac{3z^3}{2\pi}\iint_F \frac{p(x,y)\mathrm{d}\xi \cdot \mathrm{d}\eta}{[z^2+(x-\xi)^2+(y-\eta)^2]^{\frac{5}{2}}} \tag{2-20}$$

式(2-20)的求解取决于三个边界条件。

(1) 分布荷载 $p(x,y)$ 的分布规律及其大小。

(2) 分布荷载的分布面积 F 的几何形状及其大小。

(3) 应力计算点 M 的坐标 (x,y,z) 值。

下面介绍几种常见的基础底面形状及分布荷载作用时土中附加应力的计算公式。

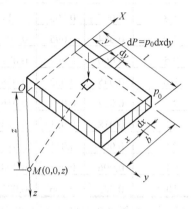

图 2-26　均布矩形荷载角点

1. 矩形均布荷载作用下的土中附加应力计算

设在地基表面作用一分布于矩形面积($l\times b$)上的均布荷载 p_0，如图 2-26 所示，现计算矩形荷载面角点下 $M(0,0,z)$ 的地基附加应力。

由式(2-20)解得

$$\sigma_z = \frac{3z^3 p_0}{2\pi}\int_0^l\int_0^b \frac{1}{(x^2+y^2+z^2)^{\frac{5}{2}}}\mathrm{d}x\mathrm{d}y$$

$$= \frac{p_0}{2\pi}\left[\frac{lbz(l^2+b^2+2z^2)}{(l^2+z^2)(b^2+z^2)\sqrt{l^2+b^2+z^2}} + \arctan\frac{lb}{z\sqrt{l^2+b^2+z^2}}\right] \tag{2-21}$$

令 $n=l/b$，$m=z/b$（b 为荷载面短边宽度），并令

$$\alpha_c = \frac{1}{2\pi}\left[\frac{mn(1+n^2+2m^2)}{(m^2+n^2)(1+m^2)\sqrt{m^2+n^2+1}} + \arctan\frac{n}{m\sqrt{m^2+n^2+1}}\right]$$

则

$$\sigma_z = \alpha_c p_0 \tag{2-22}$$

式中：α_c——均布矩形荷载角点下附加应力系数，按 l/b、z/b 查表 2-5。

表 2-5　矩形面积上均布荷载角点下竖向附加应力系数 α_c 值

深宽比 $m=z/b$	矩形面积长宽比　$n=l/b$									
	1.0	1.2	1.4	1.6	1.8	2.0	3.0	4.0	5.0	$\geqslant 10$
0	0.250	0.250	0.250	0.250	0.250	0.250	0.250	0.250	0.250	0.250
0.2	0.249	0.249	0.249	0.249	0.249	0.249	0.249	0.249	0.249	0.249
0.4	0.240	0.242	0.243	0.243	0.244	0.244	0.244	0.244	0.244	0.244
0.6	0.223	0.228	0.230	0.232	0.232	0.233	0.234	0.234	0.234	0.234
0.8	0.200	0.207	0.212	0.215	0.216	0.218	0.220	0.220	0.220	0.220
1.0	0.175	0.185	0.191	0.195	0.198	0.200	0.203	0.204	0.204	0.205
1.2	0.152	0.163	0.171	0.176	0.179	0.182	0.187	0.188	0.189	0.189
1.4	0.131	0.142	0.151	0.157	0.161	0.164	0.171	0.173	0.174	0.174
1.6	0.112	0.124	0.133	0.140	0.145	0.148	0.157	0.159	0.160	0.160

续表

深宽比 $m=z/b$	矩形面积长宽比 $n=l/b$									
	1.0	1.2	1.4	1.6	1.8	2.0	3.0	4.0	5.0	≥10
1.8	0.097	0.108	0.117	0.124	0.129	0.133	0.143	0.146	0.147	0.148
2.0	0.084	0.095	0.103	0.110	0.116	0.120	0.131	0.135	0.136	0.137
2.5	0.060	0.069	0.077	0.083	0.089	0.093	0.106	0.111	0.114	0.115
3.0	0.045	0.052	0.058	0.064	0.069	0.073	0.087	0.093	0.096	0.099
4.0	0.027	0.032	0.036	0.040	0.044	0.048	0.060	0.067	0.071	0.076
5.0	0.018	0.021	0.024	0.027	0.030	0.033	0.043	0.050	0.055	0.061
7.0	0.009	0.011	0.013	0.015	0.016	0.018	0.025	0.031	0.035	0.043
9.0	0.006	0.007	0.008	0.009	0.010	0.011	0.016	0.020	0.024	0.032
10.0	0.005	0.006	0.007	0.007	0.008	0.009	0.013	0.017	0.020	0.028

注：表中相邻数值之间的取值可通过线性插入获得，更多系数值可查阅《建筑地基基础设计规范》(GB 50007)附录。

在实际工程中，常需要求地基中任意点的附加应力，如图 2-27 所示。M 点不在矩形面积角点的下面，而是任意点。M 点的竖直投影点 A 可能在矩形面积 $abcd$ 范围之内，也可能在范围之外。这时可以应用式(2-22)按下述方法叠加进行计算，这种方法一般称为角点法。

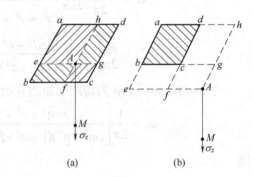

图 2-27　角点法

1) 若 A 点在矩形面积范围内[见图 2-27(a)]

可以通过 A 点将受荷面积 $abcd$ 划分为 4 个小矩形面积 Ⅰ($aeAh$)，Ⅱ($ebfA$)，Ⅲ($hAgd$)，Ⅳ($Afcg$)。这时 A 点分别位于 4 个小矩形面积的角点，用式(2-20)分别计算 4 个小矩形面积作用均布荷载时在角点下引起的竖向应力 σ_{zi}，再叠加起来。可按下式计算：

$$\sigma_z = \sum \sigma_{zi} = P_0(\alpha_{cⅠ} + \alpha_{cⅡ} + \alpha_{cⅢ} + \alpha_{cⅣ}) \tag{2-23}$$

若 A 点在矩形面积的中点处，则划分后的 4 个小矩形面积相等。此时只需算出一个小矩形均布荷载面积在角点下引起的竖向应力 $\sigma_{zⅠ}$，乘以 4 后即得整个荷载面下的 σ_z 值，即

$$\sigma_z = 4\alpha_c p_0 \tag{2-24}$$

2) 若 A 点在矩形面积范围外[见图 2-27(b)]

计算方法与上述相仿，过 A 点作辅助线将荷载面积分为 4 块，即 Ⅰ($aeAh$)、Ⅱ($beAg$)、Ⅲ($dfAh$)、Ⅳ($cfAg$)，分别计算 4 个矩形面积均布荷载在角点下引起的竖向应力 σ_{zi}。在实际受荷面积荷载下的应力 σ_z 应是由 Ⅰ($aeAh$)、Ⅳ($cfAg$)两个面积中扣除Ⅱ($beAg$)、Ⅲ($dfAh$)而得到，即

$$\sigma_z = \sum \sigma_{zi} = p_0(\alpha_{cⅠ} - \alpha_{cⅡ} - \alpha_{cⅢ} + \alpha_{cⅣ}) \tag{2-25}$$

【例 2-4】有一矩形面积基础，如图 2-28 所示。$b=4$m，$l=6$m，其上作用均布荷载 $p_0=100$kPa。

(1) 计算矩形基础中点 O 下深度 z=8m 处 M 点的竖向应力 σ_z 值。

(2) 求矩形基础外 k 点下深度 z=6m 处 N 点的竖向应力 σ_z 值。

解： (1) 将矩形面积 $abcd$ 通过中心 O 点划分为四块相等的小矩形面积，划分后小矩形面积的长 l_1=3m，宽 b_1=2m，则 $N=l_1/b_1$=3/2=1.5，$M=z/b_1$=8/2=4，查表 2-5 得应力系数 α_c=0.038。按式(2-24)可得

$$\sigma_z=4\alpha_c\,p_0=4\times0.038\times100=15.2\text{kPa}$$

(2) 如图 2-28，通过作辅助线使 k 点位于 4 块矩形面积 Ⅰ ($ajki$)、Ⅱ ($iksd$)、Ⅲ ($bjkr$)、Ⅳ ($rksc$)的角点，分别计算 4 块矩形面积荷载对 N 点的竖向应力，然后进行叠加，计算结果如表 2-6 所示。

表 2-6　N 点竖向应力计算

荷载作用面积	l_1/b_1	z/b_1	α_c	荷载作用面积	l_1/b_1	z/b_1	α_c
Ⅰ ($ajki$)	9/3=3	6/3=2	0.131	Ⅲ ($bjkr$)	3/3=1	6/3=2	0.084
Ⅱ ($iksd$)	9/1=9	6/1=6	0.051	Ⅳ ($rksc$)	3/1=3	6/1=6	0.034

$$\sigma_z=p_0(\alpha_{c\,Ⅰ}+\alpha_{c\,Ⅱ}-\alpha_{c\,Ⅲ}-\alpha_{c\,Ⅳ})=100\times(0.131+0.051-0.084-0.034)=6.4\text{kPa}$$

采用角点法计算应注意以下几点。

(1) 划分的每一个矩形应有一个角点位于计算点。

(2) 划分后用于计算的矩形面积总和应等于原有受荷面积，多算的应扣除[见图 2-24(b)]。

(3) 所划分的每个矩形面积，短边都用 b(或 b_1)表示，长边用 l(或 l_1)表示。

2. 矩形面积上三角形分布荷载作用下土中的附加应力计算

如图 2-29 所示，竖向荷载沿矩形面积一边 b 方向呈三角形分布，沿另一边 l 方向的荷载分布不变(呈均匀分布)，荷载的最大值为 p_0。取荷载零值边的角点为坐标原点(见图 2-29)。角点 1 下深度 z 处 M 点的竖向应力 σ_z 同样可用式(2-20)求解。取微元面积 $\mathrm{d}F=\mathrm{d}x\mathrm{d}y$，作用于微元上的集中力 $\mathrm{d}P=\dfrac{x}{b}p_0\mathrm{d}x\mathrm{d}y$，则得

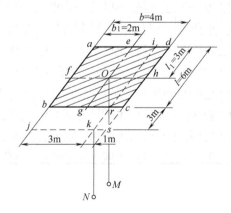

图 2-28　例 2-4 图

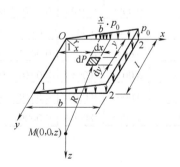

图 2-29　三角形分布矩形荷载下土中附加应力 σ_z

$$\sigma_z = \frac{3z^3}{2\pi} p_0 \int_0^l \int_0^b \frac{\frac{x}{b} \mathrm{d}x \mathrm{d}y}{(x^2 + y^2 + z^2)^{\frac{5}{2}}}$$

$$= \frac{mn}{2\pi} \left[\frac{1}{\sqrt{m^2 + n^2}} - \frac{m^2}{(1 + m^2)\sqrt{1 + n^2 + m^3}} \right] p_0 = \alpha_{t1} p_0 \tag{2-26}$$

式中，附加应力系数 α_{t1} 是 $m = z/b$、$n = l/b$ 的函数，可查表 2-7。

同理，还可求得荷载最大值边的角点 2 下任意深度 z 处的竖向附加应力 σ_z：

$$\sigma_z = \alpha_{t2} p_0 = (\alpha_c - \alpha_{t1}) p_0 \tag{2-27}$$

式中：α_{t2}——附加应力系数，也是 $m = z/b$、$n = l/b$ 的函数，可查表 2-7，应注意 b 是沿三角形分布荷载方向的边长。

应用上述均布和三角形分布的矩形荷载角点下的附加应力系数，即可用角点法求解梯形分布荷载作用下地基中任意点的竖向附加应力。

表 2-7　三角形分布的矩形荷载角点下的竖向附加应力系数 α_{t1} 和 α_{t2}

z/b	l/b 0.2		0.4		0.6		0.8		1.0	
点	1	2	1	2	1	2	1	2	1	2
0.0	0.0000	0.2500	0.0000	0.2500	0.0000	0.2500	0.0000	0.2500	0.0000	0.2500
0.2	0.0223	0.1821	0.0280	0.2115	0.0296	0.2165	0.0301	0.2178	0.0304	0.2182
0.4	0.0269	0.1094	0.0420	0.1604	0.0487	0.1781	0.0517	0.1844	0.0531	0.1870
0.6	0.0259	0.0700	0.0448	0.1165	0.0560	0.1405	0.0621	0.1520	0.0654	0.1575
0.8	0.0232	0.0480	0.0421	0.0853	0.0553	0.1093	0.0637	0.1232	0.0688	0.1311
1.0	0.0201	0.0346	0.0375	0.0638	0.0508	0.0852	0.0602	0.0996	0.0666	0.1086
1.2	0.0171	0.0260	0.0324	0.0491	0.0450	0.0673	0.0546	0.0807	0.0615	0.0901
1.4	0.0145	0.0202	0.0278	0.0386	0.0392	0.0540	0.0483	0.0661	0.0554	0.0751
1.6	0.0123	0.0160	0.0238	0.0310	0.0339	0.0440	0.0424	0.0547	0.0492	0.0628
1.8	0.0105	0.0130	0.0204	0.0254	0.0294	0.0363	0.0371	0.0457	0.0435	0.0534
2.0	0.0090	0.0108	0.0176	0.0211	0.0255	0.0304	0.0324	0.0387	0.0384	0.0456
2.5	0.0063	0.0072	0.0125	0.0140	0.0183	0.0205	0.0236	0.0265	0.0284	0.0318
3.0	0.0046	0.0051	0.0092	0.0100	0.0135	0.0148	0.0176	0.0192	0.0214	0.0233
5.0	0.0018	0.0019	0.0036	0.0038	0.0054	0.0056	0.0071	0.0074	0.0088	0.0091
7.0	0.0009	0.0010	0.0019	0.0019	0.0028	0.0029	0.0038	0.0038	0.0047	0.0047
10.0	0.0005	0.0004	0.0009	0.0010	0.0014	0.0014	0.0019	0.0019	0.0023	0.0024

z/b \ l/b	1.2 1	1.2 2	1.4 1	1.4 2	1.6 1	1.6 2	1.8 1	1.8 2	2.0 1	2.0 2
0.0	0.0000	0.2500	0.0000	0.2500	0.0000	0.2500	0.0000	0.2500	0.0000	0.2500
0.2	0.0305	0.2184	0.0305	0.2185	0.0306	0.2185	0.0306	0.2185	0.0306	0.2185
0.4	0.0539	0.1881	0.0543	0.1886	0.0545	0.1889	0.0546	0.1891	0.0547	0.1892
0.6	0.0673	0.1602	0.0684	0.1616	0.0690	0.1625	0.0694	0.1630	0.0696	0.1633
0.8	0.0720	0.1355	0.0739	0.1381	0.0751	0.1396	0.0759	0.1405	0.0764	0.1412
1.0	0.0708	0.1143	0.0735	0.1176	0.0753	0.1202	0.0766	0.1215	0.0774	0.1225
1.2	0.0664	0.0962	0.0698	0.1007	0.0721	0.1037	0.0738	0.1055	0.0749	0.1069
1.4	0.0606	0.0817	0.0644	0.0864	0.0672	0.0897	0.0692	0.0921	0.0707	0.0937
1.6	0.0545	0.0696	0.0586	0.0743	0.0616	0.0780	0.0639	0.0806	0.0656	0.0826
1.8	0.0487	0.0596	0.0528	0.0644	0.0560	0.0681	0.0585	0.0709	0.0604	0.0730
2.0	0.0434	0.0513	0.0474	0.0560	0.0507	0.0596	0.0533	0.0625	0.0553	0.0649
2.5	0.0326	0.0365	0.0362	0.0405	0.0393	0.0440	0.0419	0.0469	0.0440	0.0491
3.0	0.0249	0.0270	0.0280	0.0303	0.0307	0.0333	0.0331	0.0359	0.0352	0.0380
5.0	0.0104	0.0108	0.0120	0.0123	0.0135	0.0139	0.0148	0.0154	0.0161	0.0167
7.0	0.0056	0.0056	0.0064	0.0066	0.0073	0.0074	0.0081	0.0083	0.0089	0.0091
10.0	0.0028	0.0028	0.0033	0.0032	0.0037	0.0037	0.0041	0.0042	0.0046	0.0046

z/b \ l/b	3.0 1	3.0 2	4.0 1	4.0 2	6.0 1	6.0 2	8.0 1	8.0 2	10.0 1	10.0 2
0.0	0.0000	0.2500	0.0000	0.2500	0.0000	0.2500	0.0000	0.2500	0.0000	0.2500
0.2	0.0306	0.2186	0.0306	0.2186	0.0306	0.2186	0.0306	0.2186	0.0306	0.2186
0.4	0.0548	0.1894	0.0549	0.1894	0.0549	0.1894	0.0549	0.1894	0.0549	0.1894
0.6	0.0701	0.1638	0.0702	0.1639	0.0702	0.1640	0.0702	0.1640	0.0702	0.1640
0.8	0.0773	0.1423	0.0776	0.1424	0.0776	0.1426	0.0776	0.1426	0.0776	0.1426
1.0	0.0790	0.1244	0.0794	0.1248	0.0795	0.1250	0.0796	0.1250	0.0796	0.1250
1.2	0.0774	0.1096	0.0779	0.1103	0.0782	0.1105	0.0783	0.1105	0.0783	0.1105
1.4	0.0739	0.0973	0.0748	0.0982	0.0752	0.0986	0.0752	0.0987	0.0753	0.0987
1.6	0.0697	0.0870	0.0708	0.0882	0.0714	0.0887	0.0715	0.0888	0.0715	0.0889
1.8	0.0652	0.0782	0.0666	0.0797	0.0673	0.0805	0.0675	0.0806	0.0675	0.0808
2.0	0.0607	0.0707	0.0624	0.0726	0.0634	0.0734	0.0636	0.0736	0.0636	0.0738
2.5	0.0504	0.0559	0.0529	0.0585	0.0543	0.0601	0.0547	0.0604	0.0548	0.0605
3.0	0.0419	0.0451	0.0449	0.0482	0.0469	0.0504	0.0474	0.0509	0.0476	0.0511
5.0	0.0214	0.0221	0.0248	0.0256	0.0283	0.0290	0.0296	0.0303	0.0301	0.0309
7.0	0.0124	0.0126	0.0152	0.0154	0.0186	0.0190	0.0204	0.0207	0.0212	0.0216
10.0	0.0066	0.0066	0.0084	0.0083	0.0111	0.0111	0.0128	0.0130	0.0139	0.0141

【例 2-5】有一矩形面积(l=5m，b=3m)三角形分布的荷载作用在地基表面，如图 2-30 所示。荷载最大值p=100kPa，计算在矩形面积内 O 点下深度z=3m 处 M 点的竖向附加应力 σ_z 值。

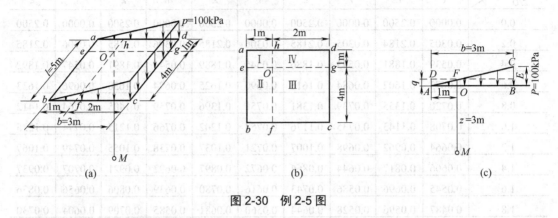

图 2-30　例 2-5 图

解：求解本例题需要通过两次叠加法计算，第一次是荷载作用面积的叠加，第二次是荷载分布图形的叠加。求解方法如下。

通过 O 点把矩形受荷面积划分为四块，每块都有一个角点位于 O 点处，划分结果是：I ($aeOh$)、II ($ebfO$)、III ($Ofcg$)、IV ($hOgd$)，其中矩形面积 I、II 上作用的是三角形荷载，且计算点(O)位于三角形荷载的最大值 p_0 处；矩形面积III、IV 上作用的荷载为梯形荷载，将此梯形荷载看成是均布荷载与三角形荷载的叠加。计算点在三角形荷载的零值处。

根据几何原理可计算出 O 点处的荷载强度 $p_0=p/3$。下面分别按矩形均布荷载的角点法及三角形分布荷载的角点法计算应力系数，如表 2-8 所示。

表 2-8　附加应力系数计算

编　号	矩形面积	荷载分布形式	$N=l/b$	$M=z/b$	α_c 或 α_t
1	I	三角形	1/1=1	3/1=3	0.0233
2	II	三角形	4/1=4	3/1=3	0.0482
3	III	三角形	4/2=2	3/2=1.5	0.0681
4	III	均布荷载	4/2=2	3/2=1.5	0.1560
5	IV	三角形	1/2=0.5	3/2=1.5	0.0312
6	IV	均布荷载	2/1=2	3/1=3	0.0730

最后叠加求得 M 点的竖向应力 σ_z 为

$$\sigma_z=100/3\times(0.0233+0.0482+0.156+0.073)+(100-100/3)\times(0.0681+0.0312)$$
$$=16.64\text{kPa}$$

3. 圆形均布荷载作用下的地基附加应力计算

设圆形面积的半径为 R，均布荷载 p_0 作用在半无限体表面上，如图 2-31 所示，计算土中任一点 $M(r,z)$ 的竖向应力。现采用极坐标，并将原点放在圆心处，在圆面积内取微

面积 $dF = \rho d\varphi d\rho$，其上作用的荷载为 $dP = p_0 \rho d\varphi d\rho$，将
其视为一集中力，则由式(2-20)可求得 M 点处竖向应力 σ_z
值。应注意公式中的 R 此时用 R_1 表示，$R_1 = \sqrt{l^2 + z^2}$

$= (\rho^2 + r^2 - 2\rho r \cos\varphi + z^2)^{\frac{1}{2}}$，则

$$\sigma_z = \frac{3p_0 z^3}{2\pi} \int_0^{2\pi} \int_0^R \frac{\rho \cdot d\varphi d\rho}{(\rho^2 + r^2 - 2\rho r \cos\varphi + z^2)^{\frac{5}{2}}} = \alpha_r p_0 \quad (2\text{-}28)$$

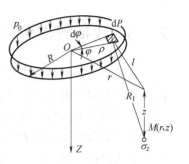

图 2-31　圆形均布荷载作用下
σ_z 的计算

式中：α_r——圆形均布荷载作用下的附加应力系数，是 r/R
及 z/R 的函数，由表 2-9 查得。

r——应力计算点 M 到 Z 轴的水平距离。

表 2-9　圆形面积上作用均布荷载时的竖向附加应力系数 α_r 值

z/R \ r/R	0	0.2	0.4	0.6	0.8	1.0	1.2	1.4	1.6	1.8	2.0
0.0	1.000	1.000	1.000	1.000	1.000	0.500	0.000	0.000	0.000	0.000	0.000
0.2	0.992	0.991	0.987	0.970	0.890	0.468	0.077	0.015	0.005	0.002	0.001
0.4	0.949	0.943	0.920	0.860	0.712	0.435	0.181	0.065	0.026	0.012	0.006
0.6	0.864	0.852	0.813	0.733	0.591	0.400	0.224	0.113	0.056	0.029	0.016
0.8	0.756	0.742	0.699	0.619	0.504	0.366	0.237	0.142	0.083	0.048	0.029
1.0	0.647	0.633	0.593	0.525	0.434	0.332	0.235	0.157	0.102	0.065	0.042
1.2	0.547	0.535	0.502	0.447	0.377	0.300	0.226	0.162	0.113	0.078	0.053
1.4	0.461	0.452	0.425	0.383	0.329	0.270	0.212	0.161	0.118	0.086	0.062
1.6	0.390	0.383	0.362	0.330	0.288	0.243	0.197	0.156	0.120	0.090	0.068
1.8	0.332	0.327	0.311	0.285	0.254	0.218	0.182	0.148	0.118	0.092	0.072
2.0	0.285	0.280	0.268	0.248	0.224	0.196	0.167	0.140	0.114	0.092	0.074
2.2	0.245	0.242	0.233	0.218	0.198	0.176	0.153	0.131	0.109	0.090	0.074
2.4	0.210	0.211	0.203	0.192	0.176	0.159	0.140	0.122	0.104	0.087	0.073
2.6	0.187	0.185	0.179	0.170	0.158	0.144	0.129	0.113	0.098	0.084	0.071
2.8	0.165	0.163	0.159	0.151	0.141	0.130	0.118	0.105	0.092	0.080	0.069
3.0	0.146	0.145	0.141	0.135	0.127	0.118	0.108	0.097	0.087	0.077	0.067
3.4	0.117	0.116	0.114	0.110	0.105	0.098	0.091	0.084	0.076	0.068	0.061
3.8	0.096	0.095	0.093	0.091	0.087	0.083	0.078	0.073	0.076	0.061	0.055
4.2	0.079	0.079	0.078	0.076	0.073	0.070	0.067	0.063	0.059	0.054	0.050
4.6	0.067	0.067	0.066	0.064	0.063	0.060	0.058	0.055	0.052	0.048	0.045
5.0	0.057	0.057	0.056	0.055	0.054	0.052	0.050	0.048	0.046	0.043	0.041
5.5	0.048	0.048	0.047	0.046	0.045	0.044	0.043	0.041	0.039	0.037	0.036
6.0	0.040	0.040	0.040	0.039	0.039	0.038	0.037	0.036	0.034	0.033	0.031

2.4.3 线荷载作用下的地基附加应力计算

若在半无限弹性体表面作用无限长条形的分布荷载，荷载在宽度方向分布是任意的，但沿长度方向分布规律相同，如图 2-32 所示，此时半无限体中的应力状态属于平面问题，即任一点的应力只与该点的平面坐标(x,z)有关，而与荷载长度方向的 y 轴无关。

工程实践中不存在无限长条分布荷载，但是当荷载面积的长宽比 $l/b \geqslant 10$ 时，计算的地基附加应力值与按 $l/b = \infty$ 时的解相比误差甚少，因此计算中常把墙基、挡土墙基础、路基、坝基等条形基础按平面问题考虑。

平面问题的基本课题是在半无限体表面作用均布线荷载时土中应力的解答，这一解答又称为弗拉曼(F.Lamant)解答。下面先介绍线荷载作用下的土中附加应力的解答。

在地基表面作用无限分布的均布线荷载 p_0，如图 2-33 所示。现取一微分段 dy，作用于 dy 上的荷载为 $p_0 dy$，可将其看作一集中力，则计算土中任一点 M 的应力时，可以用布辛奈斯克公式[式(2-13a)、式(2-13b)、式(2-13c)]及公式(2-14a)、公式(2-14b)、公式(2-14c)通过积分求得：

$$\sigma_z = \frac{3z^3}{2\pi} p_0 \int_{-\infty}^{\infty} \frac{dy}{(x^2 + y^2 + z^2)^{\frac{5}{2}}} = \frac{2z^3 p_0}{\pi(x^2 + z^2)^2} \tag{2-29a}$$

同理可得

$$\sigma_x = \frac{2x^2 z p_0}{\pi(x^2 + z^2)} \tag{2-29b}$$

$$\tau_{xz} = \tau_{zx} = \frac{2xz^2 p_0}{\pi(x^2 + z^2)^2} \tag{2-29c}$$

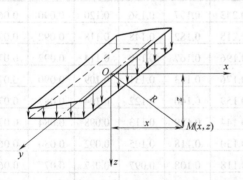

图 2-32　无限长条分布荷载

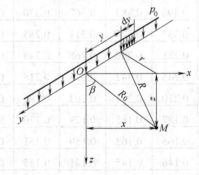

图 2-33　均布线荷载作用时土中附加应力

由式(2-29)可以看到任意点 M 的应力仅与 x、z 的坐标有关，与 y 轴无关。这是因为线荷载沿 y 轴均匀分布且无限延伸，因此与 y 轴垂直的任何平面上的应力状态完全相同。此时根据弹性力学原理可得到以下解答：

$$\tau_{xy} = \tau_{yx} = \tau_{yz} = \tau_{zy} = 0 \tag{2-29d}$$

$$\sigma_y = \mu(\sigma_x + \sigma_z) \tag{2-29e}$$

式中：μ——土的泊松比。

既然与 y 轴垂直的任何平面上的应力状态相同，我们只需研究一个平面，一般选择 xOz 平面。在 xOz 平面上假定计算点 M 与坐标原点的距离为 R_0，由图 2-33 可知 $R_0 = \sqrt{x^2 + z^2}$，若假定 R_0 与 z 轴间的夹角为 β，则 $\cos\beta = z / R_0$，$\sin\beta = x / R_0$，可将式(2-29)变换成用极坐标表示的公式。

$$\sigma_z = \frac{2p_0}{\pi R_0}\cos^3\beta \tag{2-30a}$$

$$\sigma_x = \frac{2p_0}{\pi R_0}\sin\beta \cdot \sin 2\beta \tag{2-30b}$$

$$\tau_{xz} = \frac{p_0}{\pi R_0}\cos\beta \cdot \cos 2\beta \tag{2-30c}$$

2.4.4 条形荷载作用下的地基附加应力计算

1. 均布条形荷载作用下

如图 2-34 所示，假设沿着 x 方向(宽度)作用一竖向均布荷载 p_0，其分布宽度为 b。沿着 x 方向取一小微分段 $\mathrm{d}\xi$，作用在 $\mathrm{d}\xi$ 上的荷载 $\mathrm{d}P = p_0\,\mathrm{d}\xi$ 可看成无限均布线荷载，它对任意点 $M(x,z)$ 的附加应力可按式(2-29)或式(2-30)在宽度 b 范围内积分计算。

$$\sigma_z = \int_{-\frac{b}{2}}^{\frac{b}{2}} \frac{2z^3 p_0 \mathrm{d}\xi}{\pi[(x-\xi)^2 + z^2]^2}$$

$$= \frac{p_0}{\pi}\left[\arctan\frac{1-2n}{2m} + \arctan\frac{1+2n}{2m} - \frac{4m(4n^2 - 4m^2 - 1)}{(4n^2 + 4m^2 - 1)^2 + 16m^2}\right] = \alpha_z p_0 \tag{2-31a}$$

同理可得 τ_{xz}、σ_x 的计算关系式为

$$\sigma_x = \alpha_x p_0 \tag{2-31b}$$

$$\tau_{xz} = \alpha_{xz} p_0 \tag{2-31c}$$

式中，α_z、α_x、α_{xz} 是附加应力系数，可在表 2-10 中查得，其中 $n=x/b$，$m=z/b$。

需要注意的是：均布条形荷载坐标原点放在均布荷载的中点处。x 表示计算点距离荷载分布图形中轴线的距离。

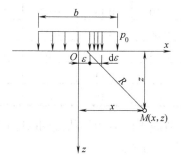

图 2-34 均布条形荷载作用下土中附加应力 σ_z

表 2-10　条形均布荷载作用下的附加应力系数 α_z、α_x、α_{xz}

x/b 系数 z/b	0.00(中点)			0.25			0.50(角点)		
	α_z	α_x	α_{xz}	α_z	α_x	α_{xz}	α_z	α_x	α_{xz}
0.00	1.00	1.00	0	1.00	1.00	0	0.50	0.50	0.32
0.25	0.96	0.45	0	0.90	0.39	0.13	0.50	0.35	0.30
0.50	0.82	0.18	0	0.74	0.19	0.16	0.48	0.23	0.26
0.75	0.67	0.08	0	0.61	0.10	0.13	0.45	0.14	0.20
1.00	0.55	0.04	0	0.51	0.05	0.10	0.41	0.09	0.16
1.25	0.46	0.02	0	0.44	0.03	0.07	0.37	0.06	0.12
1.50	0.40	0.01	0	0.38	0.02	0.06	0.33	0.04	0.10
1.75	0.35	—	0	0.34	0.01	0.04	0.30	0.03	0.08
2.00	0.31	—	0	0.31	—	0.03	0.28	0.02	0.06
3.00	0.21	—	0	0.21	—	0.02	0.20	0.01	0.03
4.00	0.16	—	0	0.16	—	0.01	0.15	—	0.02
5.00	0.13	—	0	0.13	—		0.12	—	—
6.00	0.11	—	0	0.10	—		0.10	—	—

x/b 系数 z/b	1.00			1.50			2.00		
	α_z	α_x	α_{xz}	α_z	α_x	α_{xz}	α_z	α_x	α_{xz}
0.00	0	0	0	0	0	0	0	0	0
0.25	0.02	0.17	0.05	0.00	0.07	0.01	0.00	0.04	0.00
0.50	0.08	0.21	0.13	0.02	0.12	0.04	0.00	0.07	0.02
0.75	0.15	0.22	0.16	0.04	0.14	0.07	0.02	0.10	0.04
1.00	0.19	0.15	0.16	0.07	0.14	0.10	0.03	0.13	0.05
1.25	0.20	0.11	0.14	0.10	0.12	0.10	0.04	0.11	0.07
1.50	0.21	0.08	0.13	0.11	0.10	0.10	0.06	0.10	0.07
1.75	0.21	0.06	0.11	0.13	0.09	0.10	0.07	0.09	0.08
2.00	0.20	0.05	0.10	0.14	0.07	0.10	0.08	0.08	0.08
3.00	0.17	0.02	0.06	0.13	0.03	0.07	0.10	0.04	0.07
4.00	0.14	0.01	0.03	0.12	0.02	0.05	0.10	0.03	0.05
5.00	0.12	—	—	0.11	—	—	0.09	—	—
6.00	0.10	—	—	0.10	—	—	—	—	—

　　按式(2-31)可绘出条形均布荷载下的应力等值线图(见图 2-35)。若将 $0.1p_0$ 的等值线视为地基主要受力区，则可得到如下分布规律。

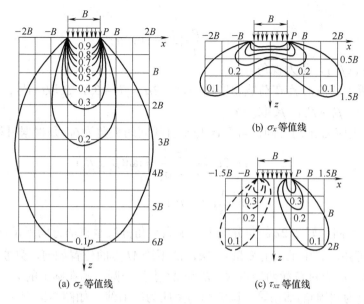

(a) σ_z 等值线　　(b) σ_x 等值线　　(c) τ_{xz} 等值线

图 2-35　条形均布荷载下 σ_z、σ_x、τ_{xz} 等值线

(1) 在深度方向，σ_z 的影响范围达 $6B$(B 为条形均布荷载的宽度)，σ_x 的影响范围达 $1.5B$，较 σ_z 浅；τ_{xz} 的影响范围达 $2B$。表明竖向变形的范围大而深，地基的侧向变形和剪切变形主要发生在地基的浅层。

(2) 在水平方向 σ_z、σ_x 的影响范围相同，τ_{xz} 的影响范围小，且 τ_{xz} 的最大值出现在荷载边缘，表明基础边缘下的土容易发生剪切滑移而出现塑性变形区。

若以极坐标表示时，从 M 点到荷载两边缘点连线，连线与竖直线 MN 间的夹角分别是 β_1 和 β_2(见图 2-36)，两条连线间的夹角以 2α 表示，称为视角。在 x 轴上取一微分段 $\mathrm{d}x$，此微分段上的荷载为 $\mathrm{d}P=p_0\mathrm{d}x$，该微分段与 M 点连线的夹角为 $\mathrm{d}\beta$，微分段作用点与 M 的距离用 R_0 表示，连线与竖直线 MN 间的夹角为 β，则

$$\mathrm{d}P=p_0R_0\mathrm{d}\beta/\cos\beta \tag{2-32}$$

将式(2-32)代入式(2-30)并积分，可得用极坐标表示的应力计算公式。

$$\sigma_z=\frac{2p_0}{\pi R_0}\int_{\beta_2}^{\beta_1}\cos^3\beta\cdot R_0\mathrm{d}\beta/\cos\beta=\frac{2p_0}{\pi}\int_{\beta_2}^{\beta_1}\cos^2\beta\mathrm{d}\beta$$

$$=\frac{p_0}{\pi}\left[\beta_1+\frac{1}{2}\sin2\beta_1-(\pm\beta_2)-\frac{1}{2}\sin(\pm2\beta_2)\right] \tag{2-33a}$$

同理可得

$$\sigma_x=\frac{p_0}{\pi}\left[\beta_1-\frac{1}{2}\sin2\beta_1-(\pm\beta_2)+\frac{1}{2}\sin(\pm2\beta_2)\right] \tag{2-33b}$$

$$\tau_{xz}=\frac{p_0}{2\pi}(\cos2\beta_2-\cos2\beta_1) \tag{2-33c}$$

将式(2-33)代入材料力学中求主应力的关系式中可得地基中任意点 M 的主应力值：

$$\sigma_1=\frac{1}{2}(\sigma_x+\sigma_z)+\left[\left(\frac{\sigma_x-\sigma_z}{2}\right)^2+\tau_{xz}^{\,2}\right]^{\frac{1}{2}}=\frac{p_0}{\pi}(2\alpha+\sin2\alpha) \tag{2-34a}$$

同理可得

$$\sigma_3 = \frac{p_0}{\pi}(2\alpha - \sin 2\alpha) \tag{2-34b}$$

式中：$2\alpha = \beta_1 - (\pm\beta_2)$，称为视角。

如图 2-36 所示，当 M 点在荷载宽度以外时，$2\alpha = \beta_1 - \beta_2$，$\beta_2$ 取(+)号；当 M 点在荷载宽度以内时，$2\alpha = \beta_1 + \beta_2$，$\beta_2$ 取(-)号。

为了求解大主应力 σ_1 的方向，可令 σ_1 与垂直线间的夹角为 θ，则根据材料力学公式：

$$\tan 2\theta = \frac{2\tau_{xz}}{\sigma_z - \sigma_x} = \tan(\beta_1 \pm \beta_2)$$

$$\theta = \frac{1}{2}(\beta_1 \pm \beta_2) \tag{2-35}$$

这说明 σ_1 的方向正好在 2α 的角分线上，那么与角分线垂直的方向就是 σ_3 的方向。

由式(2-34)可知，式中唯一的变量是 2α，故不论 M 点的位置如何，只要视角 2α 相等，其主应力也相等。如果过荷载两端点 A、B 和 M 点作一圆，则在圆上的大小主应力相等，因为它们的视角(为圆周角)都相等。该圆称为主应力等值线，如图 2-37 所示。

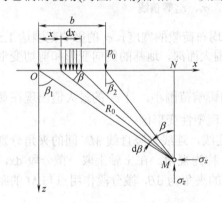

图 2-36　均布条形荷载作用时土中
附加应力计算(极坐标表示)

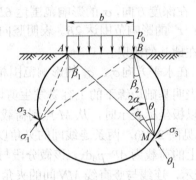

图 2-37　主应力等值线

M 点的最大剪应力：

$$\tau_{max} = \frac{1}{2}(\theta_1 - \theta_3) = \frac{p_0}{\pi}\sin 2\alpha \tag{2-36}$$

当 $2\alpha = \pi/2$ 时，$\tau_{max} = p_0/\pi$ 为最大，故通过荷载边缘点作一半圆，在半圆上的 τ_{max} 较其他位置上的 τ_{max} 大。

以上关于主应力的讨论主要为第 8 章地基承载力的研究提供必要的公式。

2. 三角形分布荷载作用下

如图 2-38 所示，沿着 x 方向(宽度方向)作用一个三角形分布的条形荷载，荷载最大

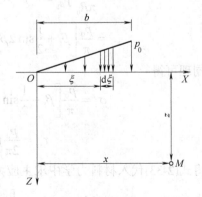

图 2-38　三角形分布条形荷载作用下土中应力

值为 p_0，作用于小微段上的荷载 $\mathrm{d}P = \xi p_0 \dfrac{\mathrm{d}\xi}{b}$。求 $M(x,z)$ 点的竖向应力 σ_z 时，可在宽度 b 范围内积分，即得

$$
\begin{aligned}
\sigma_z &= \frac{2z^3 p_0}{\pi b} \int_0^b \frac{\xi \cdot \mathrm{d}\xi}{[(x-\xi)^2 + z^2]^2} \\
&= \frac{p_0}{\pi}\left[n\left(\arctan \frac{n}{m} - \arctan \frac{n-1}{m} \right) - \frac{m(n-1)}{(n-1)^2 + m^2} \right] = \alpha_s \cdot p_0
\end{aligned}
\tag{2-37}
$$

式中：α_s——附加应力系数，可在表 2-11 中查得，其中 $n=x/b$，$m=z/b$。

💡 **注意：** 坐标原点在三角形荷载的零点处，x 轴的方向以荷载增长的方向为正，反之为负。

表 2-11　三角形分布的条形荷载下竖向附加应力系数 α_s 值

$n=x/b$ ＼ $m=z/b$	−1.5	−1.0	−0.5	0.0	0.25	0.50	0.75	1.0	1.5	2.0	2.5
0.00	0.000	0.000	0.000	0.000	0.250	0.500	0.750	0.500	0.000	0.000	0.000
0.25	0.000	0.000	0.001	0.075	0.256	0.480	0.643	0.424	0.017	0.003	0.000
0.50	0.002	0.003	0.023	0.127	0.263	0.410	0.477	0.353	0.056	0.017	0.003
0.75	0.006	0.016	0.042	0.153	0.248	0.335	0.361	0.293	0.108	0.024	0.009
1.00	0.014	0.025	0.061	0.159	0.223	0.275	0.279	0.241	0.129	0.045	0.013
1.50	0.020	0.048	0.096	0.145	0.178	0.200	0.202	0.185	0.124	0.062	0.041
2.00	0.033	0.061	0.092	0.127	0.146	0.155	0.163	0.153	0.108	0.069	0.050
3.00	0.050	0.064	0.080	0.096	0.103	0.104	0.108	0.104	0.090	0.071	0.050
4.00	0.051	0.060	0.067	0.075	0.078	0.085	0.082	0.075	0.073	0.060	0.049
5.00	0.047	0.052	0.057	0.059	0.062	0.063	0.063	0.065	0.061	0.051	0.047
6.00	0.041	0.041	0.050	0.051	0.052	0.053	0.053	0.053	0.050	0.050	0.045

【例 2-6】 有一路堤如图 2-39(a)所示，已知填土重度 $\gamma =20\mathrm{kN/m}^3$，求路堤中线下 O 点（$z=0$）及 M 点（$z=10\mathrm{m}$）处的竖向应力 σ_z 值。

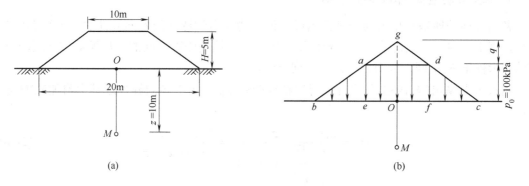

图 2-39　例 2-6 图

解： 路基填土的重力产生的荷载为梯形分布，如图 2-39(b)所示，其最大强度

$$p_0 = \gamma H = 20 \times 5 = 100 \text{kPa}$$

将梯形荷载(abcd)分解为两个三角形分布的条形荷载(abe)及(dcf)和一个均布条形荷载(aefd)，从而用公式(2-31)和公式(2-37)进行叠加计算。现将应力系数的计算结果列于表2-12中。

表 2-12 例 2-6 的竖向附加应力计算

荷载分布面积	x/b	O 点(z=0)		M 点(z=10m)	
		z/b	$\alpha_{z(s)}$	z/b	$\alpha_{z(s)}$
abe 或 dcf	10/5=2	0	0	2	0.069
aefd	0/10=0	0	1.00	1	0.55

所以 O 点的竖向应力

$$\sigma_z = \sigma_z(abe) + \sigma_z(dcf) + \sigma_z(aefd) = 0 + 0 + 1.0 \times 100 = 100 \text{kPa}$$

M 点的竖向应力

$$\sigma_z = (2 \times 0.069 + 0.55) \times 100 = 68.8 \text{kPa}$$

此外，也可将梯形荷载分解为其他的荷载叠加形式。读者可以自己尝试并将计算结果进行比较。

由以上分析可知，随着距离荷载作用的点越远，附加应力值越小，因此附加应力的范围是有限的。

2.4.5 非均质和各向异性地基中的附加应力

前述附加应力的计算中，都是假定地基土为均质、连续、各向同性的半无限直线变形体，采用弹性理论求得的解答。但实际上，大多数地基并不是各向同性和均质的。天然地基土是自然形成的，沉积的地质年代、沉积的方式及沉积后的变迁使得地基土由不同的土层组成，不同的土层具有不同的物理力学特性和结构特征。土的非均质和各向异性特性对土中附加应力的影响可从以下几方面讨论。

1. 薄交互层地基(各向异性地基)

各向异性的地基是指由同一种土组成，但其物理力学特性是各向异性的。天然土层在沉积过程中，由于所受自重和外荷载作用历史不同，地基竖直方向的变形模量 E_z 与水平方向的变形模量 E_x 不同，因而地基土呈各向异性。

由沃尔夫(Wolf.A,1935)公式可求得均布线荷载 p_0 作用下各向异性地基中附加应力 σ_z' 的值。

$$\sigma_z' = \frac{2p_0}{\pi} \frac{z^3}{\sqrt{\frac{E_x}{E_z}}(x^2+z^2)^2} = \frac{2p_0}{\pi} \frac{z^3}{m(x^2+z^2)^2} \tag{2-38}$$

式中：$m = \sqrt{\dfrac{E_x}{E_z}}$。

地基土为各向同性时，在均布线荷载作用下附加应力可按下式求得：

$$\sigma_z = \frac{2p_0}{\pi} \frac{z^3}{(x^2 + z^2)^2} \tag{2-39}$$

二者比较：

$$\frac{\sigma_z}{\sigma_z'} = m = \sqrt{\frac{E_x}{E_z}}$$

在各向异性地基中，当 $E_x > E_z$ 时，$m > 1$，则 $\sigma_z' < \sigma_z$，地基中将出现应力扩散现象，如图 2-40(b)所示；而当 $E_x < E_z$ 时地基中将出现应力集中现象，如图 2-40(a)所示。在重要的建筑物设计时应考虑土中应力变化的这一特征。

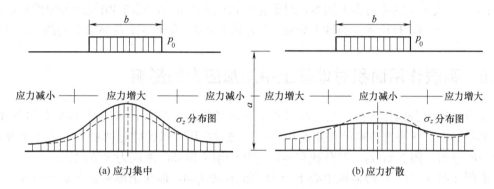

图 2-40 非均质和各向异性对地基附加应力 σ_z 的影响

注：虚线表示均质地基中 σ_z 的分布。

2. 双层地基(非均质地基)

当地基由不同土层组成时，地基土中附加应力 σ_z 受各土层性质的影响，各土层性质差异愈大，则对附加应力 σ_z 的影响也愈大。下面根据两种情况来分析。

(1) 上层为可压缩土层，下层为不可压缩坚硬层(岩层)。

由于下卧层刚度大，不变形，上层土中的附加应力值比均质土时有所增大，出现应力集中现象，如图 2-40(a)所示。应力集中的程度与荷载面的宽度 b 及压缩层厚度 h 有关，同时也与压缩层的泊松比、上下层交界面上的摩擦系数有关。压缩土层厚度 h 与荷载面的宽度之比(即 h/b)越小，应力集中现象越显著。

(2) 上层为坚硬土层，下层为软弱土层。

由于坚硬土层刚度大，对应力有扩散作用，使得其本身及下卧层中的附加应力值减小，出现应力扩散现象，如图 2-40(b)所示。在坚硬的上层及下卧层中引起的应力扩散现象随上层坚硬土层厚度的增大而更加显著。

应力扩散现象使得土中应力分布比较均匀，地基的沉降也相应较为均匀。在道路工程路面设计中，用一层比较坚硬的路面来降低地基中的应力集中，减小路面因不均匀变形而产生的破坏，就是这个道理。

由于土的泊松比变化不大(一般 $\mu = 0.3 \sim 0.4$)，应力集中和应力扩散现象主要与上下两层土的变形模量比 E_1/E_2 有关，模量比越大，土中应力的变化越显著(与均质情况下的土中应力相比较)。

3. 变形模量随深度增大的地基(非均质地基)

地基土的变形模量随深度增加时，沿荷载对称轴上的应力 σ_z 有增大的现象，这已被理论和实践研究结果所证实。这种现象在砂类土中尤其显著，一般认为较深处的土体，侧向变形受较大限制，因而沿外力作用线附近的附加应力出现应力集中的现象。

在考虑地基变形模量对地基附加应力的影响时，弗劳利施(O.K.Frohlich)等提出采用集中因数对布辛奈斯克公式加以修正：

$$\sigma_z = \frac{nP}{2\pi R^2}\cos^n\theta \tag{2-40}$$

式中：n——大于 3 的应力集中因数，对于完全弹性的土 $n=3$，式(2-40)与均匀弹性体的公式一致，对较密实的砂土 $n=6$，均匀黏土 $n=3$，介于砂土及黏土之间的土 $n=3\sim6$。

2.4.6　荷载作用面积对地基土中附加应力的影响

均布荷载 p_0 分别作用在宽度为 b、长度为无限长的条形基础上，或宽度为 b、长度为 $l(l=b)$ 的矩形基础上，这表明荷载的作用面积不同。通过分析可以比较这两种情况下土中竖向附加应力的分布。图 2-41 为条形荷载和矩形荷载作用下地基附加应力等值线图。

由图 2-41 可知，矩形荷载中心下 $z=2b$ 处($\sigma_z\approx0.1p_0$)，而在条形荷载下 $\sigma_z=0.1p_0$ 的等值线在中心下 $z=6b$ 处通过。这表明荷载作用面积越大，附加应力传递得越深。当条形荷载在宽度方向增加到无穷大时，相当于大面积荷载(无限均布荷载)。此时，地基中附加应力分布仍可按条形均布荷载下土中应力的公式计算。因为条形荷载的宽度 $b\to\infty$，则不论 z 为何值，有 $z/b\to0$，因此应力系数恒等于 1.0，任意深度处的附加应力均等于 p_0。这表明，在大面积荷载作用下，地基中附加应力分布与深度无关，如图 2-42 所示。

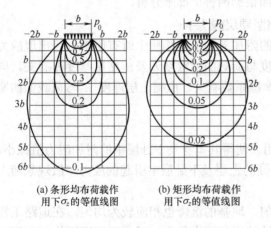

(a) 条形均布荷载作用下 σ_z 的等值线图　　(b) 矩形均布荷载作用下 σ_z 的等值线图

图 2-41　地基附加应力等值线图

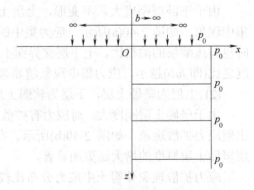

图 2-42　大面积荷载作用下的竖向附加应力

2.5　有 效 应 力

2.5.1　有效应力原理

太沙基(Terzaghi)1923 年提出了饱和土中的有效应力原理，阐述了松散颗粒的土体与连续固体材料的区别，从而奠定了现代土力学变形和强度计算的基础。

如图 2-43 所示，在半无限体表面(地基土表面)作用着外荷载 p，地下水位线与地表线重合。在土中深度 z 处截取一水平截面，其面积为 F，截面上作用的应力为 σ，它是由上面的土体的重力、静水压力及外荷载 p 的作用所产生的应力，称为总应力。由于土中任取的截面积 F 包括土颗粒和孔隙在内，则总应力 σ 应由土颗粒及孔隙中的水气来共同承担。其中，由土颗粒承担的应力称为有效应力(effective stress)，也称为粒间应力；由孔隙内的水汽承担的应力称为孔隙应力(也称为孔隙压力)。它们各自承担的分量不同，且对变形和强度的影响也不一样。

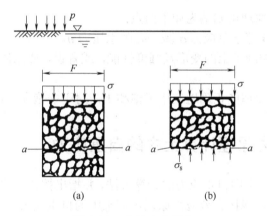

图 2-43　有效应力概念

如图 2-43(b)所示，沿 a-a 截面截取一脱离体，在 a-a 截面上，土颗粒接触面间作用的法向应力为 σ_s，各土颗粒间接触面积之和为 F_s，孔隙内由水所承担的压力为 U_w，其相应的面积为 F_w，由气体所承受的压力为 U_a，其相应的面积为 F_a。根据静力平衡条件：

$$\sigma \cdot F = \sigma_s \cdot F_s + u_w \cdot F_w + u_a \cdot F_a \tag{2-41}$$

或
$$\sigma = \frac{\sigma_s F_s}{F} + u_w \frac{F_w}{F} + u_a \frac{F_a}{F} = \frac{\sigma_s F_s}{F} + u_w \frac{F_w}{F} + u_a \left(1 + \frac{F_w}{F}\right) - u_a \frac{F_s}{F} \tag{2-42}$$

毕肖普及伊尔顿(Bishap and Eldin，1950)根据粒状土的试验结果认为 F_s/F 一般小于 0.03，有可能小于 0.01。通常 u_a 的值也很小，因此可将公式(2-42)中的 $u_a\dfrac{F_s}{F}$ 项忽略不计。式中 $\dfrac{\sigma_s F_s}{F}$ 实际上是土颗粒间的接触应力在截面积 F 上的平均应力，称为有效应力，用 $\bar{\sigma}$ 表示。此时公式(2-42)可变换为

或

$$\sigma = \bar{\sigma} + u_a - \frac{F_w}{F}(u_a - u_w)$$

$$\bar{\sigma} = \sigma - u_a + \chi(u_a - u_w) \qquad (2\text{-}43)$$

公式(2-43)为部分饱和土的有效应力公式。式中 $\chi = \dfrac{F_w}{F}$ 是由试验确定的参数，取决于土的类型及饱和度。

对于饱和土(S_r=100%)，由试验知 χ =1，代入式(2-43)得

$$\bar{\sigma} = \sigma - u_w \qquad (2\text{-}44)$$

一般把 u_w 表示成 u，则 $\bar{\sigma} = \sigma - u$，或 $\bar{\sigma} = \sigma + u$，此为饱和土的有效应力公式。

在饱和土体中，土中任意点的孔隙水压力 u 对各个方向作用是相等的，它只能使土颗粒本身产生压缩变形，不能使土颗粒产生位移，而土颗粒的压缩模量很大，土粒本身的压缩量很微小，一般忽略不计。此外，水不能承受剪应力，因此孔隙水压力自身的变化也不会引起土的抗剪强度变化。由此可知，孔隙水压力本身并不能使土发生变形和强度的变化。

由以上分析可知，土颗粒间的有效应力作用将会引起土颗粒的位移，使孔隙体积改变，土体发生压缩变形，同时有效应力的大小也影响土的抗剪强度。这就是土力学中很重要的有效应力原理。

饱和土的有效应力原理可归纳为如下两点：

(1) 土的有效应力 $\bar{\sigma}$ 等于总应力 σ 减去孔隙水压力 u。

(2) 土的有效应力控制了土的变形及强度性能，或者说，使土体产生强度和变形的力称为有效应力。

一般认为有效应力原理能正确地应用于饱和土，对于非饱和土尚在研究中。

2.5.2 按有效应力原理计算土中的自重应力

本章 2.2 节已介绍了土中自重应力的计算方法，并指出按该方法计算的自重应力属有效自重应力。为了作比较，现按有效应力原理计算土中的自重应力。

图 2-44 所示为地基土的钻探资料。深度 h_1 范围内的土为干区(天然状态)，h_c 范围内的土为毛细水上升区的完全饱和土，地下水位在 2-2 线上，h_2 范围内的土属地下水位以下的土层。现按有效应力原理计算土中的自重应力。

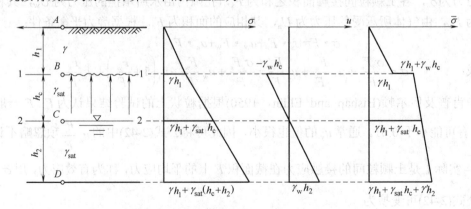

图 2-44 毛细水上升时土中应力计算

一般按有效应力原理计算时，先计算土中的总应力 σ 和孔隙水压力 u，$\sigma-u$ 即为土中的有效应力。

在毛细水液面与空气表面存在着表面张力(相当于拉应力)，则毛细水上升区中的水压力 u 为负值。在 1-1 线上的表面张力等于毛细水上升高度 h_c 范围内的水重 $\gamma_w h_c$，此时的水压力 $u=-\gamma_w h_c$，在地下水位处 $u=0$。下面分别计算土中各控制点的总压力 σ、孔隙水压力 u 及有效应力 $\bar{\sigma}$。

A 点处：$\sigma=0$，$u=0$，$\bar{\sigma}=\sigma-u=0$。

B 点处：$\sigma=\gamma\cdot h_1$；B 点属于干土区时，$u=0$，$\bar{\sigma}=\sigma-u=\gamma\cdot h_1$；$B$ 点属于毛细区时，$u=-\gamma_w h_c$，$\bar{\sigma}=\sigma-u=\gamma h_1+\gamma_w h_c$。

C 点处：$\sigma=\gamma\cdot h_1+\gamma_{sat}h_c$，$u=0$，$\bar{\sigma}=\sigma-u=\gamma\cdot h_1+\gamma_{sat}h_c$。

D 点处：$\sigma=\gamma\cdot h_1+\gamma_{sat}h_c+\gamma_{sat}h_2$，$u=\gamma_w h_2$。

$$\bar{\sigma}=\sigma-u=\gamma\cdot h_1+\gamma_{sat}\cdot h_c+h_2(\gamma_{sat}-\gamma_w)=\gamma\cdot h_1+\gamma_{sat}\cdot h_c+\gamma'\cdot h_2$$

式中：γ'、γ_{sat}、γ——土的浮重度、饱和重度及天然重度。

总应力 σ、孔隙水压力 u 及有效应力 $\bar{\sigma}$ 的分布如图 2-44 所示。

计算结果表明：毛细水上升区由于表面张力作用，土的有效应力增加，在地下水位以下，由于水对土颗粒的浮力作用，土的有效应力减小。

【例2-7】 计算例 2-2 中水下地基土中的总应力、孔隙水压力和有效应力。

解： 该土层中的粗砂层是透水土层，黏土层是不透水的。

a 点处：$\sigma=\gamma_w h_w$；$u=\gamma_w h_w=9.81\times3=29.43$(kPa)；$\bar{\sigma}=\sigma-u=0$。

b 点处：$\sigma=\gamma_w h_w+\gamma_{sat}h_1=9.81\times3+19.5\times10=224.43$(kPa)。

b 点属于粗砂层时

$$u=\gamma_w(h_w+h_1)=9.81\times13=127.53\text{(kPa)}$$

$$\bar{\sigma}=\sigma-u=224.43-127.53=96.9\text{(kPa)}$$

b 点属于黏土层时

$$u=0\text{(不传递静水压力)}$$

$$\bar{\sigma}=\sigma-u=224.43\text{kPa}$$

c 点处：$\sigma=\gamma_w h_w+\gamma_{sat}h_1+\gamma h_2=224.43+19.3\times5=320.93$(kPa)；$u=0$，$\bar{\sigma}=\sigma-u=320.93$(kPa)。

总应力 σ、孔隙水压力 u 及有效应力 $\bar{\sigma}$ 的分布如图 2-45 所示。

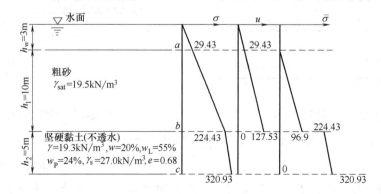

图 2-45 例 2-7 图

由此可见，按有效应力法计算的土的有效自重应力分布图与 2.2 节直接按自重应力公式计算的分布图完全一致，说明按 2.2 节的方法计算的自重应力是有效自重应力。

思 考 题

2-1 何谓自重应力与附加应力？

2-2 在基底总压力不变的前提下，增大基础埋深对土中应力分布有什么影响？

2-3 有两个宽度不同的基础，其基底总压力相同，则在同一深度处哪一个基础下产生的附加应力大？为什么？

2-4 地下水位的升降对土中自重应力的分布有何影响？

2-5 布辛奈斯克课题假定荷载作用在地表面，而实际上基础都有一定的埋置深度，则这一假定将使土中应力的计算值偏大还是偏小？

2-6 简述条形均布荷载作用下附加应力的分布规律。

2-7 简述饱和土的有效应力原理。

习 题

2-1 计算图 2-46 所示地基中的自重应力，并绘出其沿深度的分布曲线。

[答案：9m 处，不透水层面上 $\sigma_{cz}=108.5\text{kPa}$；不透水层面下 $\sigma_{cz}=168.5\text{kPa}$]

2-2 图 2-47 所示矩形面积(ABCD)上作用均布荷载 $P=100\text{kPa}$，试用角点法计算 G 点下深度 6m 处 M 点的竖向应力 σ_z 值。 [答案：$\sigma_z=5.17\text{kPa}$]

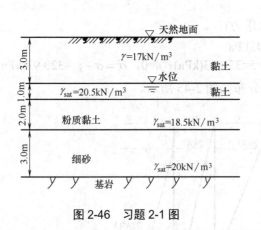

图 2-46 习题 2-1 图

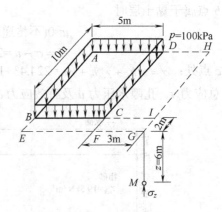

图 2-47 习题 2-2 图

2-3 图 2-48 所示条形分布荷载 $P=150\text{kPa}$，计算 G 点下深度 3m 处的竖向应力 σ_z。

[答案：$\sigma_z=32.85\text{kPa}$]

2-4 某粉质黏土层位于两砂层之间，如图 2-49 所示，下层砂土受承压水作用，其水头高出地面 3m。已知砂土重度(水上)$\gamma=16.5\text{kN/m}^3$，饱和重度 $\gamma_{sat}=18.8\text{kN/m}^3$，粉质黏土的饱和

重度 $\gamma_{sat}=17.3\text{kN/m}^3$，试求土中总应力 σ、孔隙水压力 u 及有效应力 $\bar{\sigma}$，并绘图表示。

[答案：$\bar{\sigma}=43.53\text{kPa}$]

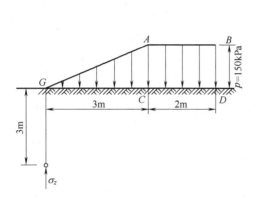

图 2-48　习题 2-3 图

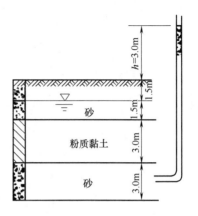

图 2-49　习题 2-4 图

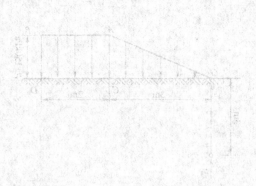

第 3 章 土中水的运动规律

学习要点

了解土中毛细水的分布规律，明确毛细现象对工程的影响；了解土中水的渗流规律，掌握达西定律、渗流力的概念，熟悉渗流引起的工程问题及其处理措施；了解二维渗流和流网的基本性质。

土是由三相介质组成的体系，其中固体颗粒组成具有连续贯穿孔隙的土骨架，土孔隙中的水和空气能在连续贯穿的通道中移动。土中水在不同力的作用下移动的形式也不同，一般有以下几种形式：在重力作用下，地下自由水的流动(土的渗透性问题)；在附加应力作用下，土孔隙中的自由水被挤出(土的固结问题)；在水与空气交界面上的表面张力作用下，自由水的移动(土的毛细现象)。土中水的移动形式不同，涉及不同的工程问题，如流沙、渗透固结、毛细水上升、渗流力的作用等，本章着重研究土中各种水的运动规律及对土性质的影响。

3.1　土的毛细性

土的毛细性是指土能够产生毛细现象的性质。土的毛细现象是指土中水在表面张力及土颗粒分子引力作用下，沿着细的孔隙通道向上及向其他方向移动的现象。在这种细微孔隙中流动的水称为毛细水(capillary water)。

对土毛细性的研究内容包括土层中毛细水的分布(毛细水带)、毛细水上升机理及上升高度和速度、表面张力效应、毛细现象及对工程的影响，下面分别加以论述。

3.1.1　土层中毛细水的分布

土层中毛细水所浸润的范围称为毛细水带。根据毛细水带的形成条件和分布状况，可分成三种，即正常毛细水带、毛细网状水带和毛细悬挂水带，如图 3-1 所示。

1. 正常毛细水带(又称毛细饱和带)

正常毛细水带位于毛细水带下部。这一部分的毛细水主要是由潜水面直接上升而形成的，因此正常毛细水带与地下潜水连通，毛细水几乎充满了全部孔隙。正常毛细水带会随着地下水位的升降而作相应的移动。

2. 毛细网状水带

它位于毛细水带的中部，是由地下水位的变动而引起的。当地下水位急剧下降时，在较粗的孔隙中的水也急剧下降，孔隙中留下气泡，而在较细的毛细孔隙中有一部分水来不及移动，仍残留在孔隙中，这样使毛细水呈网状分布。毛细网状水带中的水可以在表面张力和重力作用下移动。

3. 毛细悬挂水带

它位于毛细水带的上部。这部分的毛细水是由地表水的渗入而形成的，水悬挂在土的孔隙中，它不与中部或下部的毛细水相连。当地表有大气降水补给时，毛细悬挂水在重力作用下向下移动。

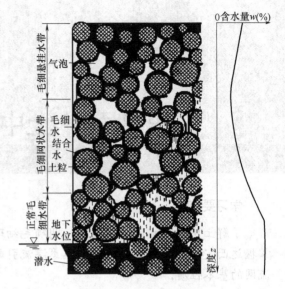

图 3-1　土层中的毛细水带

上述三种毛细水带不一定同时存在，这取决于当地的水文地质条件。如地下水位很高时，可能就只有正常毛细水带，而没有毛细悬挂水带和毛细网状水带；反之，当地下水位较低时，则可能同时出现三种毛细水带。

在毛细水带内，土的含水量是随深度而变化的，自地下水位向上含水量逐渐减少，但到毛细悬挂水带后含水量可能有所增加，如图 3-1 所示。

3.1.2　毛细水上升机理、上升高度及上升速度

毛细水的上升是由于液体的"表面张力"和毛细管的"湿润现象"产生的。一滴水在空中总是成为球状，这是由于液体与空气的分界面上存在着表面张力，表面张力是液体表面层由于分子引力不均衡而产生的沿表面作用于任一界线上的张力。在这种表面张力作用下，液体总是力图缩小自己的表面积，以降低表面自由能。另一方面，毛细管管壁的分子和水分子之间有引力作用，这种引力使与管壁接触部分的水面呈向上的弯曲状，这种现象一般称为湿润现象。这种内凹的弯液面表明管壁和液体是互相吸引的(即可湿润的)；如果管壁与液体之间不互相吸引，则称为不可湿润的，毛细管内液体弯液面的形状是外凸的，如毛细管内的水银柱就是这样。

大量试验结果表明，如果管子的直径足够小，可以引起管内的水位显著高于管外的自由水面，则这种管子称为毛细管，如图 3-2 所示。在毛细管内的水柱，由于管壁与水分子之间的引力作用，产生湿润现象，使弯液面呈内凹状，此时水柱的表面积就增加了，而液体的表面张力作用促使改变弯液面形状，缩小表面积，降低表面自由能，这一过程促使了管

内的水柱升高。但当水柱升高改变了弯液面的形状时，管壁与水之间的湿润现象又会使水柱面恢复为内凹的弯液面状，而液体的表面张力作用又会促使管内的水柱升高，这样周而复始，使毛细管内的水柱上升，直到升高的水柱重力和管壁与水分子间的引力所产生的上举力平衡为止。

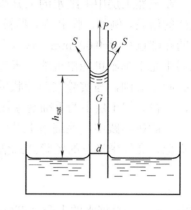

图 3-2　毛细管中水柱上升试验示意图

若假定毛细管内水柱的上举力为 $P(P = S \cdot 2\pi \cdot r \cdot \cos\theta)$，根据平衡条件可知，管壁与弯液面水分子间引力的合力 S 等于水的表面张力 σ，则

$$P = S \cdot 2\pi \cdot r \cdot \cos\theta = 2\pi \cdot r \cdot \sigma \cdot \cos\theta \qquad (3\text{-}1)$$

式中：σ——水的表面张力(N/m)，不同温度时水与空气界面间的表面张力值如表 3-1 所示；

　　　r——毛细管的直径(m)；

　　　θ——湿润角，它的大小取决于管壁材料与液体性质，对于毛细管内的水柱，可以认为 $\theta = 0°$，即认为是完全湿润的。

表 3-1　水与空气间的表面张力 σ 值

温度/℃	-5	0	5	10	15	20	30	40
表面张力 σ/($\times 10^{-3}$N/m)	76.4	75.6	74.9	74.2	73.5	72.8	71.2	69.6

毛细管内上升水柱的重量

$$G = \gamma_w \pi \cdot r^2 \cdot h_{max} \qquad (3\text{-}2)$$

式中：γ_w——水的重度；

　　　h_{max}——毛细水上升的最大高度，如图 3-2 所示。

当毛细水上升到最大高度时，毛细水柱受到的上举力与水柱重力平衡，由此得

$$P = G$$

即

$$2\pi \cdot r \cdot \sigma \cdot \cos\theta = \gamma_w \pi \cdot r^2 h_{max}$$

若令 $\theta = 0°$，可求得毛细水上升最大高度的计算公式为

$$h_{max} = \frac{2\sigma}{r\gamma_w} = \frac{4\sigma}{d\gamma_w} \qquad (3\text{-}3)$$

式中：d——毛细管的直径，$d = 2r$。

从式(3-3)可以看出，毛细水的上升高度与毛细管的直径成反比，毛细管直径越细，毛细水上升高度越高。但此时由于管壁的阻力增大，毛细水上升的速度越来越慢。尤其对于黏性土，土颗粒周围的结合水膜不仅会影响毛细水弯液面的形成，而且将减小土中孔隙的有效直径，使得毛细水的上升速度减慢，上升高度也受到影响。

公路和房屋建筑中有时需要了解毛细水上升到最高所需要的时间。黏土和粉土中毛细水上升高度很大，但上升所需时间也很长，有时还得考虑蒸发和地下水位变化的影响。

毛细水上升的速率也称为毛细传导率 k_{cap}。影响毛细传导率的因素有土孔隙大小、含水量和温度等。一般来说，当含水量高、温度低时，毛细传导率高。可以认为毛细传导率与土的渗透性一致，粗粒土快，细粒土慢，当然它不完全等同于土的渗透性。

在天然土层中毛细水的上升高度不能简单地直接引用公式(3-3)计算，那样将得到难以置信的结果。例如，假定黏土颗粒为直径等于 0.0005mm 的圆球，那么这种假想土粒堆置起来的孔隙直径 $d=0.001$mm，代入公式(3-3)中将得到毛细水上升高度 $h_{max}=300$m，这在实际土层中是根本不可能出现的。天然土层中毛细水上升的实际高度很少超过数米。因为土中的孔隙不规则，与实验室圆球状的毛细管根本不同，特别是土颗粒与水之间的物理化学作用，使得天然土层中的毛细现象比毛细管的情况要复杂得多。

一般在实践中，毛细水上升的高度可以通过实地调查、观测，也可根据当地建筑经验或规范、文献中推荐的经验公式估算，如海森(A. Hazen)的经验公式：

$$h_0 = \frac{C}{ed_{10}}$$ (3-4)

式中：h_0——毛细水的上升高度(m)；

$\quad\quad e$——土的孔隙比；

$\quad\quad d_{10}$——土的有效粒径(m)；

$\quad\quad C$——系数，与土粒形状及表面洁净情况有关，$C=1\times10^{-5}\sim5\times10^{-5}$(m^2)。

并不是任何土中都存在毛细水。经验认为，碎石类土无毛细作用，毛细水上升高度 $h_{max}=0$；砂性土，$h_{max}=0.2\sim0.3$m；粉性土，$h_{max}=0.9\sim1.5$m。一般认为出现毛细现象的最大极限土粒尺寸是 2mm。

3.1.3 表面张力效应

表面张力效应可以用图 3-3 来说明，图中两个土粒(假想是球体)的接触面间有一些毛细水，由于土粒表面的湿润作用，毛细水形成弯液面。在水和空气的分界面上产生的表面张力是沿着弯液面切线方向作用的，在土粒的接触面上就产生一个压力，称为毛细压力 P_k。由毛细压力所产生土粒间的黏结力叫表观黏聚力，这种压力使土体压缩。土粒间的这种现象称为表面张力效应。

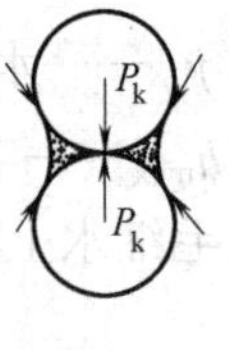

图 3-3　毛细压力示意图

在沉积层形成后，若地下水位下降，黏土就可能发生这样的现象：变干的区域会产生相当高的压力，使土变硬。因此，受这种干燥作用形成的黏土叫干燥黏土。沉积黏土的下层是软弱的，但土层常有一硬壳，就是这种干燥作用所造成的。干燥区的厚度和强度常常可以承受道路和较轻建筑物的荷载。

细粒土中压应力的范围大致为：粉土 10～100kPa，黏土 100～300kPa。对于部分饱和砂土，表面张力也会增强其强度，如湿砂捏成砂团，在湿砂中有时可挖成直立的坑壁，短期内不会坍塌。当砂土完全干燥时，或砂土浸没在水中，孔隙中完全充满水时，颗粒间没有孔隙水或者孔隙水不存在弯液面，这时毛细压力就消失了。

3.1.4 土的毛细现象对工程的影响

土的毛细现象对工程的影响表现在以下几方面。

（1）毛细水的上升引起建筑物或构筑物地基冻害，甚至破坏其上的建筑物或构筑物。冻土现象是由冻结及融化两种作用所引起的，地基土冻结时，往往会发生土层体积膨胀，使地面隆起，即冻胀现象，但当冻融后，地基会下沉，变得松软，因此可能导致上面的建筑物和道路开裂，桥梁、涵管等大量下沉，影响正常使用，甚至破坏。

细粒土层，特别是粉土、粉质黏土等冻胀现象严重，因为这类土具有较显著的毛细现象，毛细水上升高度大，上升速度快，而黏土毛细孔隙小，对水分迁移的阻力很大，其冻胀性比粉质土小。

（2）毛细水的上升会引起房屋建筑地下室、地铁隧道侧壁过分潮湿，对防潮、防湿带来更高的要求。

（3）当地下水有侵蚀性时，毛细水的上升可能对建筑物和构筑物基础中的混凝土、钢筋等形成侵蚀作用，缩短建筑物和构筑物的使用年限。

（4）毛细水的上升还可能引起土的沼泽化、盐渍化，对道路、桥梁、水利工程等可能造成影响。

3.2　土的渗透性

土是具有连续孔隙通道的物质体系，因而水能在其中流动。将水透过土中孔隙流动的现象称为渗透或渗流，而把土被水流通过的性能称为土的渗透性(permeability)。在工程中的许多方面都需要了解土的渗透性，例如，在高层建筑基础及桥梁墩台基础工程中深挖基坑排水时需计算涌水量，以配置排水设备和进行支挡结构的设计计算；在河滩上修筑堤坝或渗水路堤时，需考虑路堤填料的渗透性；在计算饱和黏性土地基上建筑物的沉降和时间的关系时，也需了解土的渗透性。

对土渗透性的研究主要讨论五个问题：
（1）渗流模型。
（2）土中水渗透的基本规律(层流渗透定律)。
（3）渗透系数及其测定。
（4）成层土的等效渗透系数。
（5）影响土渗透性的因素。

3.2.1　渗流模型

土中水的渗流是在土颗粒间的孔隙中发生的。由于土体孔隙的形状、大小及分布极为复杂，渗流水质点的运动轨迹很不规则，水在土孔隙中的运动状况如图 3-4(a)所示。但考虑到实际工程中并不需要了解具体孔隙中水的运动轨迹，而主要关心的是渗流量及确定渗流量可用的平均渗透速度(这是一种虚拟的速度，而不是实际流速)，因此可以对土中水的渗流作出如下简化：一是不考虑渗流路径的迂回曲折，只分析它的主要流向；二是不考虑土体中颗粒的影响，认为孔隙和土粒所占的空间均为水流所充满。经过简化后的渗流是一种假想的土体渗流，理想化的渗流模型如图 3-4(b)所示。有了渗流模型，就可以采用液体运动的有关概念和理论对土体渗流问题进行分析计算。

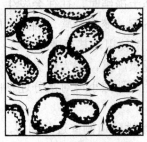
(a) 水在土孔隙中的运动轨迹

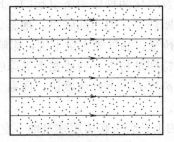
(b) 理想化的渗流模型

图 3-4　渗流模型

3.2.2　土的层流渗透定律

在理想渗流模型的条件下,可将水在土的细微孔隙中的缓慢流动视为层流(层流为相邻两个水分子运动轨迹相互平行而不混掺)。其运动规律认为符合层流渗透定律,即达西(H. Dancy)定律。1856年,法国学者达西在稳定的层流条件下,用饱和粗颗粒土进行了大量的渗透试验(试验装置如图 3-5所示),测定水流通过试样单位截面面积的渗流量,获得了渗流量与水力梯度的关系,从而得到渗流速度与水力梯度(水力梯度为沿着水流方向单位长度上的水头差)之间的渗流规律,即达西定律。

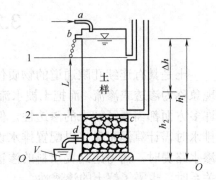

图 3-5　达西渗透试验装置

试验装置包括一个直立的开口圆筒,筒的侧壁安有测压管,筒的上部设有溢流装置,下部有泄水管。在圆筒底部装有碎石,上覆多孔滤板;粗颗粒土试样置于滤板之上,断面面积为 A,长度为 L,两个测压管分别处于土试样的顶部 1 和底部 2 处。水由上部进水管 a 注入筒内,并装有溢流装置(b),下部装有泄水管 d 及阀门和量水容器。试验过程中始终控制筒顶水位,保持上部水位稳定不变,并控制水流通过试样截面的渗流量保持稳定不变,测压管的水位保持稳定不变。以图中 O-O 面为基准面,分别测得土样顶部和底部测压管中的水头 h_1 和 h_2,同时测定通过试样渗流出的水量。

达西分别对不同尺寸的试样进行渗流试验,通过对其结果的分析研究发现,单位时间内水流通过试样截面积渗流出的流量 q 与试样截面面积 A 和水力梯度 I 成正比,且与土的渗透性质有关,即

$$q = kIA \tag{3-5}$$

或

$$v = kI \tag{3-6}$$

式(3-5)或式(3-6)称为达西定律。

式中:q——单位时间内的渗透流量(m^3/s);

I——水力梯度(hydraulic gradient)，即沿着水流方向单位长度上的水头差，其值为

$$I = \frac{\Delta h}{\Delta L} = \frac{h_1 - h_2}{\Delta L}$$

k——渗透系数(m/s)，各种土的渗透系数参考值见表 3-2；

A——水流流过的土截面面积(m²)；

v——渗流速度(m/s)。

达西定律的推导是在理想渗流模型的条件下得出的，即达西定律是针对处于层流流态的水流，采用宏观虚拟的基本假定建立的，采用了试样整个截面的平均渗流速度作为水的渗流速度。由于无法知道渗透水流的实际渗径长度，达西采用了试样的长度作为渗流的渗径长度。

渗透系数 k 值的大小反映了土渗透性的强弱。土的颗粒越小，渗透系数就越小，渗透性也越差，由于黏性土的渗透系数极小，渗透性极差，在工程上可将经压实后的黏土看成是不透水的。

由于达西定律只适用于层流的情况，一般只适用于中砂、细砂、粉砂等，对粗砂、砾石、卵石等粗颗粒土就不适合，因为在这些土的孔隙中水的渗流速度较大，已不是层流，而是紊流。

表 3-2　土的渗透系数参考值

土的类型	渗透系数/(m/s)	土的类型	渗透系数/(m/s)
黏土	$<5\times10^{-8}$	细砂	$1\times10^{-5}\sim5\times10^{-5}$
粉质黏土	$5\times10^{-8}\sim1\times10^{-6}$	中砂	$5\times10^{-5}\sim2\times10^{-4}$
粉土	$1\times10^{-6}\sim5\times10^{-6}$	粗砂	$2\times10^{-4}\sim5\times10^{-4}$
黄土	$2.5\times10^{-6}\sim5\times10^{-6}$	圆砾	$5\times10^{-4}\sim1\times10^{-3}$
粉砂	$5\times10^{-6}\sim1\times10^{-5}$	卵石	$1\times10^{-3}\sim5\times10^{-3}$

实验表明，黏土中的渗流规律不完全符合达西定律。这是因为在黏土中，土颗粒周围存在着结合水，结合水因受到分子引力作用而呈现黏滞性，对水的渗流产生一定的阻力，只有克服结合水的黏滞阻力后水才能开始渗流。将克服结合水黏滞阻力所需的水头梯度称为起始水头梯度 I_0，则在黏土中，应按修正后的达西定律计算渗流速度，即

$$v = k(I - I_0) \tag{3-7}$$

图 3-6 绘出了砂土与黏土的渗透规律关系曲线。直线 a 表示砂土的 $v\sim I$ 关系，它是通过原点的一条直线。曲线 b(图中虚线所示)反映黏土的 $v\sim I$ 关系，d 点是黏土起始水头梯度，当土中水头梯度超过此值后水才开始渗流。一般常用折线 c(图中 Oef 线)代替曲线 b，即认为 e 点是黏土的起始水头梯度 I_0。

由于孔隙水的渗流不通过土的整个截面，而仅通过该截面内土颗粒间的孔隙，土中孔隙水的实际流速 v_0 要比按渗流模型中公式计算的平均流

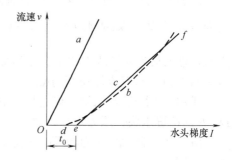

图 3-6　砂土和黏土的渗透关系曲线

速 v 大, 二者之间的关系为

$$v_0 = \frac{v}{n} \tag{3-8}$$

式中: n——土体的孔隙率, 因为 $n < 1.0$, 所以 $v < v_0$。

在渗流过程中, 为了研究方便, 常用水头的概念来研究水体流动的位能和动能。所谓水头, 实际上就是单位重量水体所具有的能量。土中水流所具有的总能量(总水头 h)由位能(位置水头 z)、压能$\left($压力水头 $\frac{u}{\gamma_w}\right)$、动能$\left($流速水头 $\frac{v^2}{2g}\right)$构成, 三者之间的关系满足伯努利(B.Bernoulli)能量方程。如图 3-7 所示, 土中某一点的渗透总水头可以表示为

$$h = z + \frac{u}{\gamma_w} + \frac{v^2}{2g} \tag{3-9}$$

式中: z——计算点对任一选定的基准面的高度(表示土体中单位重量水体所具有的位置势能, 称为位置水头(m);

　　　u——土中孔隙水压力(kPa);

　　　$\frac{u}{\gamma_w}$——孔隙水压力的水柱高度, 称为压力水头(代表土中该点单位重量水体的压力势能, 简称压能, m), γ_w 为水的重度;

　　　v——计算点的渗透速度(m/s);

　　　$\frac{v^2}{2g}$——计算点的流速水头, 表示单位重量水体具有的动能(g 为重力加速度, m);

　　　h——总水头, 表示计算点单位重量水体位能、压能、动能之和(m)。

除了上述几个水头之外, 实用上常将位置水头与压力水头之和称为测管水头。因为如果将两根测压管分别安装在点 A 和点 B 处时, 测压管中的水位将会分别升至 $z_A + \frac{u_A}{\gamma_w}$ 和 $z_B + \frac{u_B}{\gamma_w}$ 的标高处。测管水头代表的是单位重量液体所具有的总势能。

水在土中渗流时, 由于土颗粒的阻力通常较大, 渗透流速很小, 故流速水头所产生的作用可忽略不计, 因此可以认为总水头由位置水头和压力水头构成, 即

$$h = z + \frac{u}{\gamma_w} \tag{3-10}$$

图 3-7 中 A、B 两点代表土中层流体的两端。现通过两端的测压管可测得 A 点的压力水头为 $\frac{u_A}{\gamma_w}$, 位置水头(势水头)为 z_A, 总水头为 h_1; B 点的压力水头为 $\frac{u_B}{\gamma_w}$, 位置水头(势水头)为 z_B, 总水头为 h_2。两点的水头差为 Δh, 土中自由水在水头差(水力梯度)下发生渗流, 从 A 点流向 B 点, 水流流径长度为 ΔL。

【例 3-1】某渗透试验装置几个点的测管水头位置如图 3-8 所示, 试分别求出点 B、D、F 的位置水头、压力水头、总水头及各段的水头损失。

解: 选下部底面为基准面, 列表算出上述所求各点的水头值和各段的水头损失(单位 cm), 见表 3-3。

表 3-3　水头值及水头损失

点　号	位置水头 z	压力水头 $h_u = u/\gamma_w$	总水头 $h = h + h_u$	水头损失 Δh
B	40	5	45	
C	25	20	45	0
D	12.5	12.5	25	20
F	0	5	5	20

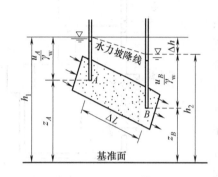

图 3-7　水在土中的渗流

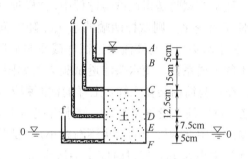

图 3-8　例 3-1 图

3.2.3　土的渗透系数

渗透系数 k 是综合反映土体渗透能力的一个指标，其数值的确定对渗透计算有着非常重要的意义。尽管从渗透的物理本质探讨渗透系数的理论研究已取得多种模拟计算公式，但计算结果与实际比较仍有较大误差，因此土体渗透性指标仍然通过试验测定。

对于饱和土，渗透性指标的测定方法很多，可分为现场试验和室内试验两大类。现场试验的结果反映了原位土层的渗透性，与室内试验的结果相比更准确可靠，但现场试验的工作量较大，时间较长，费用也较高。室内试验的结果虽然代表的是取土位置处局部土体的渗透性，但可对地基中的不同土层分别进行试验，以充分了解不同土层的渗透性，试验的时间短，费用相对较少，所以除重大工程或工程的特殊需要外，一般只要求进行室内试验。

1. 室内试验测定法

室内试验通常采用常水头渗透试验和变水头渗透试验两种。常水头试验适用于渗透性强的粗粒土，变水头试验则适用于渗透性较小的细粒土。

1) 常水头渗透试验

常水头渗透试验就是在整个试验过程中始终保持恒定的水头，即水头差 h 不发生变化，土中的渗流处于稳定渗流状态。常水头渗透试验装置如图 3-9 所

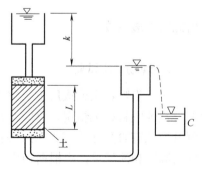

图 3-9　常水头渗透试验

示。试样的长度为 L，截面积为 A。试验开始时，先打开供水闸，使水自上而下通过试样，待水在试样中的渗流达到稳定后，测得时间 t 内流过试样的流量为 Q，则可按照达西定律得

$$Q = qt = kAIt = kA\frac{h}{L}t$$

由此求得土样的渗透系数

$$k = \frac{QL}{hAt}$$ (3-11)

2) 变水头渗透试验

变水头试验是指在试验过程中，试样顶部的水头随时间而变化，则试样两端的水头差随时间发生变化，利用水头变化与渗流通过试样截面的水量关系测定土的渗透系数。变水头渗透试验装置如图 3-10 所示。在试验筒内装置土样，土样的截面积为 A，长度为 L。试验筒上设置储水管，储水管截面积为 a。在试验过程中储水管中的水头逐渐减小，若试验开始时储水管水头为 h_1，经过时间 t 后降为 h_2。设在时间 dt 内水头降低 $-dh$，则在 dt 时间内储水管内减少的水量

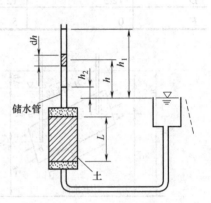

图 3-10 变水头渗透试验

$$dQ = -a \cdot dh$$

根据公式(3-5)知，dt 时间内通过土样的流量

$$dQ = q \cdot dt = kIAdt = k\frac{h}{L}Adt$$

故得

$$-adh = k\frac{h}{L}Adt$$

积分后得

$$-\int_{h_1}^{h_2}\frac{dh}{h} = \frac{kA}{aL}\int_0^t dt$$

$$\ln\frac{h_1}{h_2} = \frac{kA}{aL}t$$

由此得渗透系数

$$k = \frac{aL}{At}\ln\frac{h_1}{h_2}$$ (3-12)

2. 现场抽水试验

对于粗颗粒土或成层土，室内试验时不易取得原状土样，或者土样不能反映天然土层的层次或颗粒排列情况，这时从现场试验得到的渗透系数将比室内试验准确。常用的现场测试方法有野外注水试验和野外抽水试验等。这种方法是通过往土中注水或抽水量测土中水头高度和渗流量，再根据相应的理论公式求出渗透系数 k。下面主要介绍现场抽水试验。

在试验现场钻一抽水井，井底下端进入不透水层时称为完整井，井底未钻至不透水层

时称为非完整井。图 3-11 所示为潜水完整井。在距井中心半径为 r_1 和 r_2 处布置观测孔，以观测周围地下水位的变化。试验抽水后地基土中将形成降水漏斗。如在时间 t 内从井中抽出的水量为 Q，则通过观测孔可测得 r_1 处的水头为 h_1，r_2 处的水头为 h_2。假定土中任一半径处的水力梯度为 $I = \dfrac{\mathrm{d}h}{\mathrm{d}r}$，则由公式(3-5)得

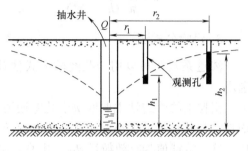

图 3-11　潜水完整井

$$q = \frac{Q}{t} = kIA = k\frac{\mathrm{d}h}{\mathrm{d}r}(2\pi rh)$$

$$\frac{\mathrm{d}r}{r} = \frac{2\pi k}{q}h\mathrm{d}h$$

积分后得

$$\ln\frac{r_2}{r_1} = \frac{\pi k}{q}(h_2^2 - h_1^2)$$

求得渗透系数为

$$k = \frac{q}{\pi} \frac{\ln\left(\dfrac{r_2}{r_1}\right)}{(h_2^2 - h_1^2)} \tag{3-13}$$

式(3-13)为潜水完整井渗透系数 k 的计算公式，求得的 k 值为 $r_1 < r < r_2$ 范围内的平均值。非完整井的计算公式参考其他教材。

现场抽水试验时，抽水井直径不小于 200～250mm，以便安装抽水管。观测井的直径一般不小于 50～75mm。抽水井及观测井都装有滤网。抽水应连续进行，形成稳定的降落曲线后再抽 6～8 天才停止抽水，此时要连续观测水位，查明水位恢复情况，直至水位完全恢复为止。最后整理资料，绘制降落曲线剖面图，根据观测井水位值 h_1、h_2 及距离 r_1、r_2 和抽水井的涌水量 Q 计算渗透系数 k。

【例 3-2】如图 3-12 所示，在现场进行抽水试验测定砂土层的渗透系数。抽水井穿过 10m 厚砂土层进入不透水层，在距井管中心 15m 及 60m 处设置观测孔。已知抽水前静止地下水位在地面下 2.35m 处，抽水后待渗流稳定时，从抽水井测得流量 $q = 5.47 \times 10^{-3}\mathrm{m}^3/\mathrm{s}$，同时从两个观测孔测得水位分别下降了 1.93m 及 0.52m，求砂土层的渗透系数。

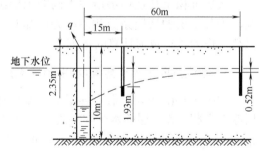

图 3-12　例 3-2 图

解：两个观测孔的水头分别为

r_1=15m 处，h=10-2.35-1.93=5.72m

r_2=60m 处，h=10-2.35-0.52=7.13m

由式(3-12)求得渗透系数

$$k = \frac{q}{\pi} \cdot \frac{\ln(r_2/r_1)}{(h_2^2 - h_1^2)} = \frac{5.47 \times 10^{-3}}{\pi} \times \frac{\ln\left(\frac{60}{15}\right)}{(7.13^2 - 5.72^2)} = 1.33 \times 10^{-4}\,\mathrm{m/s}$$

3. 经验公式法

渗透系数还可以用一些经验公式估算，也可参考有关规范和邻近已建工程的资料来选用。

粗粒土的渗透性主要取决于孔隙通道的截面面积。对于某一孔隙率的土，其孔隙的平均直径与其粒径的大小成正比，所以粗粒土的渗透性应随着土颗粒粒径大小的特征值而变化，这一特征值为有效粒径 d_{10}，其关系式为

$$k = C d_{10}^2 \tag{3-14}$$

式中：C——系数，与渗透水流通道的大小、形状有关；

$\quad\quad d_{10}$——有效粒径。

海森(A.Hazen，1911)提出渗透系数 k 与有效粒径 d_{10} 的关系式为

$$k = 100 d_{10}^2$$

式中，k 以 cm/s 计，d_{10} 以 cm 计。

黏性土的渗透性主要与黏土矿物表面活性作用及原状土的孔隙比大小有关。田西(Nishida，1971)等人根据大量试验结果的统计分析，得到渗透系数 k 与原状土孔隙比 e 及表面活性有关的关系式，即公式(3-15)。

$$\lg k = \frac{e}{0.011 I_p + 0.05} - 10 \tag{3-15}$$

式中：I_p——土的塑性指数。

3.2.4　成层土的等效渗透系数

天然沉积土往往由渗透性不同的土层组成。对于与土层层面平行或垂直的简单渗流情况，当各土层的渗透系数和厚度为已知时，可求出整个土层与层面平行或垂直的等效渗透系数，作为进行渗流计算的依据。

1. 渗流方向平行于层面(水平向渗流)

如图 3-13(a)所示，假设各层土厚度分别为 H_1、H_2，…，H_n，等效土层厚度 H 等于各土层厚度之和；各土层的水平向渗透系数分别为 k_1，k_2，…，k_n；通过各土层的渗流量为 q_{1x}，q_{2x}，…，q_{nx}。渗流自断面 1-1 流至断面 2-2，距离为 L，水头损失为 Δh。这种平行于各层面的水平渗流的特点是：

(1) 各层土中的水力坡降 I_{ix} 与等效土层的平均水力坡降 I_x 相同。

(2) 垂直 x-z 面取单位宽度，通过等效土层 H 的总渗流量 q_x 等于各土层渗流量之和，即

$$q_x = q_{1x} + q_{2x} + \cdots + q_{nx} = \sum_{i=1}^{n} q_{ix} = \sum_{i=1}^{n} k_i I_{ix} H_i$$

根据达西定律，总渗流量 q_x 又可表示为

$$q_x = k_x I_x A = k_x I_x H$$

可得

$$k_x I_x H = \sum_{i=1}^{n} k_{ix} I_{ix} H_i = I_x \sum_{i=1}^{n} k_{ix} H_i$$

消去 I_x 后，可得到整个土层的水平向等效渗透系数 k_x 为

$$k_x = \frac{1}{H} \sum_{i=1}^{n} k_{ix} H_i \tag{3-16}$$

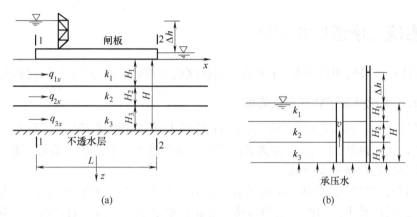

图 3-13　层状土的渗流情况

2. 渗流方向垂直于层面(竖向渗流)

图 3-13(b)表示渗流垂直于土层的情况。设承压水流经各土层的水头损失为 Δh_1, Δh_2, Δh_3, $\cdots$，这种垂直于各层面的渗流特点是:

(1) 根据水流连续原理，流经各土层的流速与流经等效土层的流速相同，即

$$v_1 = v_2 = v_3 = \cdots = v$$

由达西定律可得

$$k_1 \frac{\Delta h_1}{H_1} = k_2 \frac{\Delta h_2}{H_2} = \cdots = k_i \frac{\Delta h_i}{H_i} = v$$

从而可解出

$$\Delta h_1, \Delta h_2, \cdots, \Delta h_i = \frac{v H_i}{k_i} \tag{3-17}$$

(2) 流经等效土层 H 的总水头损失 Δh 等于各层土的水头损失之和，即

$$\Delta h = \Delta h_1 + \Delta h_2 + \Delta h_3 + \cdots = \sum_{i=1}^{n} \Delta h_i \tag{3-18}$$

设竖向等效渗透系数为 k_z，对等效土层，有

$$v = k_z \frac{\Delta h}{H}$$

从而可得

$$\Delta h = \frac{v H}{k_z} \tag{3-19}$$

将式(3-17)、式(3-19)代入式(3-18)，得

$$\frac{vH}{k_z} = \sum_{i=1}^{n} \frac{vH_i}{k_i}$$

消去 v，即可得出垂直层面方向的等效渗透系数

$$k_z = \frac{H}{\dfrac{H_1}{k_1} + \dfrac{H_2}{k_2} + \cdots + \dfrac{H_n}{k_n}} = \frac{H}{\sum\limits_{i=1}^{n} \dfrac{H_i}{k_i}} \tag{3-20}$$

3.2.5 影响土渗透性的因素

影响土渗透系数的因素很多，主要有土的粒度成分和矿物成分、土的结构和土中气体等。

1. 土的粒度成分及矿物成分的影响

土的颗粒大小、形状及级配会影响土中孔隙的大小及其形状，进而影响土的渗透系数。土颗粒越细，大小越均匀，形状越圆滑，则渗透系数越大。砂土中含有较多粉土或黏性土颗粒时，其渗透系数就会大大减小。

土中含有亲水性较大的黏土矿物或有机质时，因为结合水膜厚度较厚，会阻塞土的孔隙，土的渗透系数减小。因此，土的渗透系数还和水中交换阳离子的性质有关系。

2. 土的结构和构造的影响

天然土层通常不是各向同性的，因此土的渗透系数在各个方向是不相同的。如黄土具有竖向大孔隙，所以竖向渗透系数要比水平方向大得多；而天然沉积的层状黏土层水平方向的渗透性远大于垂直方向。这在实际工程中具有十分重要的意义。

3. 土中气体的影响

当土孔隙中存在密闭气泡时，会阻塞水的渗流，从而减小土的渗透系数。这种密闭气泡有时是由溶解于水中的气体分离出来而形成的，故水中的含气量也影响土的渗透性。

4. 水的性质对渗透系数的影响

水的性质对渗透系数的影响主要是由于黏滞度不同所引起的。温度高时，水的黏滞性降低，渗透系数变大，反之变小。

水的动力黏滞系数 η 受温度的影响较大。室内渗透试验时，同一种土在不同的温度下测试会得到不同的渗透系数，若以水温为 10°C 时的渗透系数 k_{10} 作为标准值，则其他温度下测定的渗透系数 k_T 可按下式进行修正，即

$$k_{10} = k_T \frac{\eta_T}{\eta_{10}} \tag{3-21}$$

式中：η_T、η_{10}——$T^\circ\text{C}$ 时及 10°C 时水的动力黏滞系数$(\text{N} \cdot \text{s/m}^2)$，$\dfrac{\eta_T}{\eta_{10}}$ 的比值与温度的关系参见表 3-4。

表 3-4 η_T/η_{10} 与温度的关系

温度/℃	η_T/η_{10}	温度/℃	η_T/η_{10}	温度/℃	η_T/η_{10}
−10	1.988	10	1.000	22	0.735
−5	1.636	12	0.945	24	0.707
0	1.369	14	0.895	26	0.671
5	1.161	16	0.850	28	0.645
6	1.121	18	0.810	30	0.612
8	1.060	20	0.773	40	0.502

在天然土层中除了靠近地表的土层外，一般土中的温度变化很小，故可忽略温度的影响。

3.3   二维渗流与流网

前面所讨论的渗流问题是边界条件简单的一维渗流问题，可直接用达西定律进行渗流计算。但实际工程中的渗流通常属于边界条件复杂的二维、三维渗流问题，如基坑开挖时坑外土中的地下水向坑内的渗流、堤坝地基和坝体中的渗流等。在这类渗流问题中，渗流场中各点的渗流速度 v 与水力梯度 I 和点的空间位置有关，即为该点位置坐标的二维或三维函数。因此，渗透水流的运动规律常用微分方程表示，可利用初始条件及边界条件进行求解。

工程中涉及渗流问题的常见构筑物有坝基、闸基、河滩路堤及带挡墙(或板桩)的基坑等。这类构筑物的共同特点是：轴线长度远大于其横向尺寸，因而可以近似地认为渗流仅发生在横断面(宽度)内，或者说在轴线方向上的任一断面上，其渗流特性是相同的。这种渗流称为二维渗流或平面渗流。

3.3.1   二维渗流基本微分方程

如图 3-14 所示，在渗流场中任取一点(x, z)的微单元体，面积为 $dxdz$，厚度 $dy=1$，假设其在 x、z 方向的流入速度分别为 v_x、v_z，相应的流出速度分别为 $v_x + \dfrac{\partial v_x}{\partial x} dx$，$v_z + \dfrac{\partial v_z}{\partial z} dz$，分析其在 dt 时间内沿 x、z 方向流入和流出水量的关系。

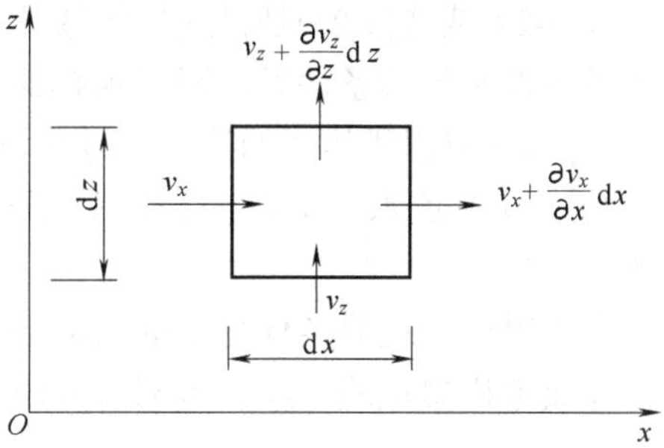

图 3-14   渗流场中的单元体

设在 dt 时间流入单元体的水量为 dQ_c，即

$$dQ_c = v_x dz \cdot dt + v_z dx \cdot dt$$

而在 dt 时间流出单元体的水量为 dQ_0，即

$$dQ_0 = \left(v_x + \frac{\partial v_x}{\partial x} dx \right) dz \cdot dt + \left(v_z + \frac{\partial v_z}{\partial z} dz \right) dx \cdot dt$$

假定水体是不可压缩的，则根据渗流连续原理，dt 时间内流入和流出单元体中的水量应相等，即

$$dQ_c - dQ_0 = 0$$

得

$$\frac{\partial v_x}{\partial x} + \frac{\partial v_z}{\partial z} = 0 \tag{3-22}$$

式(3-22)为二维渗流连续条件微分方程。

对于各向异性($k_x \neq k_z$)土，达西定律可表示为

$$\begin{cases} v_x = k_x I_x = k_x \dfrac{\partial h}{\partial x} \\[2mm] v_z = k_z I_z = k_z \dfrac{\partial h}{\partial z} \end{cases}$$

代入式(3-22)得

$$k_x \frac{\partial^2 h}{\partial x^2} + k_z \frac{\partial^2 h}{\partial z^2} = 0 \tag{3-23}$$

式中：k_x、k_z——x、z 方向的渗透系数；

$\quad\quad$ I_x、I_z——x、z 方向的水头梯度；

$\quad\quad$ h——测压管水头高度。

式(3-23)为二维稳定渗流问题的基本微分方程。为求解方便，可对式(3-23)作适当变换，令 $x' = x\sqrt{k_z / k_x}$，可得

$$\frac{\partial^2 h}{\partial x'^2} + \frac{\partial^2 h}{\partial z^2} = 0 \tag{3-24}$$

对于各向同性土，$k_x = k_z$，则二维稳定渗流问题基本微分方程为

$$\frac{\partial^2 h}{\partial x^2} + \frac{\partial^2 h}{\partial z^2} = 0 \tag{3-25}$$

式(3-24)或式(3-25)是描述二维渗流水头变化的拉普拉斯(Laplace)方程。当已知渗流问题的边界条件和初始条件时，即可求解该方程，得到渗流问题的唯一解答。

Laplace 方程所描述的渗流问题应满足以下条件：①此渗流属于稳定流；②渗流符合达西定律；③渗透水流流经的介质是不可压缩的；④描述的是均匀介质或分块均匀介质的流场。

由于对一般边界条件复杂的渗流场，对式(3-25)进行积分很难得到解析解，故多采用近似计算或电模拟试验、绘制流网等方法。后者比较简便，但其精确度相对较差。

3.3.2　二维稳定渗流问题的流网解法

1. 流网及其性质

二维稳定渗流基本微分方程的解可以用渗流区平面内两簇相互正交的曲线来表示。其

中一簇为流线，它代表水质点的运动路线；另一
簇为等势线，表示渗流场中总势能或测管水头的
等值线，即在任一条等势线上各点的测管水头或
总水头都相等，而不同点的等势线间的差值表示
从高位势向低位势流动的趋势。工程上将这种等
势线簇和流线簇交织成的网格图形称为流网，如
图 3-15 所示。

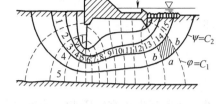

图 3-15　闸基础的渗流网

对各向同性的渗透介质来说，渗流流网具有
下列性质。

1) 流线与等势线彼此正交

引入速度势函数 $\phi = kh$，则有

$$v_x = -\frac{\partial \phi}{\partial x} = -k\frac{\partial h}{\partial x} \tag{3-26a}$$

$$v_z = -\frac{\partial \phi}{\partial z} = -k\frac{\partial h}{\partial z} \tag{3-26b}$$

将式(3-26a)对 x 求导，式(3-26b)对 z 求导，并代入式(3-25)，可得

$$\frac{\partial^2 \phi}{\partial x^2} + \frac{\partial^2 \phi}{\partial z^2} = 0 \tag{3-27}$$

式(3-27)为二维稳定渗流的拉普拉斯势流方程。

在一定边界条件下，式(3-27)不但能解得势函数 ϕ，还能解得流函数 ψ，因为势函数 ϕ 和
流函数 ψ 并不是两个孤立的函数，而是彼此相关、互为共轭的调和函数，知道一个就可求
得另一个，且有

$$v_x = -\frac{\partial \phi}{\partial x} = -\frac{\partial \psi}{\partial z} \tag{3-28a}$$

$$v_z = -\frac{\partial \phi}{\partial z} = -\frac{\partial \psi}{\partial x} \tag{3-28b}$$

由式(3-28a)和式(3-28b)两式相乘可得

$$\frac{\partial \phi}{\partial x} \cdot \frac{\partial \psi}{\partial x} + \frac{\partial \phi}{\partial z} \cdot \frac{\partial \psi}{\partial z} = 0 \tag{3-29}$$

根据隐函数微分法则，等势线和流线的斜率为

$$\left(\frac{\mathrm{d}z}{\mathrm{d}x}\right)_\phi = -\frac{\partial \phi}{\partial x} \Big/ \frac{\partial \phi}{\partial z} \tag{3-30a}$$

$$\left(\frac{\mathrm{d}z}{\mathrm{d}x}\right)_\psi = -\frac{\partial \psi}{\partial x} \Big/ \frac{\partial \psi}{\partial z} \tag{3-30b}$$

等势线 ϕ 和流线 ψ 在交点处应满足式(3-29)。若考虑 $\phi = C_1$，$\psi = C_2$（C_1、C_2 均为常数），
将式(3-29)改写为

$$\frac{\partial \phi}{\partial z} \cdot \frac{\partial \psi}{\partial z}\left[\left(\frac{\mathrm{d}z}{\mathrm{d}x}\right)_\phi \cdot \left(\frac{\mathrm{d}z}{\mathrm{d}x}\right)_\psi + 1\right] = 0$$

则有

$$\left(\frac{\mathrm{d}z}{\mathrm{d}x}\right)_\phi \cdot \left(\frac{\mathrm{d}x}{\mathrm{d}z}\right)_\psi + 1 = 0$$

即

$$\left(\frac{\mathrm{d}z}{\mathrm{d}x}\right)_\phi = -\frac{1}{\left(\dfrac{\mathrm{d}z}{\mathrm{d}x}\right)_\psi} \tag{3-31}$$

说明两者互为正交。因此，流网是相互正交的网格。

2) 流网为曲边正方形

如果在流网中各等势线的差值(网格的长度 a)相等，各流线间的差值(网格的宽度 b)也相等，则网格的长宽比(a/b)为常数，通常取为 1.0，则流网网格呈曲边正方形。

3) 任意两相邻等势线间的水头损失相等

渗流区内水头依等势线等量变化，相邻等势线的水头差相同。

4) 任意两相邻流线间的单位渗流量相等

相邻流线间的渗流通道称为流槽，每一流槽的单位流量与总水头 h、渗透系数 k 及等势线间隔数有关，与流槽位置无关。

2. 流网的绘制

流网的绘制方法大致有三种：一种是解析法，即先求出流速势函数及流函数，再令其函数等于一系列的常数，就可以绘出一簇流线和等势线。第二种是实验法，常用的有水电比拟法，可以用二维导电介质中的电流场模型来模拟土中渗流。电流场模型中等电位势线相当于土中渗流的等水头线，电流线相当于渗流线。通过测绘相似几何边界场中的等电位线，获取渗流的等势线和流线，再根据流网性质补绘出流网。第三种方法是近似作图法，也称手描法，系根据流网性质和确定的边界条件，用作图的方法逐步近似绘出流线和等势线。

近似作图法的过程大致为：先按流动趋势画出流线，然后根据流网正交性绘出等势线，形成流网。如发现所绘的流网不成曲边正方形时，需反复修改等势线和流线，直至满足要求。现以图 3-16 为例说明流网绘制的具体步骤：

(1) 首先按一定的比例绘出建筑物、构筑物及土层剖面，并根据渗流区的边界确定边界线及边界等势线。

图 3-16 表示混凝土坝下渗流的流网图，因此坝基的轮廓线 $ABCD$ 为第一根边界流线 ψ_1；下卧不透水层 $O\text{-}O'$ 为另一条边界流线 Ψ_5。上、下游透水地基表面 $I'\text{-}A$、$D\text{-}II'$ 则为两条边界等势线。

(2) 根据流网特性，初步绘出流网形态。可先按上下边界线形态大致描绘几条彼此不相交的流线，如 Ψ_3、Ψ_4、Ψ_5，且每一条流线都应与上、下游透水地基表面等势线($I'\text{-}A$、$D\text{-}II'$)正交。中间流线数量越多，流网越准确，但绘制与修改工作量也越大。中间流线的数量应视工程的重要性而定，一般中间流线可绘 3～4 条。流线绘好后，根据流网曲边正方形网格特性从中央向两边绘出等势线，如图 3-16 中的 $6'$、$7'$、$5'\cdots$。绘制时应注意等势线与上、下边界流线应保持垂直，并且等势线与流线都应是光滑的曲线。

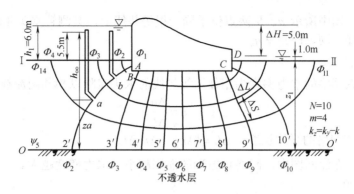

图 3-16 坝下流网图

(3) 逐步修改流网。初绘的流网可以加绘网格的对角线来检验其正确性。如果每一网格的对角线都正交，且成正方形，则流网是正确的，否则应作进一步修改。但是由于边界通常是不规则的，在形状突变处很难保证网格为正方形，有时甚至成为三角形或五角形，对此应从整个流网来分析，只要绝大多数网格满足流网特征，个别网格不符合要求对计算结果影响不大。

流网的修改过程是一项细致的工作，常常是改变一个网格便带来整个流网图的变化。

3. 流网的应用

正确地绘制出流网后，可以用它来求解测管水头、水力梯度、渗流量、渗流速度及渗流区的孔隙水压力。下面以图 3-16 为例来说明计算过程。

1) 测管水头

测管水头代表的是单位重量水体所具有的总能量。可以先从流网图中量出该网格的流线长度 ΔL。根据流网的特性，在任意两条等势线之间的水头损失是相等的，设流网中的等势线的数量为 n(包括边界等势线 I′-A、D-II′)，上下游总水头差为 ΔH，则任意两条等势线间的水头差为

$$\Delta h = \frac{\Delta H}{n-1} \tag{3-32}$$

水头差求得后，就可进一步求出测压管水头。任意点的测压管水柱高度可根据该点所在的等势线的水头确定。在图 3-16 中，设 a 点处于上游开始起算的第 i 条等势线上，若从上游入渗的水流到达 a 点所损失的水头为 h_f，则 a 点的总水头 h_a(以 O-O' 为基准面)应为入渗边界上总水头高减去这段流程的水头损失高度，即

$$h_a = (z_1 + h_1) - h_f$$

而 h_f 可由等势线间的水头差 Δh 求得，即

$$h_f = (i-1)\Delta h$$

如 a 点的压力水头(测压管水柱高度)h_{ua} 为 a 点总水头 h_a 与其位置水头 z_a 之差，即

$$h_{ua} = h_a - z_a = h_1 + (z_1 - z_a) - (i-1)\Delta h \tag{3-33}$$

2) 孔隙水压力

渗流场中各点的孔隙水压力为该点的测压管中的水柱高(压力水头)乘以水的重度，如 a 点的孔隙水压力为

$$u_a = \gamma_w h_{ua} \tag{3-34}$$

应当注意，图中所示 a、b 两点位于同一根等势线上，其测管水头相同，即 $h_a = h_b$，但其孔隙水压力却不同，即 $u_a \neq u_b$。

3) 水力梯度

流网中任意网格的水力梯度为相邻两等势线的水头差除以相邻两流线的平均长度，即

$$I = \frac{\Delta h}{\Delta L} \tag{3-35}$$

式中：ΔL——该网格的平均长度，$\Delta L = (\Delta L_\text{上} + \Delta L_\text{下})/2$。

由此可见，在流网图中，网格正方形的面积越小，水力梯度越大。

4) 渗流速度

流网中任意网格中的平均渗流速度，可按达西定律求得，即

$$v = kI = k\frac{\Delta h}{\Delta L} = \frac{k \cdot \Delta H}{(n-1) \cdot \Delta L} \tag{3-36}$$

式中：k——土层渗透系数(cm/s，m/d)；

ΔH——上下游总水头差(m)。

5) 渗流流量

流网中由于任意两相邻流线间单位渗流量相等，设整个流网的流线数量为 m(包括边界流线)，则单位宽度内总的渗流量 q 为

$$q = (m-1)\Delta q \tag{3-37}$$

或

$$q = \frac{k\Delta H(m-1)}{(n-1)} \cdot \frac{\Delta S}{\Delta L}$$

式中：Δq 为任意相邻流线间的单位渗流量，q、Δq 的单位均为 m^3/d。

$$\Delta q = v\Delta A = k \cdot I \cdot \Delta S \times 1 = \frac{k \cdot \Delta h \cdot \Delta S}{\Delta L} \tag{3-38}$$

式中：ΔA——任意网格的过水断面面积，$\Delta A = \Delta S \times 1$。

取 $\Delta L = \Delta S$ 时，得 $\Delta q = k\Delta h$。

【例 3-3】某坝下流网如图 3-16 所示。已知土层渗透系数 $k = 3.2 \times 10^{-3}$ cm/s，土层厚度 $z_1 = 4$ m，a 点、b 点分别位于上游地基表面以下 2.6m 和 1.2m 处，假定 $\Delta L = \Delta S = 1.5$ m，试求：

(1) 图中 a 点和 b 点的孔隙水压力 u_a 与 u_b。

(2) 流网中任意网格中的平均渗流速度 v。

(3) 整个渗流区的单宽流量 Δq。

解：(1) 图 3-16 中的流网，$n = 11$，总水头差 $\Delta H = H_1 - H_2 = 5$ m，则 $\Delta h = 5/(11-1) = 0.5$ m。

a、b 两点位于第二条等势线上，即 $i = 2$，则由式(3-33)可求出 a、b 两点的压力水头分别为

$$h_{ua} = h_1 + (z_1 - z_a) - (i-1)\Delta h = 6 + [4 - (4-2.6)] - 0.5 = 8.1\text{m}$$

$$h_{ub} = h_1 + (z_1 - z_b) - (i-1)\Delta h = 6 + [4 - (4-1.2)] - 0.5 = 6.7\text{m}$$

a 点和 b 点的孔隙水压力分别为

$$u_a = \gamma_\text{w} h_{ua} = 10.0 \times 8.1 = 81.0\text{kPa}$$

$$u_b = \gamma_\text{w} h_{ub} = 10.0 \times 6.7 = 67.0\text{kPa}$$

（2）流网中任意网格的水力梯度可由公式(3-35)求得，即

$$I = \frac{\Delta h}{\Delta L} = \frac{0.5}{1.5} = \frac{1}{3} = 0.333$$

则流网中任意网格中的平均渗流速度

$$v = kI = 3.2 \times 10^{-3} \times 0.333 = 1.07 \times 10^{-3} \, \text{cm/s}$$

（3）任意相邻流线间的单位渗流量为

$$\Delta q = \Delta h \times k = 3.2 \times 10^{-5} \times 0.5 = 1.6 \times 10^{-5} \, \text{m}^3/\text{s} \cdot \text{m}$$

则整个渗流区的单宽流量

$$q = (m-1)\Delta q = (5-1) \times 1.6 \times 10^{-5} = 6.4 \times 10^{-5} \, \text{m}^3/\text{s} \cdot \text{m}$$

或

$$q = \frac{\Delta H k (m-1)}{(n-1)} \frac{\Delta S}{\Delta L} = \frac{5 \times 3.2 \times 10^{-5} \times (5-1)}{(11-1)} \times \frac{1.5}{1.5} = 6.4 \times 10^{-5} \, \text{m}^3/\text{s} \cdot \text{m}$$

3.4　渗流力及渗流稳定分析

　　水在土中渗流时，受到土骨架的阻力，同时水也对土骨架施加推力，把水流作用在单位体积土骨架上的推力称为渗流力(seepage force)，也称动水力 $G_D(\text{kN/m}^3)$；渗流力的作用方向与水流方向一致，并用体积力表示。

　　图 3-17 为渗透水流通过土颗粒的作用力示意图。所谓推力就是水流沿土颗粒表面切过的拖曳摩擦作用于土骨架体积的合力，即图中各切向力的合力；所谓阻力就是水流沿颗粒表面切过产生的摩擦阻力，这一阻力作用于渗流水体，使渗流产生能量损耗，造成渗流通过土骨架后测压管水头的降低，出现水头差。如果渗透水流自下而上垂直作用于土骨架，则作用于土骨架上的推

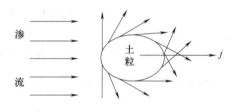

图 3-17　渗流力的概念

力应考虑土骨架的有效自重力，作用于渗透水流上的阻力应考虑土中孔隙水的重力和水对土骨架浮力的反力。

　　渗流力的计算在工程实践中具有重要意义，例如研究河滩路基边坡因水渗流的稳定性问题，就要考虑渗流力的影响。水在土体或地基中渗流，将引起土体内部应力状态的改变。例如，对土坝地基和坝体来说，上下游水头差引起的渗流一方面可能导致土体内细颗粒被冲击、带走或土体局部移动，引起土体的变形(常称为渗透变形)；另一方面，渗流的作用力可能会增大坝体或地基的滑动力，导致坝体或地基滑动破坏，影响整体稳定性。

3.4.1　渗流力的计算公式

　　在土中沿水流的渗透方向切取一个土柱体 ab[图 3-18(a)]，土柱体的长度为 L，横截面积为 A。已知 a、b 两点距基准面的高度(即位置水头)分别为 z_1 和 z_2，两点的压力水头为 h_1 和

h_2，则两点的总水头分别为 $H_1=h_1+z_1$ 和 $H_2=h_2+z_2$。

将土柱体 a、b 内的水作为脱离体，考虑作用在水上的力系。因为水流的流速变化很小，其惯性力可以略去不计，则孔隙水体上沿 ab 轴线方向作用的力[图 3-18(b)]包括：

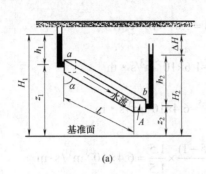
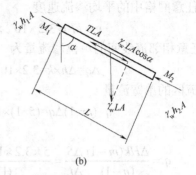

图 3-18　渗流时孔隙水体上的受力分析

(1) 作用在土柱体的截面 a 处的水压力 $\gamma_w h_1 A$，其方向与水流方向一致。

(2) 作用在土柱体的截面 b 处的水压力 $\gamma_w h_2 A$，其方向与水流方向相反。

(3) 土体内孔隙水的重力 $\gamma_w nLA$ 和浮反力 $\gamma_w(1-n)LA$(水对土颗粒作用有浮力，根据作用力反作用力原理，土颗粒对水也作用一大小相等、方向相反的力)，二者叠加有 $\gamma_w nLA+\gamma_w(1-n)LA=\gamma_w LA$，该力在 ab 方向上的分力为 $\gamma_w LA\cos\alpha$；

(4) 水渗流时，土颗粒对水的阻力 LAT，其方向与水流方向相反。

根据作用在土柱体 ab 内水上各力的平衡条件可得

$$\gamma_w h_1 A - \gamma_w h_2 A + \gamma_w LA\cos\alpha - LAT = 0$$

或

$$\gamma_w h_1 - \gamma_w h_2 + \gamma_w L\cos\alpha - LT = 0$$

以 $\cos\alpha = \dfrac{z_1-z_2}{L}$ 代入上式，可得

$$T = \gamma_w \frac{(h_1+z_1)-(h_2+z_2)}{L} = \gamma_w \frac{H_1-H_2}{L} = \gamma_w I \tag{3-39}$$

由于渗流力的大小与单位土体内水流所受到的阻力大小相等、方向相反，故得渗流力 G_D 的计算公式为

$$G_D = T = \gamma_w I \tag{3-40}$$

式中：γ_w——水的重度(kN/m^3)；

　　　　n——土的孔隙率；

　　　　α——水流流线与铅垂线间的夹角$(°)$；

　　　　T——单位土体土颗粒对水的阻力(kN/m^3)。

由式(3-35)知，渗流力为体积力，其与 γ_w 有相同的因次，其大小与水力梯度成正比，方向与渗流的方向一致。

3.4.2　渗流力的作用特点及渗流稳定分析

渗流力对土的作用特点随其作用方向而异。当水的渗流方向自上而下[图 3-19(a)]时，渗

流力的作用方向与土颗粒的重力方向一致，这样将增加土颗粒间的压力，使土体稳定；若水的渗流方向为自下而上[图 3-19(b)]时(例如河滩路堤下的渗流，或基坑开挖采用直接排水)，渗流力的方向与土颗粒的重力方向相反，这样将减小土颗粒间的压力。

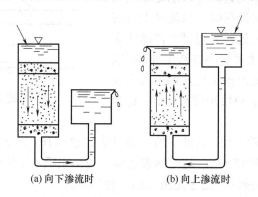

(a) 向下渗流时　　　　(b) 向上渗流时

图 3-19　不同渗流方向对土的影响

1. 临界水力梯度

当水的渗流方向自下而上，且渗流力 G_D 等于土的有效重度(浮重度)γ' 时，土颗粒间的压力等于零，土将处于悬浮状态而失去稳定性，这种现象称为流土(flowing soil)现象，这时的水力梯度称为临界水力梯度(critical hydraulic gradient)I_{cr}，可按下式得到，即

$$\gamma_w I_{cr} = \gamma' = \gamma_{sat} - \gamma_w$$
$$I_{cr} = \frac{\gamma'}{\gamma_w} = \frac{\gamma_{sat}}{\gamma_w} - 1 \tag{3-41}$$

已知土的浮重度 γ' 为

$$\gamma' = \frac{(d_s - 1)\gamma_w}{1 + e}$$

将其代入式(3-41)后可得

$$I_{cr} = \frac{d_s - 1}{1 + e} \tag{3-42}$$

式中，d_s、e 分别为土粒比重及土的孔隙比。由此可知，流土的临界水力梯度取决于土的物理性质。

2. 土的渗透变形

土工建筑物及地基由于渗流作用而出现的变形或破坏称为渗透变形或渗透破坏。土的渗透变形类型主要有管涌、流土、接触流土和接触冲刷四种，但就单一土层来说，渗透变形主要是流土和管涌两种基本形式。

1) 流土(flowing soil)

在向上的渗透水流作用下，表层土局部范围内的土体或颗粒群同时发生悬浮、移动的现象称为流土。任何类型的土只要渗流时的水力梯度 $I > I_{cr}$，就会发生流土现象。流土一般都发生在堤坝(或河滩路堤)下游渗出处或基坑开挖渗流出口处(图 3-20)。不同的土类、不同的土层构造，流土表现的形式有所不同，常见的有以下两种情况。

(1) 建筑在双层地基上，表层为透水性较小且厚度较薄的黏土层，下卧层为渗透性较大的无黏性土层(如图 3-20 所示为建筑在双层地基上的堤坝)。当渗流通过双层地基时，水流从上游渗入至下游渗出的过程中，通过砂层部分渗流的水头损失很小，水头损失主要集中在渗出处，所以渗出处水头梯度较大，此时流土出现的形式主要是表层隆起，砂粒涌出，整块土体被抬起。这是典型的流土破坏。

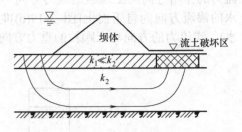

图 3-20　堤坝渗流

(2) 地基为均匀的砂土层，且砂土的不均匀系数 $C_u < 10$。当水位差较大且渗透路径较短时，出现较大的水力梯度($I > I_{cr}$)，这时地表普遍出现小泉眼、冒气泡，继而土粒群向上举起，发生浮动、跳跃，称为砂沸。这也是流土的一种形式。

2) 管涌(piping)

管涌是指在渗透水流的作用下，土体中的细颗粒在粗颗粒间的孔隙通道中随水流移动并被带出流失，使土体中形成管型通道的现象。管涌开始时，细颗粒沿水流方向逐渐移动，不断流失，随后较粗的土粒发生移动，使土体内部形成较大的连续管型通道，并带走大量砂粒。

管涌可以发生于局部范围，但也可能逐步扩大，最后使土体坍塌而产生破坏。管涌一般产生在砂砾石地基中。发生管涌的临界水头梯度与土的颗粒大小及级配情况有关。临界水头梯度 I_{cr} 与土的不均匀系数 C_u 间的关系曲线如图 3-21 所示。从图中可以看出，土的不均匀系数越大，管涌现象越容易发生。

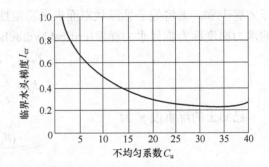

图 3-21　临界水头梯度与土颗粒组成的关系

3.5　渗流情况下的孔隙水压力与有效应力

3.5.1　饱和土体的有效应力原理

太沙基(K.Terzaghi)1923 年提出了饱和土中的有效应力原理，阐述了松散颗粒的土体与连续固体材料的区别，从而奠定了现代土力学变形和强度计算的基础。第 2 章已推导出的饱和土体的有效应力原理表达式为

$$\sigma = \bar{\sigma} + u \tag{3-43}$$

有效应力原理是反映饱和土体中总应力、孔隙水压力和有效应力三者相互关系的基本公式。有效应力原理阐明了饱和土体中的总应力 σ 包含两部分：孔隙水压力 u 和有效应力 $\bar{\sigma}$。孔隙水压力是由孔隙水传递的压力强度，由于土中任意点的孔隙水压力 u 在各个方向的作

用是相等的，它只能使土颗粒本身产生压缩变形，而不能使土颗粒产生位移。有效应力 $\bar{\sigma}$ 是作用在土骨架上的压力强度，土颗粒间的有效应力作用则会引起土颗粒的位移，使孔隙体积改变，土体发生压缩变形，同时有效应力的大小也影响土的抗剪强度。当总应力保持不变时，有效应力与孔隙水压力可以相互转化，即孔隙水压力减少(增大)，则有效应力增大(减小)，所以要研究饱和土的压缩性、抗剪强度、稳定性和沉降等，就必须了解土中有效应力的变化。

3.5.2　土中水渗流时(一维渗流)的有效应力与孔隙水压力

当土中有水渗流时，土中水将对土颗粒作用动水力，这就必然影响土中有效应力及孔隙水压力的分布。现通过图 3-22 所示的 3 种情况来分析土中水渗流时对有效应力及孔隙水压力分布的影响。

(1) 图 3-22 中的水静止不动，即土中 a、b 两点的水头相等，由于试样两端不存在水头差，所以试样中不产生渗流。此时土中的孔隙水处于静止状态，试样 a-a 断面及底部 b-b 断面的总应力 σ、孔隙水压力 u 和有效应力 σ' 分别为

a-a 面：
$$\left.\begin{array}{l} \sigma = \gamma h_1 \\ u = 0 \\ \sigma' = \gamma h_1 \end{array}\right\} \tag{3-44}$$

b-b 面：
$$\left.\begin{array}{l} \sigma = \gamma h_1 + \gamma_{sat} h_2 \\ u_0 = \gamma_w h_2 \\ \sigma'_0 = \gamma h_1 + (\gamma_{sat} - \gamma_w) h_2 = \gamma h_1 + \gamma' h_2 \end{array}\right\} \tag{3-45}$$

土中不产生渗流时的 σ、u 和 σ' 的分布如图 3-22 所示。

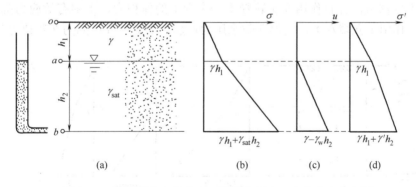

图 3-22　静水时土中总应力、孔隙水压力、有效应力分布图

(2) 图 3-23 表示土中 a、b 两点有水头差 h，水自上向下渗流，试样 a-a 断面的总应力 σ、孔隙水压力 u 和有效应力 σ' 与静水压力条件下相同。底部 b-b 断面的总应力 σ 保持不变，孔隙水压力 u 和有效应力 σ' 分别为

b-b 面：
$$\left.\begin{array}{l} \sigma = \gamma h_1 + \gamma_{sat} h_2 \\ u = \gamma_w (h_2 - h) = u_0 - \gamma_w h \\ \sigma' = \gamma h_1 + (\gamma_{sat} - \gamma_w) h_2 + \gamma_w h = \gamma h_1 + \gamma' h_2 + \gamma_w h = \sigma'_0 + \gamma_w h \end{array}\right\} \tag{3-46}$$

式中，σ_0' 为 b-b 断面静水作用时的有效应力，$\gamma_w h$ 为向下渗流时土中有效应力增加值。试样中发生向下渗流时的有效应力的分布如图 3-23(c)所示。

土中发生向下的渗流时，由于渗流作用，土中有效应力增加，孔隙水压力减小，增加和减小的数值相等，均为 $\gamma_w h$。

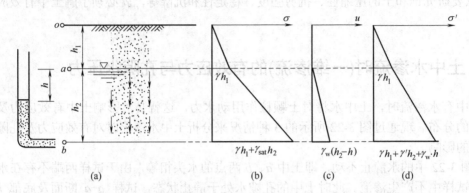

图 3-23　向下渗流时土中总应力、孔隙水压力、有效应力分布图

(3) 图 3-24 表示土中 a、b 两点的水头差也是 h，但水自下向上渗流，试样 a-a 断面的应力状态与静水压力条件下相同。底部 b-b 断面的总应力 σ 保持不变，孔隙水压力 u 和有效应力 σ' 分别为

b-b 面：
$$\left.\begin{aligned}
\sigma &= \gamma h_1 + \gamma_{sat} h_2 \\
u &= \gamma_w(h_2 + h) = u_0 + \gamma_w h \\
\sigma' &= \gamma h_1 + (\gamma_{sat} - \gamma_w)h_2 - \gamma_w h = \gamma h_1 + \gamma' h_2 - \gamma_w h = \sigma_0' - \gamma_w h
\end{aligned}\right\} \quad (3-47)$$

试样中孔隙水压力 u 及有效应力 σ' 的分布如图 3-24(c)所示。与向下渗流时情况相反，由于孔隙水上向渗流，并且作用在土颗粒上一个向上的体积力，土中有效应力降低，而该体积力的反力作用于孔隙水上，使得孔隙水压力增加，增加或降低的力在数值上是相等的。

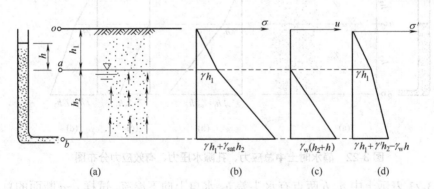

图 3-24　向上渗流时土中总应力、孔隙水压力、有效应力分布图

在以上分析中，假设土是均匀的，土中的渗流不论是向上还是向下，土中的渗流损失沿渗流方向都是均匀变化的，亦即假设渗流引起的应力是沿直线变化的。

试样底部测压管的水头高度发生变化时，试样中会发生向下或向上的渗流，如图 3-25 所示，土中任意一点 B 在渗流时的有效应力 σ_B' 为

$$\sigma'_B = \gamma h_1 + (\gamma' h_2 + \gamma_w h)\frac{z}{h_2} = \gamma h_1 + (\gamma' \pm \gamma_w i)z = \gamma h_1 + (\gamma' \pm j)z \tag{3-48}$$

式中：j——单位渗流力，$j = \gamma_w i$。

式(3-48)中第二项 $\gamma'z$ 为土颗粒自重产生的有效应力，第三项 jz 为渗流产生的渗流应力。当渗流方向与重力方向相同时，渗流力加大了土体自重产生的有效应力，式(3-48)中渗流应力取"＋"号。若渗流力方向与重力方向相反时，渗流力减小了土的重力，使土中的有效应力降低，式中渗流应力取"－"号。

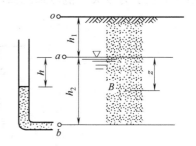

图 3-25 土中任意一点有效应力的计算

思 考 题

3-1 土层中的毛细水带是怎样形成的？各有何特点？

3-2 毛细水上升的原因是什么？哪种土中毛细现象最显著？

3-3 影响土的渗透能力的因素主要有哪些？

3-4 何谓渗流力？其作用方向及作用效果如何？

3-5 何谓流土现象及管涌现象？比较其异同点。

3-6 何谓流网？流线和等势线的物理意义是什么？二者必须满足的条件是什么？

3-7 流网可以解决渗流中哪些问题？流网的绘制方法有哪几种？

3-8 土中水作竖直方向渗流时，对土中总应力、有效应力及孔隙水压力的分布有何影响？

习 题

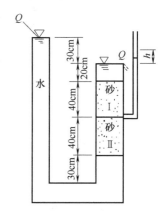

3-1 某渗透试验装置如图 3-26 所示，砂Ⅰ的渗透系数 $k_1 = 2 \times 10^{-1}$cm/s，砂Ⅱ的渗透系数 $k_2 = 1 \times 10^{-1}$cm/s，砂样断面面积 $A = 200$cm²。试问：

(1) 若在砂Ⅰ与砂Ⅱ分界处安装一测压管，则测压管中水面将上升至右端水面(h)多高？

(2) 渗透流量 Q 多大？

[答案：(1)测压管中水面将上升至右端水面 $h = 10$cm；(2)渗流量 $Q = 10$cm³/s]

图 3-26 习题 3-1 图

3-2 如图 3-27 所示，在 $h_1=9m$ 厚的黏土层上进行开挖基坑，下面为砂层，砂层顶面具有 7.5m 高的水头，开挖深度为 5m，坑中水深 2m 时未发生流土。问：当基坑开挖至 B 点，水深 h 至少为多大才能防止流土发生现象？[答案：$h=4.75m$]

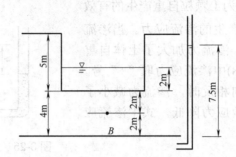

图 3-27 习题 3-2 图

3-3 对土样进行常水头渗透试验，土样的长度为 25cm，横截面面积为 100cm²，作用在土样两端的水头差为 75cm，通过土样渗流出的水量为 100cm³/min。计算该土样的渗透系数 k 和水头梯度 I，并根据渗透系数的大小判断土样类型。[答案：$k=5.55×10^{-5}m/s$]

3-4 不透水基岩上有水平分布的三层土，厚度均为 1m，渗透系数分别为 $k_1=1m/d$，$k_2=2m/d$，$k_3=10m/d$，试求等效土层的等效渗透系数 k_x 和 k_z。[答案：$k_x=4.33m/d$，$k_z=1.87m/d$]

3-5 某板桩支挡结构如图 3-28 所示，由于基坑内外土层存在水位差而发生渗流，渗流流网如图 3-28 中所示，流网长度和宽度都为 1.5m。已知土层渗透系数 $k=3.2×10^{-2}cm/s$，A 点、B 点分别位于基坑底面以下 1.2m 和 2.6m 处，试求：

(1) 整个渗流区的单宽流量 q；

(2) AB 段的平均流速 v_{AB}；

(3) 图中 A 点和 B 点的孔隙水压力 u_A 与 u_B。

[答案(1)$q=25.92m^3/d$；(2)$v_{BA}=0.66×10^{-3}cm/s$；(3)$u_A=25.3kPa$，$u_B=42.4kPa$]

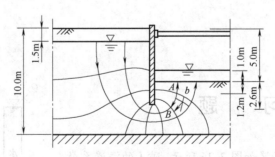

图 3-28 习题 3-4 图

第 4 章　土的压缩性与地基沉降计算

学习要点

本章重点掌握土的压缩性和压缩性指标的确定，熟悉计算地基沉降的分层总和法和规范推荐法。对于太沙基一维固结理论和考虑应力历史时黏性土的固结沉降计算，主要熟悉固结度的意义，掌握固结度的计算、了解影响沉降与时间关系的因素，以及正常固结土、超固结土和欠固结土的区分等。

4.1　概　　述

土的压缩性是指土在压力作用下体积缩小的特性。

一般天然土体是由土颗粒(固相)、土中水(液相)和土中气(气相)组成的三相体，当土处于饱和状态时，土颗粒之间的孔隙被水充满则为两相体。因此，土体受力后的压缩通常由三部分组成：

(1) 土颗粒被压缩。

(2) 土中水及封闭气体被压缩。

(3) 土中水和气体从孔隙中被挤出。

试验研究表明，在一般压力(100~600kPa)作用下，土颗粒和水的压缩量与土的总压缩量相比是很小的，完全可以忽略不计。因此，**土的压缩变形是由于孔隙体积减少而引起的，这是土体压缩性的特点一**。此时，土颗粒在压力作用下发生相对移动，靠拢挤密，土中孔隙体积减小。

由于土体具有压缩性，地基土体在上部结构荷载作用下将产生变形，其中竖直方向的变形就是地基的沉降。在工程中，地基沉降量过大将影响上部结构的正常使用；不同基础之间由于荷载不同或土的压缩性存在差异而引起的不均匀沉降会使上部结构(尤其是超静定结构)产生附加应力，影响结构的安全和正常使用。因此，进行地基基础设计时，需要计算由于上部结构荷载所产生压力引起的地基最终沉降量及差异沉降量，并设法使其不超过结构的允许变形值，以尽量减小地基沉降可能给上部结构造成的危害。

地基土的变形都有一个从开始到稳定的过程。在荷载作用下，不同性质的土类，其沉降稳定所需时间差别较大。透水性大的饱和无黏性土可以在短时间内完成压缩过程；而对于透水性小的饱和黏性土，因孔隙水排除速度缓慢，其压缩变形随时间不断增长，需要很长时间才能完成，有时甚至需要几十年压缩变形才能达到稳定。土的压缩随时间而增长的过程称为土的固结(consolidation)，这是土体压缩性的特点二，因此固结理论是土力学中的一个重要理论。

由于压缩性的上述两个特点，研究建筑物的地基沉降也包含两方面的内容：一是绝对沉降量的大小，亦即最终沉降，本章第三节介绍了几种工程实践中广泛采用并积累了很多经验的实用计算方法；二是沉降与时间的关系，本章第四节介绍了太沙基一维固结理论。研究土的受力变形特性必须有压缩性指标，因此本章首先在第二节中介绍土的压缩性试验及相应的指标，这些指标将用于地基沉降的计算中。

4.2　土的压缩性试验及压缩性指标

4.2.1　室内压缩试验

1. 压缩试验和压缩曲线

压缩试验在国际上通用的名称是固结试验，是反映土体在荷载作用下固结变形特性的室内试验，是研究土的压缩性的最基本的方法。压缩曲线是土的室内压缩试验的成果。

室内压缩试验采用的仪器通常是室内侧限压缩仪(又称固结仪)。图 4-1 为室内侧限压缩仪的示意图。它由加压活塞、刚性护环、环刀、透水石和底座组成。试验时，先用环刀切取原状土样，环刀内径通常有 6.18cm 和 7.98cm 两种，相应的截面面积为 30cm^2 和 50cm^2，高度为 2cm；将切好土样的环刀放入压缩容器的刚性护环内，在土样上下各垫上一块滤纸和透水石，使土样在压缩过程中孔隙水能顺利排出。由于受到环刀和刚性护环的限制，土样在压缩时只能发生竖向变形，而无侧向变形，所以这种试验方法也称为侧限压缩试验。通过侧限压缩试验得到的是土在完全侧限条件下的压缩性指标。

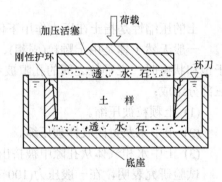

图 4-1　侧限压缩仪示意图

进行侧限压缩试验时，作用在土体上的竖向荷载是施加分级的。每次加荷后，使土体在本级荷载下压缩至相对稳定后(每小时变形量不超过 0.01mm)再施加下一级荷载。用百分表测出土样在每级荷载下的稳定压缩量，即可通过计算得到各级荷载下土的孔隙比。

如图 4-2 所示，设土样的初始高度为 H_0，初始孔隙比为 e_0，压缩稳定后土样高度为 H_1，孔隙比为 e_1，土样在外荷载 p 作用下变形稳定后的压缩量为 s，则 $H_1=H_0-s$。由于压缩前后土粒体积 V_s 不变，根据土的孔隙比的定义，压缩前后土孔隙体积分别为 e_0V_s 和 e_1V_s。初始孔隙比 e_0 可由土的三个基本试验指标求得，即 $e_0 = \dfrac{d_s(1+\omega)\gamma_w}{\gamma} - 1$。为求得土样压缩后的孔

隙比 e_1，利用土样压缩前后的土粒体积和土样横截面不变的两个条件，得

$$\frac{H_0}{1+e_0} = \frac{H_1}{1+e_1} = \frac{H_0 - s}{1+e_1} \tag{4-1a}$$

或

$$e_1 = e_0 - \frac{s}{H_0}(1+e_0) \tag{4-1b}$$

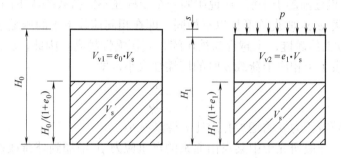

图 4-2   压缩试验中的土样孔隙比变化示意图

因此，只要测得每级荷载 p_i 作用下土样压缩稳定后的压缩量 s_i，就可根据上式计算出相应的土样孔隙比 e_i。以横坐标表示压力 p，纵坐标表示孔隙比 e，就可以绘制土的压缩曲线，或叫 e-p 曲线。

压缩曲线可按两种方式绘制：一种是采用普通坐标绘制的 e-p 曲线，如图 4-3(a)所示。试验中施加的第一级压力的大小应视土的软硬程度而定，宜用 12.5kPa、25kPa 或 50kPa。最后一级压力应大于土的自重压力与附加压力之和。在常规确定 e-p 曲线的试验中，荷载一般分为 p=50kPa、100kPa、200kPa、300kPa、400kPa 五个等级。另一种压缩曲线的横坐标 p 采用对数，则得到 e-lg$p$ 曲线，如图 4-3(b)所示。为了得到 e-lg$p$ 曲线，试验时应以较小的压力开始，采取小增量多级加荷，并加到较大的荷载(例如 1000kPa)为止。

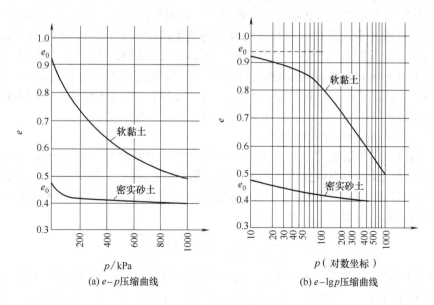

图 4-3   土的压缩曲线

2. 土的压缩系数和压缩指数

1) 压缩系数(compression coefficient)

从图 4-3(a)可以看出，e–p 曲线初始段比较陡，土的压缩变形量较大，而后随着荷载的增加，土不断被压密，土颗粒移动越来越困难，土的压缩量逐渐减小，因此土的孔隙比逐渐减小，e–p 曲线也逐渐趋于平缓，这说明同一个土样在不同荷载等级下的压缩性是不同的。此外，不同的土类 e–p 曲线的形状也不相同，即在相同荷载下土的压缩量或孔隙比减小程度是不同的，e–p 曲线越陡，土越容易被压缩，其压缩性越高。因此，e–p 曲线上任意一点斜率的大小 a 代表了土相应于荷载 p 时的压缩性大小，即

$$a = -\frac{\mathrm{d}e}{\mathrm{d}p} \tag{4-2}$$

式中，负号表示随着压力 p 的增加孔隙比 e 逐渐减小。

工程实践中，一般研究土中某点由原来的自重应力 p_1 增加到外荷载作用下的土中应力 p_2(自重应力与附加应力之和)这一压力间隔所表征的土的压缩性。如图 4-4 所示，对任意两点 M_1 和 M_2，对应压力由 p_1 增加至 p_2，相应的孔隙比由 e_1 减小到 e_2，此时土的压缩性可近似用连接 M_1 和 M_2 的直线斜率来表示。设割线 $\overline{M_1M_2}$ 与横坐标的夹角为 β，则

$$a = \tan\beta = \frac{\Delta e}{\Delta p} = \frac{e_1 - e_2}{p_2 - p_1} \tag{4-3}$$

式中：a——土的压缩系数，表示单位压应力引起的孔隙比变化(kPa^{-1} 或 MPa^{-1})；

$\quad\quad p_1$——一般表示地基土中某深度处土的竖向自重应力(kPa 或 MPa)；

$\quad\quad p_2$——地基某深度处自重应力与附加应力之和(kPa 或 MPa)；

$\quad\quad e_1$——相应于 p_1 作用下的压缩稳定后的孔隙比；

$\quad\quad e_2$——相应于 p_2 作用下的压缩稳定后的孔隙比。

压缩系数是表示土的压缩性大小的主要指标，广泛应用于土力学计算中。压缩系数越大，表明在某压力变化范围内孔隙比减少得越多，压缩性就越高。但是由图 4-4 中可见，同一种土的压缩系数并不是常数，而是随所取压力变化范围的不同而改变的。因此，评价不同种类和状态土的压缩系数大小，必须以同一压力变化范围来比较。在工程实践中，常采用 e–p 曲线上 $p_1=100\mathrm{kPa}$ 和 $p_2=200\mathrm{kPa}$ 对应的压力间隔确定土的压缩系数 $a_{1\text{-}2}$，并根据 $a_{1\text{-}2}$ 来评价土的压缩性高低。评价标准如下：$a_{1\text{-}2}<0.1\mathrm{MPa}^{-1}$ 时，属低压缩性土；$0.1\mathrm{MPa}^{-1}\leqslant a_{1\text{-}2}<0.5\mathrm{MPa}^{-1}$ 时，属中等压缩性土；$a_{1\text{-}2}\geqslant 0.5\mathrm{MPa}^{-1}$ 时，属高压缩性土。

2) 压缩指数(compression index)

目前，国内外还常用压缩指数 C_c 进行压缩性评价和计算地基压缩变形量。压缩指数 C_c 是通过高压固结试验求得不同压力下的孔隙比，然后以孔隙比 e 为纵坐标，以压力的对数 $\lg p$ 为横坐标，绘制 e–$\lg p$ 曲线(图 4-5)。该曲线后半段在很大范围内是一条直线，将直线段的斜率定义为土的压缩指数 C_c，表达式为

$$C_c = \frac{e_1 - e_2}{\lg p_2 - \lg p_1} = (e_1 - e_2)/\lg\frac{p_2}{p_1} \tag{4-4a}$$

式中，C_c 称为土的压缩指数，与压缩系数 a 一样也可用来评价土的压缩性高低。C_c 数值越大，土的压缩性越高。一般认为，低压缩性土 C_c 值小于 0.2；高压缩性土 C_c 值大于 0.4。在土力学中广泛采用 e–$\lg p$ 曲线研究土的应力历史对土的压缩性的影响。

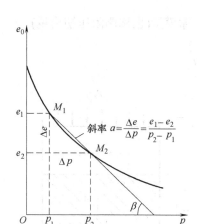

图 4-4　由 e-p 曲线确定压缩系数 a

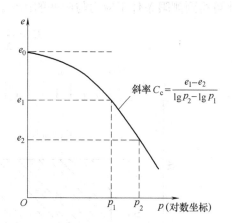

图 4-5　由 e-lg$p$ 曲线求压缩指数 C_c

对于正常固结的黏性土，压缩指数和压缩系数之间存在如下关系：

$$C_c = \frac{a(p_2 - p_1)}{\lg p_2 - \lg p_1} \tag{4-4b}$$

或

$$a = \frac{C_c}{p_2 - p_1}\lg\frac{p_2}{p_1} \tag{4-4c}$$

3. 压缩模量(modulus of compression)

通过压缩试验除可求得土的压缩系数 a 和压缩指数 C_c 外，还可求得另一个常用的压缩性指标——压缩模量 E_s。它的定义是土在完全侧限条件下的竖向附加应力增量 $\Delta\sigma$ 与相应的应变增量 $\Delta\varepsilon$(包含弹性应变增量和塑性应变增量)的比值，即

$$E_s = \frac{\Delta\sigma}{\Delta\varepsilon} \tag{4-5a}$$

与压缩系数一样，压缩模量 E_s 也是一个随压力的不同而变化的数值，可以按下式计算：

$$E_s = \frac{1 + e_1}{a} \tag{4-5b}$$

式中：E_s——土的压缩模量(kPa 或 MPa)；

　　　a——土的压缩系数(kPa^{-1} 或 MPa^{-1})；

　　　e_1——对应初始压力 p_1 的孔隙比。

式(4-5b)可通过如下方法推导而得。

如图 4-6 所示，设土样在压力 $\Delta p = p_2 - p_1$ 作用下孔隙比的变化 $\Delta e = e_1 - e_2$，土样高度的变化 $\Delta H = H_1 - H_2$，则式(4-1a)可以改写为

$$\frac{H_1}{1 + e_1} = \frac{H_2}{1 + e_2} = \frac{H_1 - \Delta H}{1 + e_2} \tag{4-6a}$$

$$\Delta H = \frac{e_1 - e_2}{1 + e_1}\cdot H_1 = \frac{\Delta e}{1 + e_1}\cdot H_1 \tag{4-6b}$$

由(4-3)式可知，$\Delta e = a\Delta p$，则

$$\Delta H = \frac{a\Delta p}{1 + e_1}\cdot H_1 \tag{4-6c}$$

由此可得到侧限条件下应力与应变的比值，即土的压缩模量(也称侧限压缩模量)

$$E_s = \frac{\Delta P}{\Delta H / H_1} = \frac{1 + e_1}{a} \tag{4-7}$$

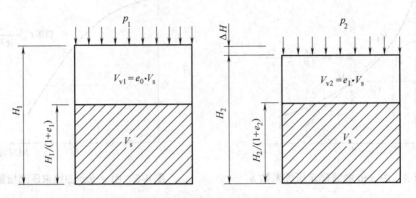

图 4-6　侧限条件下土样高度变化与孔隙比变化

土的压缩模量是以另一种方式表示土的压缩性大小的指标。与压缩系数 a_{1-2} 相对应，常采用 $p_1 = 100\text{kPa}$ 和 $p_2 = 200\text{kPa}$ 的压力间隔所对应的压缩模量 $E_{s(1-2)}$ 评价土的压缩性，$E_{s(1-2)}$ 越小，土的压缩性越高。实用上，利用压缩模量判断土的压缩性的标准如下：

$E_{s(1-2)} < 4\text{MPa}$ 时，称为高压缩性土

$4\text{MPa} \leqslant E_{s(1-2)} \leqslant 20\text{MPa}$ 时，称为中等压缩性土

$E_{s(1-2)} > 20\text{MPa}$ 时，称为低压缩性土

土的压缩模量是在完全侧限条件下得到的压缩性指标，因此可用在不考虑土体侧向变形的地基沉降计算中。实际上，只有少数情况下地基中土的应力与变形与完全侧限条件下的室内压缩试验土样的应力应变情况相同，如：

水平向无限分布的均质土在自重应力作用下，如图 4-7(a)所示；

满足上述条件的地基在无限均布荷载作用下，如图 4-7(b)所示；

当地基可压缩土层厚度与荷载作用平面尺寸相比相对较小，如 $h/b < 0.5$(称为薄压缩层)时，可近似将荷载看作水平向无限均布荷载，如图 4-7(c)所示。

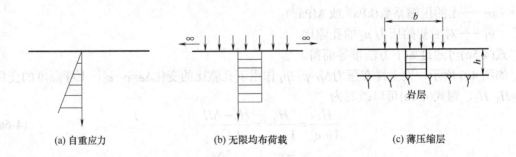

(a) 自重应力　　　　　(b) 无限均布荷载　　　　　(c) 薄压缩层

图 4-7　满足侧限条件的地基土一维应变状态

4. 土的回弹曲线和再压缩曲线

如图 4-8 所示，进行室内压缩试验时，土样的初始孔隙比为 e_0，当压力增加到某一数值

p_1[图 4-8(a)中 b 点]后，对应土的孔隙比为 e，此时分级卸荷至压力为零，土样将发生回弹，土体膨胀，土的孔隙比沿 bc 曲线段增大到 e_0'，则 bc 段曲线称为回弹曲线。e_0' 与土样的初始孔隙比 e_0 并不相等，这说明(e_0-e_0')对应的变形是不可恢复的，称为塑性变形或残余变形，而($e_0'-e$)对应的变形是可恢复的弹性变形。由此可见，土的压缩变形是由残余变形和弹性变形两部分组成的，并且以残余变形为主。此时，如果重新分级施加荷载，土将被重新压缩，土的孔隙比沿再压缩曲线段 cd 变化，在 d 点以后与土的压缩曲线重合。在 e-$\lg p$ 曲线上也可看到类似的情况。

实际工程中，当某些基础的底面积和埋深都较大时，将基础底面以上土体开挖以后，基础底面以下土中应力就会比开挖以前减小，从而发生土的膨胀，造成基坑底部回弹。而当基础开始施工以后，随着基础底面以上荷载的逐渐施加，地基土体又被压缩。这个过程即可用回弹和再压缩压缩曲线来说明。

显然，当施加在基础底面上的荷载 p 小于由于土方开挖减小的压力 p_1 时，地基沉降就应该按回弹再压缩曲线计算；当荷载 $p>p_1$ 时，地基沉降的计算应根据回弹再压缩曲线和压缩曲线分别计算，具体详见考虑应力历史影响的沉降计算方法。

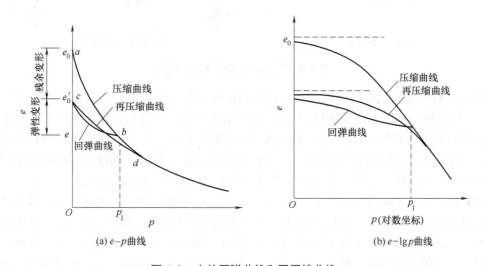

图 4-8　土的回弹曲线和再压缩曲线

4.2.2　现场载荷试验

室内压缩试验是土样在完全侧限条件下的单向受力试验，与现场地基土的实际受力情况不可能完全相同。虽然该试验方法简单易行并可多次进行，但所需土样在现场取样、运输、室内试件制作等过程中，不可避免地受到不同程度的扰动，因此室内压缩试验得到的土的压缩性规律及压缩性指标具有一定的局限性，不能完全反映现场天然土的压缩性。

实际工程中，为了避免取样运输对土样的扰动，有时需要在现场进行试验。现场试验测试有更好的代表性，但试验比较麻烦，试验边界条件比较复杂，分析成果比较困难，并且无法根据研究的需要灵活改变试验时的土体受力条件。因此，室内和现场试验各有优缺点，可互相配合应用。

1. 现场载荷试验

现场载荷试验是通过承压板对地基土分级施加压力 p，观测每级荷载下承压板的变形 s，根据试验结果绘制土的压力与沉降的关系曲线(即 p-s 曲线)和每级荷载下的沉降与时间的关系曲线(即 s-t 或 s-$\lg t$ 曲线)，以此判断土的变形特性，确定土的变形模量，同时也可以确定土的极限承载力等重要参数。

现场载荷试验设备装置如图 4-9 所示，包括加荷稳压装置、反力装置和观测装置三部分。加荷稳压装置包括承压板、千斤顶及稳压器等，反力装置常用堆载和地锚，观测装置包括百分表和固定支架等。

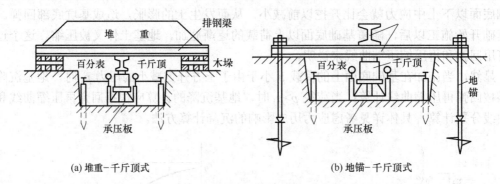

(a) 堆重-千斤顶式　　　　　　　　　　(b) 地锚-千斤顶式

图 4-9　地基载荷试验装置示意图

载荷试验一般在试验基坑内进行，即在基础底面标高处或需要进行试验的土层标高处进行。试验基坑尺寸以方便设置试验装置、便于操作为宜。一般规定试坑宽度不应小于 $3b$(b 为承压板的宽度或直径)。试验点一般布置在勘察取样的钻孔附近。承压板的面积不应小于 0.25m^2，对于软土不应小于 0.50m^2。挖试坑和放置试验设备时必须注意保持试验土层的原状土结构和天然湿度。试验土层顶面宜采用不超过 20mm 厚的粗砂或中粗砂找平。

试验加荷分级不应少于 8 级。最大加载量不应小于设计要求的两倍，并应尽量接近预估的地基极限荷载。第一级荷载(包括设备重量)应接近开挖试坑所卸除的土重，其相应的沉降量不计。以后每级荷载增量对较软的土采用 10～25kPa，对较密实的土采用 50kPa。

荷载试验的观测要求：每加一级荷载后，按间隔 10min、10min、10min、15min、15min，以后为每隔半小时测读一次沉降量，当在连续两小时内每小时的沉降量小于 0.1mm 时，则认为变形已趋于稳定，可加下一级荷载。

当出现下列情况之一时，即可终止加载：

(1) 承压板周围的土有明显的侧向挤出。

(2) 沉降 s 急剧增大，荷载-沉降(即 p-s)曲线出现陡降段。

(3) 在某一级荷载下，24h 内沉降速率不能达到稳定。

(4) 沉降量与承压板宽度或直径之比大于或等于 0.06。

当满足前三种情况之一时，其对应的前一级荷载定为极限荷载。

根据各级荷载及其相应的稳定沉降的观测值，即可采用适当比例绘制荷载和稳定沉降量的关系曲线(p-s 曲线)，如图 4-10 所示。必要时也可绘制各级荷载下的沉降与时间的关系曲线(即 s-t 曲线或 s-$\lg t$ 曲线)。

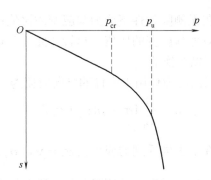

图 4-10　载荷试验曲线(p-s 曲线)

2. 变形模量

土的变形模量是指土体在无侧限条件下(即三向应力条件下)的应力与应变的比值。变形模量的大小可由土体的现场载荷试验结果求得。

从图 4-10 可以看出，在荷载-沉降的关系曲线的初始阶段，p-s 曲线基本成直线关系。直线段终点对应的荷载 p 称为地基的比例界限荷载 p_{cr}，此时地基的变形处于直线变形阶段，因此可以利用弹性理论的解答反求荷载与沉降之间关系，即地基的变形模量 E_0：

$$E_0 = \omega(1-\mu^2)\frac{pb}{s} \qquad (4-8)$$

式中：E_0——土的变形模量(kPa 或 MPa)；

　　　ω——沉降影响系数，圆形承压板取 ω=0.79，方形承压板取 ω=0.88；

　　　μ——土的泊松比；

　　　p——荷载，取直线段内的荷载值，一般取比例界限荷载 p_{cr}(kN)；

　　　s——与所取荷载 p 相对应的沉降量(mm)；

　　　b——承压板的边长或直径(m)。

当 p-s 曲线没有出现明显的直线段，无法确定比例界限荷载时，可取 s/b=0.01～0.015 所对应的荷载代入式(4-8)计算土的变形模量，但所取荷载不应大于载荷试验最大加载量的一半。

需要说明的是，土在荷载下的变形实际包含了弹性变形和塑性变形，因而上式得到的是包含弹性变形和塑性变形的总变形和荷载之间的关系，与理想的弹性体变形性质不同。为了与弹性理论中的弹性模量相区别，故称为变形模量。当采用弹性理论的布辛奈斯克课题的竖向变形公式计算土体的最终沉降量时，应采用土的变形模量。

载荷试验是在现场进行的，这避免了取样扰动等不利影响，由此得到的土的变形规律及压缩性指标能正确反映地基土的实际应力状态，因此是一种较为可靠的缩尺真型试验。但是由于试验所采用承压板尺寸与实际建筑物基础尺寸相差太多，小尺寸的承压板通常只能反映承压板下 $2b$～$3b$(b 为承压板宽度或直径)深度范围内的土的性质，因而这种试验结果的应用受到很大限制。目前，人们已经研究出一些深层土压缩性指标的测定方法，如旁压试验或深层平板载荷试验，弥补了浅层载荷试验的不足，详细规定请查阅相关规范。

3. 变形模量与压缩模量之间的关系

变形模量与压缩模量都是竖向应力与应变的比值，但两者在概念上有所区别。现场载荷试验确定土的变形模量是在无侧限条件下应力与应变的比值；室内压缩试验确定的压缩模量则是在完全侧限条件下应力与应变的比值。尽管如此，理论上利用三向应力条件下的广义虎克定律，二者是完全可以互换的。

根据广义虎克定律，在三向应力作用下土样的竖向应变为

$$\varepsilon_z = \frac{1}{E_0}[\sigma_z - \mu(\sigma_x + \sigma_y)] \tag{4-9}$$

已知在室内侧限压缩条件下土样受到的应力为 $\sigma_z = p$，$\sigma_x = \sigma_y = K_0 p = \frac{\mu}{1-\mu}p$，其中 K_0 为土的侧压力系数或静止土压力系数，是侧限条件下侧向与竖向有效应力之比。

K_0 与土的类别有关。各种土的 K_0 值可由试验确定，当无试验资料时，可采用表 4-1 所列的经验值。K_0 值还可以应用一些经验公式计算得出。较为常见的经验公式是 Jaky 于 20 世纪 40 年代提出、后被 Bishop 等人的试验证实的公式，即对于正常固结土可近似取

$$K_0 = 1 - \sin\varphi' \tag{4-10}$$

式中：φ'——土的有效内摩擦角，见本书第 5 章。

对于超固结土，可取

$$K_{0(OCR)} = K_0 \cdot (OCR)^{0.5} \tag{4-11}$$

式中：OCR——土的超固结比，见本章第 3 节。

表 4-1　K_0、μ、β的经验值

土的种类和状态		K_0	μ	β
碎石土		0.18~0.25	0.15~0.20	0.95~0.90
砂　土		0.25~0.33	0.20~0.25	0.90~0.83
粉　土		0.33	0.25	0.83
粉质黏土：	坚硬状态	0.33	0.5	0.83
	可塑状态	0.43	0.30	0.74
	软塑及流塑状态	0.53	0.35	0.62
黏　土：	坚硬状态	0.33	0.25	0.83
	可塑状态	0.53	0.35	0.62
	软塑及流塑状态	0.72	0.42	0.39

将 σ_z、σ_x、σ_y 的表达式代入式(4-9)，得

$$\varepsilon_z = \frac{p}{E_0}\left(1 - \frac{2\mu^2}{1-\mu}\right)$$

或

$$E_0 = \frac{p}{\varepsilon_z}\left(1 - \frac{2\mu^2}{1-\mu}\right) \tag{4-12}$$

由式(4-6b)、式(4-6c)可知，在室内侧限压缩条件下

$$\varepsilon_z = \frac{\Delta H}{H_1} = \frac{e_1 - e_2}{1 + e_1} = \frac{\Delta e}{1 + e_1} = \frac{a \cdot p}{1 + e_1}$$

所以

$$E_0 = \frac{p}{\dfrac{a \cdot p}{1+e_1}}\left(1 - \frac{2\mu^2}{1-\mu}\right) = \frac{1+e_1}{a}\left(1 - \frac{2\mu^2}{1-\mu}\right) = E_s\left(1 - \frac{2\mu^2}{1-\mu}\right) = E_s \cdot \beta \qquad (4\text{-}13)$$

式中

$$\beta = 1 - \frac{2\mu^2}{1-\mu} = 1 - 2\mu \cdot K_0 \qquad (4\text{-}14)$$

需要说明的是，上式所表示的 E_0 与 E_s 的关系只是理论关系。实际上，由于现场载荷试验测定 E_0 和室内压缩试验测定 E_s 时都有一些无法考虑到的因素，使得上式不能准确反映变形模量与压缩模量之间的实际关系。这些因素主要是：压缩试验的土样容易受到较大的扰动(尤其是低压缩性土)；载荷试验与压缩试验的加荷速率、压缩稳定标准都不一样，μ 值难以精确确定等。根据统计资料，E_0 值可能是 βE_s 值的几倍。一般来说，土越坚硬则倍数越大，而软土的 E_0 值与 βE_s 值比较接近。

4.2.3　室内三轴压缩试验

土不是理想弹塑性材料，土的变形包含弹性变形(可恢复)和塑性变形(不可恢复)两部分。室内三轴压缩试验可用来测定土的弹性模量。如图 4-11 所示，如果对土样进行多次的反复加卸荷，土的塑性变形将越来越小，而回弹部分则趋于定值，从而表现出有条件的弹性特性，在其应力-应变曲线上将获得土的弹性模量(modulus of elasticity)。由此可知，土的弹性模量是应力与弹性应变的比值。

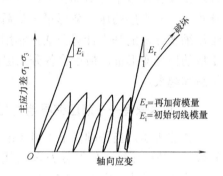

图 4-11　弹性模量的确定

用室内三轴压缩试验测定土的弹性模量的方法有两大类——静力法和动力法。

静力法采用的试验仪器是静三轴仪。试验时，首先使土样在周围等向压力或不等向压力下排水固结，然后在不排水条件下将轴向压力反复加卸荷(图 4-11)，一般 5～6 次后回弹应变趋于稳定，从而求得土的静弹性模量。

动力法采用的试验仪器是动三轴仪。土样同样需要先进行排水固结，固结后分级施加动应力，进行不排水的振动试验。一般保持动应力幅值不变，振动次数视工程实际情况而定。根据试验结果绘制动应力与动应变的关系曲线，即可求出土的动弹性模量。

此外，土的弹性模量还可以采用野外试验方法确定。例如在现场载荷试验中，可以取承压板在卸荷时的回弹量作为弹性变形；或取反复加荷卸荷(一般不少于 5 次)时的变形，代入式(4-8)中，计算出土的弹性模量。

在地基基础工程中，当需要计算瞬时或重复荷载作用下土体的弹性变形时，就需要确定土的弹性模量。例如，高耸构筑物在风荷载作用下基础的倾斜(即瞬时荷载作用下的地基变形)，地基土在荷载开始作用的一瞬间产生的沉降，动力机器基础的振动等均可视为弹性变形。由于土的弹性变形远小于土的总变形，土的弹性模量远大于压缩模量或变形模量。

4.3 地基最终沉降量的计算方法

地基沉降是随着时间而发展的，因此沉降计算包括两方面的内容：一是最终沉降量，即地基土在上部结构荷载作用下达到压缩稳定时地基表面的沉降量；二是沉降随时间发展的过程(固结理论)。一般来说地基的最终沉降量也就是它的最大沉降量。因此，无论采用天然地基还是其他人工地基，进行地基基础设计时必须首先估算最终沉降量。本节将学习计算地基最终沉降量的常用方法。

4.3.1 单向分层总和法计算地基最终沉降量

分层总和法的基本思想是考虑附加应力随深度逐渐减小，地基土的压缩只发生在有限的土层深度范围内，在此范围内把土层划分为若干分层，因每一分层足够薄，可近似认为每层土顶面和底面的应力在本层内不随深度变化，并且压缩变形时不考虑侧向变形，用弹性理论计算地基中的附加应力，以基础中心点下的附加应力和侧限条件下的压缩指标分别计算每一分土层的压缩变形量，最后把它们叠加，作为地基的最终沉降量，即采用土层一维压缩变形量的基本计算公式，利用室内压缩曲线成果分别计算基础中心点下地基中各分土层的压缩变形量，最后将各分土层的压缩变形量总和起来。

1. 基本原理——薄压缩层地基沉降计算

如前所述，当基础以下不可压缩的基岩埋深较浅，地基可压缩土层厚度 H 与荷载作用平面尺寸相比相对较小，如 $H < 0.5b$ 时，可将其视为薄压缩层地基。

如图 4-12 所示，薄层中土的附加应力沿层厚变化不大。地基土中的应力与变形与完全侧限条件下的室内压缩试验土样的应力应变情况类似。

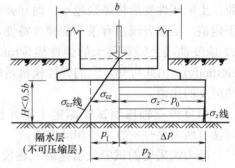

图 4-12 薄压缩层地基沉降计算

根据式(4-6b)，将其中的 ΔH 和 H_1 分别以 s 和 h 代替，求得该薄层地基土最终沉降量为

$$s = \Delta H = \frac{e_1 - e_2}{1 + e_1}h \tag{4-15}$$

式中：h——薄压缩土层的厚度；

e_1——根据薄压缩土层顶面处和底面处自重应力的平均值 σ_{cz}(即初始应力 p_1)从土的压缩曲线上查得的相应孔隙比；

e_2——根据 σ_{cz} 与薄压缩层内附加应力平均值 σ_z(即应力增量 Δp)之和，即 $p_2 = \sigma_{cz} + \sigma_z$，从土的压缩曲线上查得的相应孔隙比。

实际上，大多数地基的可压缩土层厚度常常比基础宽度大很多，同时实际工程中无限均布荷载也是不存在的。因此，沉降计算中应该考虑地基附加应力随深度而衰减的变化。

此外，同一土层中压缩性的变化以及地基的成层性也不可忽视。为此，可将地基按照薄压缩层地基的要求分成若干薄层，如图 4-13 所示，这样就可认为沿薄层厚度方向的土中附加应力分布和压缩性基本均匀，从而采用公式(4-15)计算各分层的沉降量，各分层的沉降量加起来即为地基的最终沉降量。该方法假设土层只发生竖向压缩变形，没有侧向变形，因此称为单向分层总和法。

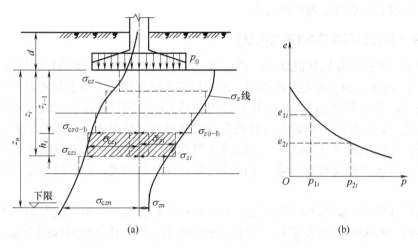

图 4-13　分层总和法计算地基最终沉降量

2. 单向分层总和法假设

假设地基是均质、各向同性、线弹性的半无限体，在建筑物荷载作用下，应力与变形成直线关系，可按弹性理论计算土中应力。对非均质地基，由其引起的附加应力可按均质地基计算。

在压力作用下，地基土不产生侧向变形，可采用侧限条件下的压缩性指标。

只考虑竖向附加应力使土层压缩变形产生的地基沉降，而剪应力则略去不计。

基础最终沉降量等于基础底面下某一深度范围内各土层压缩量的总和，该深度以下土层的压缩变形值小到可以忽略不计。

3. 计算公式

如图 4-13 所示，将地基土划分成 n 个土层，每一层地基土的自重应力和竖向附加应力都近似看成沿深度方向均匀分布，则采用式(4-15)计算地基最终沉降量的单向分层总和法计算公式如下：

$$s = \sum_{i=1}^{n} s_i = \sum_{i=1}^{n} \frac{e_{1i} - e_{2i}}{1 + e_{1i}} h_i \tag{4-16}$$

由式(4-3)和式(4-5)，上式可写为

$$s = \sum_{i=1}^{n} s_i = \sum_{i=1}^{n} \frac{e_{1i} - e_{2i}}{1 + e_{1i}} \cdot h_i = \sum_{i=1}^{n} \frac{a_i(p_{2i} - p_{1i})}{1 + e_i} \cdot h_i = \sum_{i=1}^{n} \frac{\Delta p_i}{E_{si}} \cdot h_i \tag{4-17}$$

式中：s_i——第 i 层土的压缩量；

　　　h_i——第 i 层土的厚度；

　　　e_{1i}——根据第 i 层土的自重应力平均值(即 p_{1i})从土的压缩曲线上查得的相应孔隙比；

e_{2i}——根据第 i 层土的自重应力平均值与附加应力平均值之和(即 p_{2i})从土的压缩曲线上查得的相应孔隙比;

Δp_i——第 i 层土的竖向附加应力平均值;

a_i、E_{si}——第 i 层土的压缩系数和压缩模量。

对独立基础等小基础,一般只计算基础中心点的沉降;对大型基础,可选取基础若干点的沉降,并取其平均值作为基础沉降。

4. 沉降计算经验深度确定(应力比法)

采用分层总和法计算地基沉降时,需要确定沉降计算深度,即地基压缩层厚度 z_n 的大小。如图 4-13 所示,由于应力扩散作用,地表局部荷载在地基土中引起的附加应力随深度的增加而递减,而自重应力随深度递增,使得地基土的压缩性随深度而逐渐降低。因此,超过一定深度后,附加应力相对于该处原有的自重应力已经很小,引起的压缩变形量对总沉降量已无太大影响而可以忽略不计,沉降计算到此深度即可。这一深度以上的土层称为地基压缩层,该深度称为地基压缩层厚度或沉降计算经验深度,其下地基土可假想为不可压缩层。

地基沉降计算经验深度的确定方法:上限取自基础底面,下限一般取地基附加应力等于自重应力的 20%处;在该深度以下如有高压缩性土,则应计算至附加应力等于地基土自重应力的 10%处,计算精度为±5kPa;如果在上述方法计算的 z_n 范围内已存在不可压缩层(如坚硬的岩层),则把该层顶面作为压缩层下限。这种确定沉降计算深度的方法称为应力比法。

5. 计算步骤

(1) 分层:将基础底面以下分为若干薄层,分层厚度应符合薄压缩层厚度要求。分层原则一般取 $h_i \leqslant 0.4b$ 或 $h_i = 1 \sim 2\text{m}$,b 为基础宽度。天然土分层界面和地下水位面因土的重度发生变化都应作为薄层的分界面;基底附近附加应力变化大,分层厚度应小些,使各计算分层的附加应力分布可视为直线。

(2) 计算基底中心点处各分层界面上土的自重应力 σ_{czi} 和附加应力 σ_{zi},并绘制自重应力及附加应力的分布图。

(3) 按应力比法确定地基沉降计算经验深度 z_n。

(4) 计算各分层土的平均自重应力 $\bar{\sigma}_{czi} = (\sigma_{czi-1} + \sigma_{czi})/2$ 和平均附加应力 $\bar{\sigma}_{zi} = (\sigma_{zi-1} + \sigma_{zi})/2$。

(5) 令 $p_{1i} = \bar{\sigma}_{czi}$,$p_{2i} = \bar{\sigma}_{czi} + \bar{\sigma}_{zi}$,从该土层的压缩曲线中由 p_{1i} 和 p_{2i} 查出相应的初始孔隙比 e_{1i} 和压缩稳定后的孔隙比 e_{2i}。

(6) 按照公式(4-17)计算沉降计算深度范围内地基的最终沉降量。

【例 4-1】采用分层总和法计算基础中点的最终沉降量。计算资料如图 4-14 所示,矩形均布基底附加压力 $p_0 = 100\text{kPa}$,基础底面尺寸 $l \times b = 5\text{m} \times 4\text{m}$,基础埋深 $d = 1.5\text{m}$。基础底面下第一层土为粉质黏土,厚度 4m;第二层土为黏土,地质勘测时未钻穿。地下水位在天然地面下 3.5m 处。

解:(1) 地基分层。基础底面下第一层粉质黏土厚 4m,地下水位分层面以上厚 2m,以下厚 2m,所以地基分层厚度均可取为 1m。

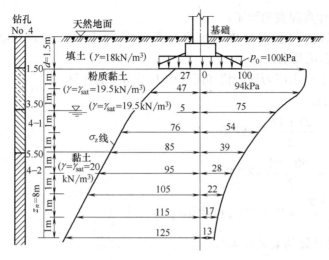

图 4-14　例 4-1 图

(2) 地基竖向自重应力 σ_{cz} 的计算。

取深度 $z=0m$、$1m$、$2m$、$3m$、$4m$、$5m$、$6m$、$7m$、$8m$ 共 9 个计算点，相应各点处的自重应力计算如表 4-2 所示。

表 4-2　自重应力的计算

z/m	0	1	2	3	4	5	6	7	8
σ_{cz}/kPa	27	46.5	66	75.5	85	95	105	115	125

(3) 基础中心点下地基竖向附加应力 σ_z 的计算。

基础中心点可看成是四个相等的小矩形荷载的公共角点，其长宽比 $l/b=2.5/2=1.25$，在深度 $z=0m$、$1m$、$2m$、$3m$、$4m$、$5m$、$6m$、$7m$、$8m$ 时，相应的 $z/b=0$、0.5、1、1.5、2、2.5、3、3.5、4，可查表得到地基附加应力系数 α。σ_z 的计算如表 4-3 所示，根据计算资料绘出 σ_z 的分布图，见图 4-14。

表 4-3　附加应力的计算

点	l/b	z/m	z/b	α	$\sigma_z=4\alpha p_0$ /kPa	σ_{cz}	σ_z/σ_{cz}
0	1.25	0	0	0.250	$4\times0.250\times100=100$	27	
1	1.25	1	0.5	0.235	94	47	
2	1.25	2	1.0	0.187	75	66	
3	1.25	3	1.5	0.135	54	76	
4	1.25	4	2.0	0.097	39	85	
5	1.25	5	2.5	0.071	28	95	
6	1.25	6	3.0	0.054	22	105	0.21
7	1.25	7	3.5	0.042	17	115	0.15
8	1.25	8	4.0	0.033	13	125	0.10

(4) 地基沉降计算深度的确定。

一般按 $\sigma_z = 0.2\sigma_{cz}$ 的要求来确定沉降计算深度的下限，如表 4-3 所示，$z=7\text{m}$ 时 $\sigma_z/\sigma_{cz}=0.15<0.2$，满足要求。

(5) 地基各分层自重应力平均值和附加应力平均值的计算。

例如，0-1 分层：

$$\frac{\sigma_{cz(i-1)} + \sigma_{czi}}{2} = \frac{27+47}{2} = 37\text{kPa}(=p_{1i})$$

$$\frac{\sigma_{z(i-1)} + \sigma_{zi}}{2} = \frac{100+94}{2} = 97\text{kPa}$$

$$p_{1i} + \frac{\sigma_{z(i-1)} + \sigma_{zi}}{2} = 37+97 = 134\text{kPa}(=p_{2i})$$

其余各分层的计算结果见表 4-4。

表 4-4　分层总和法计算基础沉降量

点	深度 z_i /m	自重应力 σ_{cz} /kPa	附加应力 σ_z /kPa	层厚 H_i /m	自重应力平均值 p_{1i} /kPa $\frac{\sigma_{cz(i-1)} + \sigma_{czi}}{2}$	附加应力平均值 /kPa $\frac{\sigma_{z(i-1)} + \sigma_{zi}}{2}$	自重应力与附加应力均值和 p_{2i}/kPa	压缩曲线	受压前孔隙比 e_{1i}	受压后孔隙比 e_{2i}	$\frac{e_{1i}-e_{2i}}{1+e_{1i}}$	$\Delta s_i' = 10^3 \times \frac{e_{1i}-e_{2i}}{1+e_{1i}}H_i$ /mm
0	0	27	100									
1	1.0	47	94	1.0	37	97	134	土样 4-1	0.819	0.752	0.037	37
2	2.0	66	75	1.0	57	85	142		0.801	0.749	0.029	29
3	3.0	76	54	1.0	71	65	136		0.799	0.756	0.024	24
4	4.0	85	39	1.0	81	47	128		0.792	0.754	0.021	21
5	5.0	95	28	1.0	90	34	124	土样 4-2	0.914	0.877	0.019	19
6	6.0	105	22	1.0	100	25	125		0.898	0.883	0.008	8
7	7.0	115	17	1.0	110	20	130		0.892	0.878	0.007	7

(6) 地基各分层土的孔隙比变化值的确定。

按各分层的 p_{1i} 及 p_{2i} 值从土样 4-1(粉质黏土)或 4-2(黏土)的压缩曲线(图 4-15)查取孔隙比。例如 0-1 分层：按 $p_{1i}=0.037\text{MPa}$ 从土样 4-1 的压缩曲线上得 $e_{1i}=0.819$，按 $p_{2i}=0.134\text{MPa}$ 从土样 4-1 的压缩曲线上得 $e_{2i}=0.752$(图 4-15)。其余各分层孔隙比的确定结果见表 4-4。

(7) 地基各分层沉降量的计算。

例如 0-1 分层：

$$\Delta s_i = \frac{e_{1i}-e_{2i}}{1+e_{1i}}H_i = \frac{0.819-0.752}{1+0.819} \times 1000 = 37\text{mm}$$

其余各分层的计算结果见表 4-4。

(8) 计算基础的最终沉降量

$$s = \sum_{i=1}^{n} \Delta s_i = 37+29+24+21+19+8+7 = 145\text{mm}$$

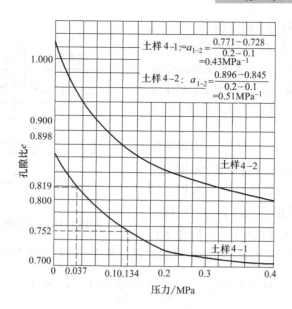

图 4-15　e-p 曲线

4.3.2　《建筑地基基础设计规范》(GB 50007—2011)推荐的分层总和法

《建筑地基基础设计规范》(GB 50007—2011)(以下简称《建筑地基规范》)所推荐的地基最终沉降量计算方法是一种简化的分层总和法。该方法也采用室内侧限压缩试验的压缩性指标，并引入了平均附加应力系数，应用了"应力面积"的基本概念。在总结大量工程实践经验的前提下，规定了地基沉降计算深度的标准以及地基沉降计算经验系数，使得计算成果接近于地基沉降的实测值。

1. 计算原理

设地基土层均质、压缩模量 E_s 不随深度变化，基础底面至基础底面以下任意深度 z 范围内土层的压缩量为(图 4-16)：

$$s' = \int_0^z \varepsilon \cdot \mathrm{d}z = \frac{1}{E_s} \int_0^z \sigma_z \cdot \mathrm{d}z = \frac{A}{E_s} \tag{4-18}$$

式中：ε——土层在完全侧限条件下的竖向压缩应变，$\varepsilon = \sigma_z / E_s$；

A——基础底面至基础底面以下任意深度 z 范围内的附加应力图面积。

设 α 为基础底面以下任意深度 z 处的附加应力系数，即 $\sigma_z = \alpha p_0$，附加应力图面积 A 可表示为

$$A = \int_0^z \sigma_z \cdot \mathrm{d}z = \int_0^z \alpha \cdot p_0 \cdot \mathrm{d}z = p_0 \int_0^z \alpha \cdot \mathrm{d}z$$

令 $A = p_0 \cdot z \cdot \bar{\alpha}$，代入式(4-18)得

$$s' = \frac{p_0 z \bar{\alpha}}{E_s} \tag{4-19}$$

式中，$\bar{\alpha} = \dfrac{\int_0^z \alpha \cdot \mathrm{d}z}{z}$，它是 z 深度范围内附加应力系数的平均值，称为平均附加应力系数。

以均布矩形荷载角点下的 $\bar{\alpha}$ 为例，由于 α 为基础长宽比 l/b 和深宽比 z/b 的函数并可查表确定，因此 $\bar{\alpha}$ 也可根据上式计算整理形成数据表(表4-5)，提供给设计人员查表确定。对于非角点下的任意点的平均附加应力系数 $\bar{\alpha}$，需采用角点法计算。

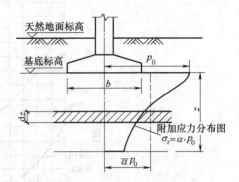

图4-16 平均附加应力系数的意义

由图4-16可知，以 $\bar{\alpha}p_0$ 为底、z 为高的矩形面积实际上是自基础底面至深度 z 范围内附加应力分布曲线所包围面积的等代面积。因此，设 s_i' 和 s_{i-1}' 分别是相应于第 i 分层层底和层顶深度 z_i 和 z_{i-1} 范围内土的压缩量，如图4-17所示，则根据公式(4-18)、公式(4-19)计算基底以下任意第 i 层土压缩量 $\Delta s_i'$ 的公式如下：

$$\Delta s_i' = s_i' - s_{i-1}' = \frac{A_i - A_{i-1}}{E_{si}} = \frac{p_0}{E_{si}}(z_i\bar{\alpha}_i - z_{i-1}\bar{\alpha}_{i-1}) \tag{4-20}$$

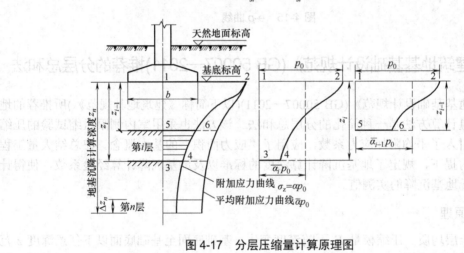

图4-17 分层压缩量计算原理图

因此，各层土的总压缩量为

$$s' = \sum_{i=1}^{n}\Delta s_i' = \sum_{i=1}^{n}\frac{A_i - A_{i-1}}{E_{si}} = \sum_{i=1}^{n}\frac{p_0}{E_{si}}(z_i\bar{\alpha}_i - z_{i-1}\bar{\alpha}_{i-1}) \tag{4-21}$$

式中：s'——按分层总和法计算的地基沉降量；

n——压缩层厚度范围内的土层分层数，分层原则同单向分层总和法；

p_0——基底附加压力；

A_i——基础底面至第 i 层底深度 z_i 范围内的附加应力图面积；

E_{si}——基础底面下第 i 层土的压缩模量，应取土的自重应力至土的自重应力与附加应力之和的压力段计算；

z_i、z_{i-1}——基础底面下第 i 层、第 $i-1$ 层土底面距离基础底面的深度；

$\bar{\alpha}_i$、$\bar{\alpha}_{i-1}$——基础底面下第 i 层、第 $i-1$ 层土底面范围内的平均附加应力系数，可查《建筑地基规范》附录提供的相关表格确定(均布矩形荷载角点下 $\bar{\alpha}$ 可查表4-5确定)。

表 4-5　均布矩形荷载角点下的平均竖向附加应力系数 $\bar{\alpha}$

z/b \ l/b	1.0	1.2	1.4	1.6	1.8	2.0	2.4	2.8	3.2	3.6	4.0	5.0	10.0
0.0	0.2500	0.2500	0.2500	0.2500	0.2500	0.2500	0.2500	0.2500	0.2500	0.2500	0.2500	0.2500	0.2500
0.2	0.2496	0.2497	0.2497	0.2498	0.2498	0.2498	0.2498	0.2498	0.2498	0.2498	0.2498	0.2498	0.2498
0.4	0.2474	0.2479	0.2481	0.2483	0.2483	0.2484	0.2485	0.2485	0.2485	0.2485	0.2485	0.2485	0.2485
0.6	0.2423	0.2437	0.2444	0.2448	0.2451	0.2452	0.2454	0.2455	0.2455	0.2455	0.2455	0.2455	0.2455
0.8	0.2346	0.2372	0.2387	0.2395	0.2400	0.2403	0.2407	0.2408	0.2409	0.2409	0.2410	0.2410	0.2410
1.0	0.2252	0.2291	0.2313	0.2326	0.2335	0.2340	0.2346	0.2349	0.2351	0.2352	0.2352	0.2353	0.2353
1.2	0.2149	0.2199	0.2229	0.2248	0.2260	0.2268	0.2278	0.2282	0.2285	0.2286	0.2287	0.2288	0.2289
1.4	0.2043	0.2102	0.2140	0.2164	0.2490	0.2191	0.2204	0.2211	0.2215	0.2217	0.2218	0.2220	0.2221
1.6	0.1939	0.2006	0.2049	0.2079	0.2099	0.2113	0.2130	0.2138	0.2143	0.2146	0.2148	0.2150	0.2152
1.8	0.1840	0.1912	0.1960	0.1994	0.2018	0.2034	0.2055	0.2055	0.2073	0.2077	0.2079	0.2082	0.2084
2.0	0.1746	0.1822	0.1875	0.1912	0.1935	0.1958	0.1982	0.1996	0.2004	0.2009	0.2012	0.2015	0.2018
2.2	0.1659	0.1737	0.1973	0.1833	0.1862	0.1883	0.1911	0.1927	0.1937	0.1943	0.1947	0.1952	0.1955
2.4	0.1578	0.1657	0.1715	0.1757	0.1789	0.1812	0.1843	0.1862	0.1873	0.1880	0.1885	0.1890	0.1895
2.6	0.1503	0.1583	0.1642	0.1686	0.1719	0.1745	0.1799	0.1799	0.1812	0.1820	0.1825	0.1832	0.1838
2.8	0.1433	0.1514	0.1574	0.1619	0.1654	0.1680	0.1717	0.1739	0.1753	0.1753	0.1769	0.1777	0.1784
3.0	0.1369	0.1449	0.1510	0.1556	0.1592	0.1619	0.1658	0.1582	0.1698	0.1708	0.1715	0.1725	0.1733
3.2	0.1310	0.1390	0.1450	0.1479	0.1533	0.1562	0.1602	0.1528	0.1645	0.1657	0.1664	0.1675	0.1685
3.4	0.1256	0.1334	0.1394	0.1441	0.1478	0.1508	0.1550	0.1577	0.1595	0.1608	0.1616	0.1628	0.1639
3.6	0.1205	0.1282	0.1342	0.1389	0.1427	0.1456	0.1500	0.1528	0.1548	0.1561	0.1570	0.1583	0.1595
3.8	0.1158	0.1234	0.1293	0.1340	0.1378	0.1408	0.1452	0.1482	0.1502	0.1516	0.1526	0.1541	0.1554
4.0	0.1114	0.1189	0.1248	0.1294	0.1332	0.1362	0.1408	0.1438	0.1459	0.1474	0.1485	0.1500	0.1515
4.2	0.1073	0.1147	0.1205	0.1251	0.1289	0.1319	0.1365	0.1395	0.1418	0.1434	0.1445	0.1462	0.1478
4.4	0.1035	0.1107	0.1164	0.1210	0.1248	0.1279	0.1325	0.1357	0.1379	0.1396	0.1407	0.1425	0.1444
4.6	0.1000	0.1070	0.1127	0.1172	0.1209	0.1240	0.1287	0.1319	0.1342	0.1359	0.1371	0.1390	0.1410
4.8	0.0967	0.1036	0.1091	0.1136	0.1173	0.1204	0.1260	0.1283	0.1307	0.1324	0.1337	0.1357	0.1379
5.0	0.0935	0.100.	0.1057	0.1102	0.1139	0.1169	0.1216	0.1249	0.1273	0.1291	0.1304	0.1325	0.1348
5.2	0.0906	0.0972	0.1026	0.1070	0.1106	0.1136	0.1183	0.1217	0.1241	0.1259	0.1273	0.1295	0.1320
5.4	0.0878	0.0943	0.0996	0.1039	0.1075	0.1105	0.1152	0.1186	0.1211	0.1229	0.1243	0.1265	0.1292
5.6	0.0852	0.0916	0.0968	0.1010	0.1046	0.1076	0.1122	0.1156	0.1181	0.1200	0.1215	0.1238	0.1266
5.8	0.0828	0.0890	0.0941	0.0983	0.1018	0.1047	0.1094	0.1128	0.1153	0.1172	0.1187	0.1211	0.1240
6.0	0.0805	0.866	0.0916	0.0957	0.0991	0.1021	0.1057	0.1101	0.1126	0.1146	0.1161	0.1185	0.1216
6.2	0.0783	0.0842	0.0891	0.0932	0.0966	0.0995	0.1041	0.1075	0.1101	0.1120	0.1136	0.1161	0.1193
6.4	0.0762	0.0820	0.0869	0.0909	0.0942	0.0971	0.1016	0.1050	0.1075	0.1096	0.1111	0.1137	0.1171
6.6	0.0742	0.0799	0.0847	0.0886	0.0919	0.0948	0.0993	0.1027	0.1053	0.1073	0.1088	0.1114	0.1149

续表

z/b \ l/b	1.0	1.2	1.4	1.6	1.8	2.0	2.4	2.8	3.2	3.6	4.0	5.0	10.0
6.8	0.0723	0.0779	0.0826	0.0865	0.0898	0.0926	0.0970	0.1004	0.1030	0.1060	0.1066	0.1092	0.1129
7.0	0.0705	0.0761	0.0806	0.0844	0.0877	0.0904	0.0949	0.0982	0.1008	0.1028	0.1044	0.1071	0.1109
7.2	0.0668	0.0742	0.0787	0.0825	0.0857	0.0884	0.0928	0.0952	0.0987	0.1008	0.1023	0.1051	0.1090
7.4	0.0672	0.0725	0.0769	0.0806	0.0838	0.0865	0.0908	0.0942	0.0967	0.0988	0.1004	0.1031	0.1071
7.6	0.0656	0.0709	0.0752	0.0789	0.0820	0.0846	0.0889	0.0922	0.0948	0.0968	0.0984	0.1012	0.1054
7.8	0.0642	0.0693	0.0736	0.0771	0.0802	0.0828	0.0871	0.0904	0.0929	0.0950	0.0956	0.0994	0.1036
8.0	0.0627	0.0678	0.0720	0.0755	0.0785	0.0810	0.0853	0.0886	0.0912	0.0932	0.0948	0.0976	0.1020
8.2	0.0614	0.0663	0.0705	0.0739	0.0769	0.0795	0.0837	0.0869	0.0894	0.0914	0.0931	0.0959	0.1004
8.4	0.0601	0.0649	0.0690	0.0724	0.0754	0.0779	0.0820	0.0852	0.0878	0.0898	0.0914	0.0943	0.0988
8.6	0.0588	0.0636	0.0676	0.0710	0.0739	0.0764	0.0805	0.0836	0.0862	0.0882	0.0898	0.0927	0.0973
8.8	0.0576	0.0623	0.0663	0.0696	0.0724	0.0749	0.0790	0.0821	0.0845	0.0856	0.0882	0.0912	0.0959
9.2	0.0554	0.599	0.0637	0.0670	0.0697	0.0721	0.0761	0.0792	0.0817	0.0837	0.0853	0.0882	0.0931
9.6	0.0553	0.0577	0.0614	0.0645	0.0672	0.0696	0.0734	0.0765	0.0789	0.0809	0.0825	0.0855	0.0905
10.0	0.0514	0.0556	0.0592	0.0622	0.0549	0.0672	0.0710	0.0739	0.0763	0.0783	0.0799	0.0829	0.0880
10.4	0.0496	0.0537	0.0572	0.0601	0.0627	0.0649	0.0686	0.0716	0.0739	0.0759	0.0775	0.0804	0.0857
10.8	0.0479	0.0519	0.0553	0.0581	0.0606	0.0628	0.0664	0.0693	0.0717	0.0736	0.0751	0.0781	0.0834
11.2	0.0463	0.0502	0.0535	0.0563	0.0587	0.0609	0.0644	0.0672	0.0695	0.0714	0.0730	0.0759	0.0813
11.6	0.0448	0.0486	0.0518	0.0545	0.0569	0.0590	0.0625	0.0652	0.0675	0.0694	0.0709	0.0738	0.0793
12.0	0.0435	0.0471	0.0502	0.0529	0.0552	0.0573	0.0606	0.0634	0.0656	0.0674	0.0690	0.0719	0.0774
12.8	0.0409	0.0444	0.0474	0.0499	0.0521	0.0541	0.0573	0.0599	0.0621	0.0639	0.0654	0.0682	0.0739
13.6	0.0387	0.0420	0.0448	0.0472	0.0493	0.0512	0.0543	0.0558	0.0589	0.0507	0.0621	0.0649	0.0707
14.4	0.0367	0.0398	0.0425	0.0448	0.0468	0.0486	0.0516	0.0540	0.0561	0.0577	0.0592	0.0619	0.0677
15.2	0.0349	0.0379	0.0404	0.0426	0.0446	0.0463	0.0492	0.0515	0.0535	0.0551	0.0565	0.0592	0.0650
16.0	0.0332	0.0361	0.0385	0.0407	0.0425	0.0442	0.0469	0.0492	0.0511	0.0527	0.0540	0.0567	0.625
18.0	0.0297	0.0323	0.0345	0.0364	0.0381	0.0395	0.0422	0.0442	0.0450	0.0475	0.0487	0.0512	0.0570
20.0	0.0269	0.0292	0.0312	0.0330	0.0345	0.0359	0.0383	0.0402	0.0418	0.0432	0.0444	0.0468	0.0524

2. 沉降计算经验深度的确定(变形比法)

如前所述，单向分层总和法采用控制附加应力与地基土自重应力比值的方法，即应力比法来确定地基压缩层厚度。《建筑地基规范》规定沉降变形计算深度应符合下列要求：

$$\Delta s_n' \leqslant 0.025 \sum_{i=1}^{n} \Delta s_i' \tag{4-22}$$

式中：$\Delta s_i'$——在计算深度范围内第 i 层土的计算变形值；

$\Delta s_n'$——由计算深度向上取厚度为 Δz 的土层计算变形值，Δz 见图4-17，并按表4-6确定。

表 4-6　Δz 值

基础宽度 b/m	$b \leqslant 2$	$2 < b \leqslant 4$	$4 < b \leqslant 8$	$8 < b$
Δz /m	0.3	0.6	0.8	1.0

计算时如假定的 z_n 不满足以上条件,则增大 z_n 继续向下取土层计算,直至满足式(4-22)。规范规定的这种方法称为变形比法。

当压缩层范围内存在可以视为不可压缩层的土层时,则沉降计算时只需计算至不可压缩土层顶面即可。

为了便于更快地确定压缩层深度,《建筑地基规范》规定,当无相邻荷载影响时,基础宽度在 1~30m 范围内时,基础中点的沉降计算深度也可按下列简化公式计算:

$$z_n = b(2.5 - 0.4 \ln b) \tag{4-23}$$

式中:b——基础宽度。

3. 沉降计算经验系数

由单向分层总和法的假设可以看到,其假设往往与实际条件不一致。首先,采用基础中心点下土的附加应力(它大于任何其他点的附加应力)来计算基础沉降,使基础沉降比实际值偏大;另一方面,假设地基土不发生侧向变形,只产生竖向压缩,又会使沉降计算值比实际偏小。虽然这两个相反的因素在一定程度上互相抵消了一部分误差,但是由于各种其他复杂因素的存在,沉降计算结果与实际沉降仍有一定的误差。

目前,要从理论上去解决这些问题尚有困难。因此,在对分层总和法作简化的基础上,只能根据大量实际工程的沉降观测资料与计算沉降量的比较,采用沉降计算经验系数对计算沉降量进行修正,使之与实际沉降尽量接近。《建筑地基规范》给出的公式如下:

$$s = \varphi_s \cdot s' = \varphi_s \sum_{i=1}^{n} \frac{p_0}{E_{si}} (z_i \overline{a}_i - z_{i-1} \overline{a}_{i-1}) \tag{4-24}$$

式中:s——地基最终沉降量;

φ_s——沉降计算经验系数,根据地区沉降观测资料及经验确定,无地区经验时可采用表 4-7 的数值。

表 4-7　沉降计算经验系数 φ_s

$\overline{E}_s$/MPa　　基底附加压力	2.5	4.0	7.0	15.0	20.0
$p_0 \geqslant f_{ak}$	1.4	1.3	1.0	0.4	0.2
$p_0 \leqslant 0.75 f_{ak}$	1.1	1.0	0.7	0.4	0.2

注:① f_{ak} 为地基承载力特征值。

② $\overline{E}_s$ 为变形计算深度范围内压缩模量的当量值,应按下式计算:

$$\overline{E}_s = \frac{\sum \Delta A_i}{\sum \dfrac{\Delta A_i}{E_{si}}} \tag{4-25}$$

式中:ΔA_i——第 i 层土附加应力面积,$\Delta A_i = A_i - A_{i-1} = p_0(z_i \overline{\alpha}_i - z_{i-1} \overline{\alpha}_{i-1})$。

【例 4-2】采用规范推荐法计算例 4-1 基础中点的最终沉降量。计算资料如图 4-14 所示，矩形均布基底附加压力 p_0=100kPa，基础底面尺寸 $l \times b$ =5m×4m，基础埋深 d=1.5m。基础底面下第一层土为粉质黏土，厚度 4m；第二层土为黏土，地质勘测时未钻穿。地下水位于天然地面下 3.5m 处。已知 $\varphi_s = 1.1$。

解： (1) 地基分层、σ_{cz} 和 σ_z 的计算见例 4-1 的(1)、(2)、(3)步。

(2) 确定沉降计算深度：$z_n=b(2.5-0.4\ln b)=8$m。

(3) 确定各层 E_{si}。

$$E_{si} = \frac{1+e_{1i}}{a_i} = \frac{1+e_{1i}}{e_{1i}-e_{2i}}(p_{2i}-p_{1i})$$

因此，据表 4-4 第 7 列和第 12 列内容可以求出 E_{si} 的值，具体见表 4-8。

表 4-8　规范推荐法计算各层土体的 E_{si}

点	深度 z_i /m	自重应力 σ_{cz} /kPa	附加应力 σ_z /kPa	层厚 H_i /m	自重应力平均值 p_{1i} /kPa $\frac{\sigma_{cz(i-1)}+\sigma_{czi}}{2}$	附加应力平均值 /kPa $\frac{\sigma_{z(i-1)}+\sigma_{zi}}{2}$	自重应力与附加应力均值和 p_{2i}/kPa	压缩曲线	受压前孔隙比 e_{1i}	受压后孔隙比 e_{2i}	$\frac{e_{1i}-e_{2i}}{1+e_{1i}}$	$E_{si}=\frac{1+e_{1i}}{a_i}$ $=\frac{(1+e_{1i})(p_{2i}-p_{1i})}{e_{1i}-e_{2i}}$ /kPa
0	0	27	100									
1	1.0	47	94	1.0	37	97	134	土样 4-1	0.819	0.752	0.037	2621.62
2	2.0	66	75	1.0	57	85	142		0.801	0.749	0.029	2931.03
3	3.0	76	54	1.0	71	65	136		0.799	0.756	0.024	2708.33
4	4.0	85	39	1.0	81	47	128		0.792	0.754	0.021	2238.10
5	5.0	95	28	1.0	90	34	124	土样 4-2	0.914	0.877	0.019	1789.47
6	6.0	105	22	1.0	100	25	125		0.898	0.883	0.008	3125
7	7.0	115	17	1.0	110	20	130		0.892	0.878	0.007	2857.14
8	8.0	125	13	1.0	120	15	135		0.880	0.872	0.004	3750
9	8.6	131	12		128	12.5	140.5		0.878	0.870	0.004	3125

(4) 根据 l/b 同相应的 z/b 的值查表 4-5 求得平均附加应力系数 $\bar{\alpha}$，之后根据公式(4-20)计算各层沉降量 $\Delta s_i'$，具体见表 4-9。

表 4-9　规范推荐法计算各层土体的沉降量

点	l/b	z/m	z/b	$\bar{\alpha}$	$\bar{\alpha}z$	$\bar{\alpha}_i z_i - \bar{\alpha}_{i-1} z_{i-1}$	E_{si}	$\Delta s_i' = \frac{4p_0}{E_{si}}(\bar{\alpha}_i z_i - \bar{\alpha}_{i-1} z_{i-1})$ /mm	s' /mm
0	1.25	0	0	0.25	0				
1	1.25	1	0.5	0.2459	0.2459	0.2459	2621.62	37.5	
2	1.25	2	1.0	0.2297	0.4594	0.2135	2931.03	29.1	
3	1.25	3	1.5	0.2064	0.6192	0.1598	2708.33	23.6	

续表

点	l/b	z/m	z/b	$\bar{\alpha}$	$\bar{\alpha}z$	$\bar{\alpha}_i z_i - \bar{\alpha}_{i-1} z_{i-1}$	E_{si}	$\Delta s_i' = \dfrac{4p_0}{E_{si}}(\bar{\alpha}_i z_i - \bar{\alpha}_{i-1} z_{i-1})$ /mm	s' /mm
4	1.25	4	2.0	0.1835	0.734	0.1148	2238.10	20.5	
5	1.25	5	2.5	0.1635	0.8175	0.0835	1789.47	18.7	
6	1.25	6	3.0	0.1464	0.8784	0.0609	3125	7.8	
7	1.25	7	3.5	0.1323	0.9261	0.0477	2857.14	6.7	
8	1.25	8	4.0	0.1204	0.9632	0.0371	3750	4.0	
9	1.25	8.6	4.3	0.1141	0.9813	0.0181	3125	2.3	150.2

(5) 验算沉降计算深度。

根据 b=4m 及表 4-6，由计算深度向上取厚度 Δz =0.6m 计算变形值为 2.3mm，小于总变形值 150.2mm 的 0.025 倍，即 $\Delta s_i' = 2.3 \leqslant 0.025\sum \Delta s_i' = 3.8$ mm，满足规范要求。

(6) 基础最终沉降量。

$$s = \varphi_s \sum \Delta s_i' = 1.1 \times 150.2 = 165.2 \text{mm}$$

4.3.3　考虑不同变形阶段的沉降计算方法

根据对黏性土地基在局部荷载作用下的实际变形特征的观察与分析，黏性土地基的沉降通常由机理不同的三部分组成，即瞬时沉降 S_d、固结沉降 S_c 和次固结沉降 S_s，如图 4-18 所示：

$$S = S_d + S_c + S_s \tag{4-26}$$

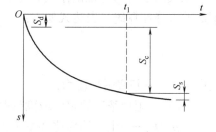

图 4-18　地基沉降的三个组成部分

1. 瞬时沉降(distortion settlement)

初始沉降亦称为瞬时沉降，是指加荷后地基瞬时产生的沉降。

对于饱和黏性土，在荷载施加的一瞬间，由于孔隙水不能马上排出，土不会产生体积压缩，地基土只在剪应力的作用下产生剪切变形。特别是在靠近基础边缘处，地基中有应力集中，剪切变形范围更大。由地基土的剪切变形产生的沉降就是瞬时沉降。

黏性土的瞬时沉降可按弹性理论公式来计算。

1) 基本原理

弹性力学方法假定地基为均质的线性变形半空间，根据布辛奈斯克(Boussinesq，1885)解答，在弹性半空间表面作用一个竖向集中力时，地基内任意一点的竖向位移为

$$\omega = \frac{P(1+\mu)}{2\pi E_0}\left[\frac{z^2}{R^3} + 2(1-\mu)\frac{1}{R}\right] \tag{4-27}$$

因此，通过积分可以建立规则分布荷载下地基中任一点的沉降量以及地表的沉降量的

表达式。

2）计算公式

（1）集中力作用下地表的最终沉降量。

对式(4-27)取 $z=0$，即可得到地表距离集中荷载 P 作用点距离为 $r(R=r)$ 的任一点的沉降：

$$S = \omega(x,y,0) = \frac{P(1-\mu^2)}{\pi E_0 r} \tag{4-28}$$

式中，E_0 为土的变形模量，因而计算的沉降为最终沉降量。

（2）局部分布荷载下地基沉降。

当地基表面局部面积 A 上作用着分布荷载 $p_0(\xi,\eta)$，如图 4-19 所示，则地基的沉降量可由公式(4-28)积分得到。

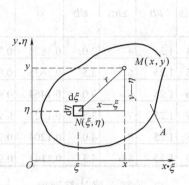

图 4-19　局部荷载下的地基沉降

在分布荷载 $p_0(\xi,\eta)$ 中取一微小荷载单元，面积为 $\mathrm{d}A=\mathrm{d}\xi\mathrm{d}\eta$，当面积 $\mathrm{d}A$ 足够小时可视为一个集中力，大小为 $P=p_0(\xi,\eta)\mathrm{d}A$。将微单元内荷载视为集中荷载，则地面上任意一点由荷载 P 引起的沉降可按式(4-28)计算。将式(4-28)对整个荷载面积积分，就可以得到地基表面任一点 $M(x,y)$ 在总荷载作用下的沉降：

$$s(x,y) = \frac{1-\mu^2}{\pi E_0} \iint_A \frac{p_0(\xi,\eta)\mathrm{d}\xi\mathrm{d}\eta}{\sqrt{(x-\xi)^2(y-\eta)^2}} \tag{4-29}$$

上式的求解与基础的刚度、形状、尺寸的大小及计算点位置等诸多因素有关。一般求解后的沉降计算统一表达式如下：

$$s = \frac{\omega \cdot p_0 b \left(1-\mu^2\right)}{E_0} \tag{4-30}$$

式中：p_0——基底附加压力；

b——矩形基础的宽度或圆形基础的直径；

μ、E_0——土的泊松比和变形模量；

ω——沉降影响系数，根据基础刚度、荷载分布形状和沉降计算点查表 4-10 确定。

表 4.10 中 ω_c、ω_0 和 ω_m 分别为完全柔性基础(均布荷载)的角点、中点和平均沉降量的沉降影响系数。ω_r 为刚性基础在中心荷载作用下的沉降影响系数。

表 4-10　沉降影响系数 ω 值

荷载形状 计算点位置		圆形	方形	矩形(l/b)										
				1.5	2.0	3.0	4.0	5.0	6.0	7.0	8.0	9.0	10.0	100.0
柔性基础	ω_c	0.64	0.56	0.68	0.77	0.89	0.98	1.05	1.11	1.16	1.20	1.24	1.27	2.00
	ω_0	1.12	1.12	1.36	1.53	1.78	1.96	2.10	2.22	2.32	2.40	2.48	2.54	4.01
	ω_m	0.85	0.95	1.15	1.30	1.52	1.70	1.83	1.96	2.04	2.12	2.19	2.55	3.70
刚性基础	ω_r	0.79	0.88	1.08	1.22	1.44	1.61	1.72	—	—	—	—	2.12	3.40

经过计算，对于完全柔性基础，在均布荷载的作用下，荷载中心点下地基沉降最大，

向外逐渐减小。地面沉降呈碟形，如图 4-20 所示。实际上，基础是具有一定的抗弯刚度的，基础下地基沉降要受到基础抗弯刚度的约束。对于刚性基础，由于它具有无限大的抗弯刚度，在中心荷载作用下，基础不发生挠曲，基底沉降量处处相等，如图 4-21 所示。

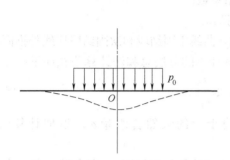

图 4-20　柔性基础下地基的沉降

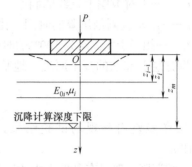

图 4-21　刚性基础下地基的沉降

弹性理论方法计算地基沉降量的准确性往往取决于 E_0 选取的正确与否。计算中一般假定 E_0 在整个地基土层中不变，这只有在地基土层比较均匀时才是近似的，而实际上地基土的 E_0 是随深度变化的。此外，弹性理论公式计算的是均质地基中无限深度土的变形引起的沉降，这与实际不符，但是由于该方法计算过程简单，所以一般常用作沉降的估算及瞬时沉降量的计算。瞬时沉降量计算公式如下：

$$S_\text{d} = \frac{\omega b p_0 (1 - \mu^2)}{E} \tag{4-31}$$

式中符号同式(4-30)。因为瞬时沉降是在不排水条件下没有体积变形所产生的沉降，所以泊松比取 0.5，E 为土的弹性模量，可通过室内三轴不排水试验求得，也可近似采用 $E = (500 \sim 1000)c_\text{u}$ 估算，c_u 是土的不排水抗剪强度(详见第 5 章)。

2. 固结沉降(consolidation settlement)

固结沉降是指瞬时沉降后，由于孔隙水的缓慢排出，孔隙体积相应减小，地基土因为固结压密而产生沉降。固结沉降通常采用分层总和法计算，它是黏性土地基沉降的最主要的组成部分。

3. 次固结沉降(secondary consolidation settlement)

当超静孔隙水压力消散、地基土固结完成后，地基土因土颗粒骨架在不变的有效应力作用下发生蠕变而产生沉降，这部分沉降量称为次固结沉降。

一般认为，次固结沉降速率与孔隙水的流出速度无关，和土层厚度也无关。次固结沉降可通过室内试验结果来进行估计。

许多室内试验和现场量测的结果都表明，一定荷载作用下的土，在主固结完成之后发生的次固结过程中，其孔隙比与时间的关系在半对数图

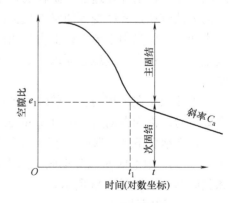

图 4-22　土的 e-lg$t$ 曲线

上接近于一条直线，如图 4-22 所示，因而次固结引起的孔隙比变化可近似地表示为

$$\Delta e = C_a \lg \frac{t}{t_1} \tag{4-32}$$

式中：C_a——半对数图上直线的斜率，称为次固结系数；

t——所求次固结沉降的时间，由施荷瞬间算起；

t_1——相当于主固结为 100%的时间，根据 e-$\lg t$ 曲线主固结段和次固结段切线外推而得。

根据分层总和法的基本原理，地基次固结沉降计算的分层总和法计算公式如下：

$$S_a = \sum_{i=1}^{n} \frac{H_i}{1+e_{1i}} C_{ai} \lg \frac{t}{t_{1i}} \tag{4-33}$$

根据许多室内和现场试验结果，C_a 值取决于土的天然含水量 ω，近似计算时取 $C_a = 0.018\omega$。

次固结沉降一般只在黏性土中才发生，而且占总沉降量的比例较小，计算中一般不考虑。

上述考虑不同变形阶段的沉降计算方法，对黏性土的沉降计算问题是合适的。对主要由砂性土等无黏性土组成的地基，由于地基土透水性强，荷载施加后孔隙水能很快排出，地基沉降很快完成，因此很难区分瞬时沉降和固结沉降，故不适合用此方法计算沉降。

4.3.4　考虑应力历史的影响用原位压缩曲线计算地基最终沉降

应力历史是指土在其形成的地质年代中经受应力变化的情况。天然土层在其形成及存在过程中所经受的地质作用和应力变化不同，所产生的压密过程和固结状态也不相同，因此考虑应力历史影响的地基沉降计算方法首先要弄清楚土层所经受的应力历史，判断天然土层的固结状态，然后选用反映不同应力历史的压缩性指标以及相应的计算公式计算土层的沉降量。

1. 天然土层固结状态的判断

在实际工程中，现有地面不一定就是土在天然沉积过程完成后形成的地面。某些情况下，原来的地面由于地面上升或河流冲刷等作用将地表一定厚度的土层剥蚀掉，或现在的地面是不久以前在原地面上淤积的，这样，现地面以下地基土中有效自重应力不一定等于土的天然沉积过程中受到的竖向最大固结压力。此外，即使现地面高度在历史上一直没有发生变化，但是由于地表以上古冰川的融化，或因地下水抽吸或回灌，土中有效自重应力发生变化，也会导致现地面以下地基土中有效自重应力不等于土沉积过程中受到的最大固结压力。

天然土层在沉积历史上曾经受到过的最大固结压力，即土体在固结过程中所受的最大有效应力，称为先期固结压力 p_c(preconsolidation pressure)。

设现地表下某一深度 z 处的土层，其上覆土重产生的有效自重应力为 $p_1(p_1=\gamma z$，γ 为天然土层重度)，则根据 p_1 与先期固结压力 p_c 的相对大小，可以将土分为超固结土、正常固结土和欠固结土，如图 4-23 所示。

1) 正常固结土($p_c=p_1$)

当土沉积年代较长，地表以下土层在历史上最大固结压力 p_c 作用下的沉降已经稳定，

之后地表并未发生变化，而且也没有因为其他因素使土中有效自重应力发生变化，所以先期固结压力 p_c 等于现地表下土中有效自重应力 p_1，如图 4-23(a)所示，这种土称为正常固结土。

2) 超固结土($p_c > p_1$)

由于古冰川融化、地表剥蚀或地下水位上升等原因，天然土层 z 深度处在地质历史上受到的最大固结压力 p_c 大于现地表下任意深度 z 处的有效自重应力 p_1，如图 4-23(b)所示，这种土称为超固结土。

p_c 与 p_1 之比称为超固结比(over consolidation ratio，缩写为 OCR)，用来表示土的超固结程度。OCR>1 时为超固结状态。

3) 欠固结土($p_c < p_1$)

土层在压力 p_c 作用下已经正常固结，但由于地表新近堆填土或地下水位下降等原因，土中应力 p_1 超过 p_c；或者因为土层沉积时间较短，土在自重应力作用下的固结变形尚未完成时，土将在(p_1-p_c)作用下进一步产生压缩，这种土称为欠固结土，如图 4-23(c)所示。在欠固结土地基上的结构物必须考虑土将在(p_1-p_c)作用下产生的附加沉降。

根据上述分析可知，当施加的外荷载小于先期固结压力时，天然土层将不产生变形或只有微小的变形；当外荷载超过先期固结压力后，因为土层历史上的天然强度被克服，结构被破坏而产生变形；当外荷载相当大时，原始结构土样就会产生很大的压缩变形，结构完全被破坏。由此可见，地基土的应力历史对地基沉降的大小具有一定的影响。

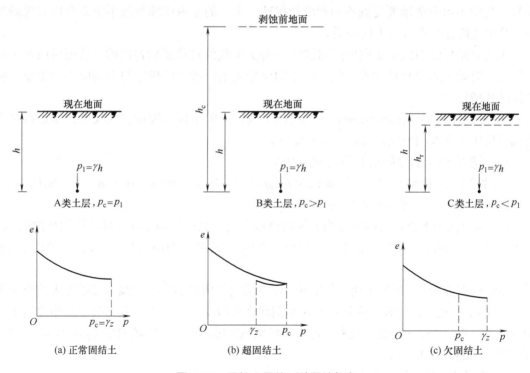

图 4-23　天然土层的三种固结状态

2. 先期固结压力的确定

目前，确定先期固结压力 p_c 的最常用方法是卡萨格兰德(A.Casagrande, 1936)提出的经验作图法，作图步骤如下(图 4-24)：

(1) 利用压缩试验结果绘制 e-$\lg p$ 曲线，在曲线转折部分处找出曲率半径最小的一点 O，过 O 点作 e-$\lg p$ 曲线切线 OA 和水平线 OB；

(2) 作角 $\angle AOB$ 的平分线 OD，与 e-$\lg p$ 曲线的直线段的延长线交于 E 点。

(3) E 点对应的压力值即为先期固结压力。

这种作图确定先期固结压力的方法属于经验方法，亦是国际上通用的方法。其优点是简便、明确、易于操作，但是也存在一定的缺点：

① 原状土取样过程中的扰动程度对试验成果的可靠性和准确度影响较大。

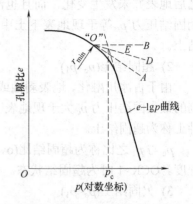

图 4-24　确定先期固结压力的方法

② 曲率半径最小的点是通过人为判断确定的，不同人的判断有一定的差异。

③ 绘制 e-$\lg p$ 曲线时纵、横坐标比例的选择直接影响曲线的形状和 p_c 的确定。

④ 为获得 e-$\lg p$ 曲线的直线段部分，需要进行大于 1000kPa 的较大压力下土的压缩试验。

3. 由土的原始压缩曲线确定考虑应力历史的压缩性指标

由于室内压缩试验所采用的土样经历了卸荷过程，而且在取样、运输、试验制作以及试验过程中不可避免地要受到不同程度的扰动，土样的室内压缩曲线不能完全代表现场原位土样的孔隙比与有效应力的关系。

土的原始压缩曲线是由室内压缩试验 e-$\lg p$ 曲线经过修正后得出的符合现场原始土体孔隙比与有效应力变化的关系曲线。由土的原始压缩曲线可以确定与土层应力历史相对应的压缩性指标。

H. J. 施默特曼(Schmertmann,1955)提出了根据土的室内压缩试验曲线进行修正得到土现场原始压缩曲线的方法，其确定方法如下。

1) 正常固结土的原始压缩曲线(图 4-25)

(1) 绘制正常固结土的室内压缩试验 e-$\lg p$ 曲线，确定先期固结压力 p_c。对正常固结土，先期固结压力 p_c 等于现场自重应力 p_1。

(2) 确定图中 b 点，其横坐标为先期固结压力 p_c，纵坐标为试验土样的初始孔隙比 e_0，认为 e_0 就是土在现场天然状态下的孔隙比，则 p_c 以前的压缩曲线是一条孔隙比为 e_0 的水平线。

(3) 大量室内压缩试验表明，土在不同程度扰动时所得的压缩曲线直线段都大致交于纵坐标 $e=0.42e_0$ 处，由此设想现场原始压缩曲线也大致交于这一点，故可确定现场原始压缩曲线的另一点 c。b、c 两点连起来就得到现场原始压缩曲线，该线的斜率 C_c 称为压缩指数，可以用于土的固结沉降计算。

2) 超固结土的原始压缩曲线(图 4-26)

对超固结土，现场自重应力 p_1 小于先期固结压力 p_c，因此该土层经历了应力从 p_c 到 p_1 的回弹过程。当现场应力增加时，土的孔隙比将沿着原始再压缩曲线变化。由此可知，超固结土的原始压缩曲线应包括原始压缩曲线和原始再压缩曲线两部分。超固结土原始压缩曲线的求法如下：

(1) 绘制室内压缩试验的回弹再压缩曲线(e-lg$p$ 曲线)，并确定先期固结压力 p_c。

(2) 根据土样现场天然孔隙比 e_0 及现场有效自重应力 p_1 值确定 D 点。

(3) 过 D 点作一直线，其斜率等于室内回弹再压缩曲线的平均斜率，该直线交铅直线于 E 点(E 点横坐标为土的先期固结压力)，则 DE 线称为现场再压缩曲线，斜率 C_c 称为回弹指数。

(4) 作 C 点，该点为室内压缩曲线上纵坐标 $e=0.42e_0$ 处，连接 EC，即得到超固结土的原始压缩曲线的直线段，其斜率为压缩指数 C_c。

3) 欠固结土的原始压缩曲线

由于欠固结土在自重应力作用下的压缩变形尚未稳定，只能近似地按照正常固结土的方法求得原始压缩曲线，从而确定压缩指数 C_c 值。

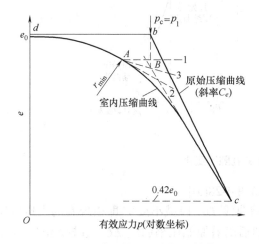

图 4-25　正常固结土的原始压缩曲线

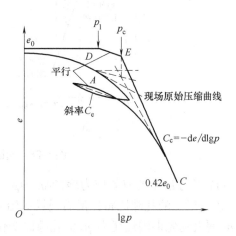

图 4-26　超固结土的原始压缩曲线和原始再压缩曲线

4. 考虑应力历史的沉降计算方法

在采用分层总和法计算沉降时，只要从土的原始压缩曲线(e-lg$p$ 曲线)上确定压缩性指标，就可以考虑应力历史的沉降的影响了。

1) 正常固结土($p_1=p_c$)的沉降计算方法(图 4-27)

在现场原始压缩曲线上确定压缩指数 C_c，用 C_c 求出土的孔隙比变化，即可得到最终沉降量的计算公式为

$$s_c = \sum_{i=1}^{n} \Delta s_i = \sum_{i=1}^{n} \frac{\Delta e_i}{1+e_{0i}} h_i = \sum_{i=1}^{n} \frac{h_i}{1+e_{0i}} C_{ci} \lg\left(\frac{p_{1i}+\Delta p_i}{p_{1i}}\right)$$

$$(4\text{-}34)$$

式中：Δe_i——由原始压缩曲线确定的第 i 层土的孔隙比变化；

e_{0i}——第 i 层土的初始孔隙比；

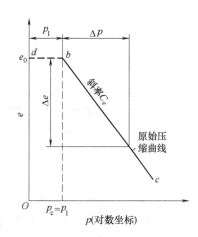

图 4-27　正常固结土的孔隙比变化

h_i——第 i 层土的厚度;

C_{ci}——第 i 层土的压缩指数,由土的现场原始压缩曲线确定;

Δp_i——第 i 层土的附加应力平均值(有效应力增量);

p_{1i}——第 i 层土的自重应力平均值。

2) 超固结土($p_1 < p_c$)的沉降计算方法(图 4-28)

计算超固结土沉降时,应在原始压缩曲线和原始再压缩曲线上分别确定土的压缩指数 C_c 和回弹指数 C_e。其沉降计算应考虑下列两种情况:

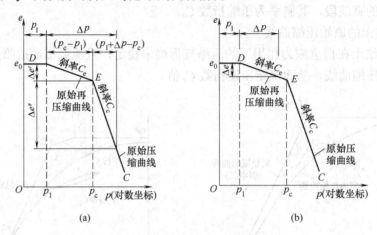

图 4-28 超固结土的孔隙比变化

(1) 某分层土的有效应力增量 $\Delta p > (p_c - p_1)$ [如图 4-28(a)]。

该分层土的孔隙比将先沿着现场原始再压缩曲线 DE 段减小 $\Delta e'$,即由现有的土自重压力 p_1 增大到先期固结压力 p_c 的孔隙比变化,然后沿着原始压缩曲线 EC 段减少 $\Delta e''$,即由 p_c 增大到 $(p_1+\Delta p)$ 的孔隙比变化。因此,相应于应力增量 Δp 的孔隙比变化 $\Delta e = \Delta e' + \Delta e''$,如图 4-28(a)所示:

$$\Delta e' = C_e \lg\left(\frac{p_c}{p_1}\right) \tag{4-35}$$

$$\Delta e'' = C_c \lg\left(\frac{p_1 + \Delta p}{p_c}\right) \tag{4-36}$$

式中:C_e——回弹指数,其值等于原始再压缩曲线 DE 的斜率;

C_c——压缩指数,其值等于原始压缩曲线 EC 的斜率。

各分层土的总固结沉降量计算公式如下:

$$s_n = \sum_{i=1}^{n} \frac{h_i}{1 + e_{0i}} \left[C_{ei} \lg\left(\frac{p_{ci}}{p_{1i}}\right) + C_{ci} \lg\left(\frac{p_{1i} + \Delta p_i}{p_{ci}}\right) \right] \tag{4-37}$$

式中:n——压缩土层中有效应力增量 Δp 大于 (p_c-p_1) 的分层数;

C_{ei}、C_{ci}——第 i 层土的回弹指数和压缩指数;

p_{ci}——第 i 层土的先期固结压力;

其余符号意义同式(4-34)。

(2) 某分层土的有效应力增量$\Delta p < (p_c - p_1)$[图 4-28(b)]。

分层土的孔隙比变化只沿着现场原始再压缩曲线 DE 段减小，其大小为

$$\Delta e = C_e \lg \frac{p_1 + \Delta p}{p_1} \tag{4-38}$$

各分层土的总固结沉降量为

$$s_m = \sum_{i=1}^{m} \frac{h_i}{1+e_{0i}} \left[C_{ei} \lg \left(\frac{p_{1i} + \Delta p_i}{p_{1i}} \right) \right] \tag{4-39}$$

式中：m——压缩土层中有效应力增量Δp 小于$(p_c - p_1)$的分层数。

超固结土的总固结沉降为上述两部分之和，即
$s_c = s_n + s_m$。

(3) 欠固结土$(p_1 > p_c)$的沉降计算(图 4-29)。

海底淤泥土、近代冲填的陆地一般为欠固结土。地面填土、地下水位降低也会使原来已经正常固结的土成为欠固结土。

因为欠固结土的先期固结压力 p_c 小于土层现有的有效自重应力 p_1，所以其沉降包含两部分：①由于地基附加应力所引起的沉降；②尚未完成的自重固结沉降。

欠固结土的孔隙比变化可近似地按与正常固结土相同的方法求得的原始压缩曲线确定，如图 4-29 所示。沉降计算公式为

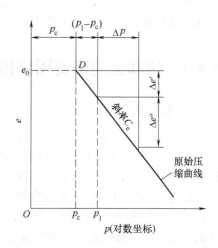

图 4-29 欠固结土的孔隙比变化

$$s = \sum_{i=1}^{n} \frac{h_i}{1+e_{0i}} \left[C_{ci} \lg \frac{p_{1i} + \Delta p_i}{p_{ci}} \right] \tag{4-40}$$

由此可知，如果按照正常固结土层计算欠固结土的沉降，则计算结果可能远小于实际观测的沉降量。

需要强调的是，上述考虑应力历史的沉降计算方法都是根据土压缩过程中孔隙比的变化来计算地基沉降的，因此其计算结果为地基土的固结沉降。

4.4 太沙基一维固结理论

土的固结是土的压缩变形随时间而增长的过程。在外荷载作用下，地基土体压缩、孔隙水根据土的透水性强弱及排水条件以不同的速率排出时，土的固结速率和相应的有效应力增长速率都是时间的函数。因此，土的固结理论不仅是研究地基沉降及其速率的基础，而且与地基土的强度和渗流等问题密切相关。

透水性好的无黏性土，其变形所经历的时间很短，可以认为在外荷载施加完毕(如结构竣工)时其变形已经稳定；对于黏性土，完成固结所需时间比较长，尤其是饱和软黏土，其固结变形往往需要经过几年甚至几十年时间才能完成，因此下面只研究饱和黏性土的固结

问题。

　　土的固结理论是土力学中的重要理论之一，其主要研究内容包括土中孔隙水压力的分布、变形随时间的变化规律以及固结度估算等。

　　在软土地基的工程实践中，需要研究的地基沉降与时间的关系问题主要包括：确定结构物在施工期间或完工后某一时刻的基础沉降量，以便控制施工速率或制定结构物正常使用的安全措施；以先后施工的时间差来降低相邻基础的沉降差异；当相邻基础的沉降差异较大时，考虑沉降过程中某一时刻可能出现的最大沉降差异等。

　　太沙基一维固结理论为单向固结理论，适用于大面积荷载下地基沉降与时间的关系问题。对于二向或三向固结的实际问题，依靠单向固结理论未必都能得出满意的解答，但是掌握固结理论的基本概念仍然有助于实际工程问题的解决。

4.4.1　饱和土的渗流固结模型

1. 单层渗流模型分析

　　饱和土在外荷载引起的单向压力作用下的单向渗流固结过程可以用如图 4-30 所示的单层渗流固结模型予以说明，这就是太沙基(Terzaghi，1925 年)一维固结模型。

　　该渗流固结模型由一个带有测压管并装满水的圆筒、带孔的活塞板和弹簧组成。整个装置表示土中一点的应力状态。其中，弹簧代表土的颗粒骨架；带小孔的活塞板象征土的竖向透水性的强弱；圆筒中的水模拟土中的孔隙水。因为模型中只有固、液两相介质，所以外力增量 Δp 只能由水和弹簧两者共同承担。设弹簧所承受的应力为 $\bar{\sigma}$(表征土骨架的受力——粒间应力)，水所承担的应力为 u(表征孔隙水压力)，根据静力平衡条件有

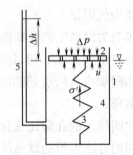

图 4-30　一维固结模型

1—圆筒；2—活塞板；
3—弹簧；4—水；5—测压管

$$\Delta p = \bar{\sigma} + u \tag{4-41}$$

　　因此，利用该模型可以清楚地模拟饱和土的渗流固结过程中孔隙水和土骨架对外荷载引起的附加应力的分担作用以及孔隙水压力和有效应力的消长过程。

　　试验过程如下：

　　(1) 当活塞板上没有外荷载作用时，测压管中的水位与圆筒中的水位平齐，筒中的水不会通过活塞板上的小孔流出，说明孔隙水处于静止状态，土中未发生渗流。

　　(2) 荷载 Δp 施加瞬间，即 $t=0$ 时，筒中的水来不及排出，活塞板没有下降，弹簧未变形，亦不受力，Δp 全部由筒中的水来承担，孔隙水上增加了一个应力 u，称为超静水压力。此时，测压管中的水位升高，升高的水头为 $\Delta h=u/\gamma_w=\Delta p/\gamma_w$。即，$t=0$，$u=\Delta p$，$\bar{\sigma}=0$，土骨架的变形为零。

　　(3) 渗流过程中，即 $t>0$ 时，在压力水头 Δh 的作用下，筒中的水通过活塞板上的小孔向外挤出，活塞随之下降，弹簧开始发生变形并承担了部分荷载，超静水力 u 随之下降。此时，Δp 由弹簧和筒中水共同承担，即由土骨架和孔隙水共同承担。随着筒中水不断被挤出，Δh 不断减小，活塞继续下降，弹簧变形加大，承担更多的外荷载，即 $0<t<\infty$，$\Delta p=\bar{\sigma}+u$，

土骨架变形逐渐加大。

(4) 渗流结束时，即 $t\to\infty$ 时，孔隙水压力完全消散，$\Delta h=0$，水停止流出，活塞沉降稳定，筒中水承担的力减至零，弹簧承担全部外荷载，即 $\bar{\sigma}=\Delta p$，测压管中的水位与圆筒中的水位又保持齐平，即 $t\to\infty$，$u=0$，$\bar{\sigma}=\Delta p$，土骨架变形达到稳定值。

由以上分析可知，饱和土体在外荷载作用下的渗流过程就是土中的超静水压力逐渐消散、有效应力逐渐增长的过程。

此外，根据弹簧变形的发展过程可知，土骨架变形与土骨架应力之间存在着唯一的对应关系。土骨架应力是对变形有效的力，故称为有效应力。固结过程中的土体变形是在外荷载作用下土骨架的变形，此变形与荷载引起的渗流过程有关，称为土的固结变形。固结变形与土中的有效应力存在唯一的对应关系。

由于渗流固结过程中 Δp 始终不变，超静水压力与有效应力的分担与转换作用也反映了土的有效应力原理的基本概念和内容。

需要说明的是，孔隙水压力等于孔隙静水压力与超静水压力之和。孔隙静水压力是由孔隙水的自重产生的，在地下水位不变的条件下，孔隙静水应力不随时间变化，对土骨架的应力和变形不产生影响。孔隙超静水压力是指由外荷载及其他因素产生的超出静水水位的那部分应力，随着土中渗流的产生，超静水压力随时间而变化，并对土骨架的应力和变形产生影响。在土力学中研究固结问题时，常将超静孔隙水压力称为孔隙水压力。

2. 多层渗流固结模型分析

为了进一步分析饱和土渗流固结过程中超静水压力与有效应力的变化规律，可对多层弹簧-活塞模型进行分析。

多层渗流固结模型由多层带孔的活塞板、弹簧和圆筒组成，如图 4-31 所示。模型各层分别表示土层中不同深度的点。弹簧、带孔活塞板和筒中的水所表征的意义与一维固结模型相同。

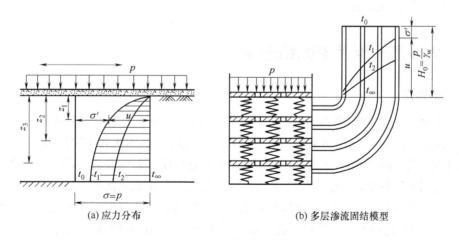

(a) 应力分布　　　　(b) 多层渗流固结模型

图 4-31　多层渗流固结模型

当外荷载作用于模型装置后，可以从测压管中水位的变化情况分析土层中超静孔隙水压力随时间而消散的过程。其试验过程如下：

(1) 加荷之前，测压管与圆筒中的水位保持齐平，表明土中各点的超静水压力等于零。

(2) 荷载 p 施加的瞬间，即 $t=0$ 时，各层的水都来不及排出，弹簧未受力，不产生变形，活塞板没有下沉，全部荷载由孔隙水来承担。各测压管中的水位都升高了 $\Delta h=p/\gamma_w$，表明土层中各点的超静水压力都相同，即

$$u_i=p, \quad \bar{\sigma}=0 \quad (i=1，2，3，4) \tag{4-42}$$

(3) 当 $0<t<\infty$ 时，在 Δh 的作用下，模型中的水将随着时间逐渐挤出，表示土体开始固结。因为模型顶面为排水面，第 1 点的水首先挤出，随后第 2、3、4 点的水挤出，越靠下的点水挤出越困难，因而孔隙水压力上小下大，测压管的水位随之下降。将相应于某一时刻的各测压管的水位连接起来，可得图 4-31(b)所示的曲线。在模型中的水挤出的同时，弹簧承担部分外荷，产生相应的变形，此时模型中的各点：

超静水压力：$\qquad\qquad\qquad u_1<u_2<u_3<u_4<p$

土骨架应力：$\qquad\qquad\qquad \bar{\sigma}_1>\bar{\sigma}_2>\bar{\sigma}_3>\bar{\sigma}_4 ; \quad u_i+\bar{\sigma}_i=p \tag{4-43}$

在这一时段，土层处于固结过程中，超静水压力不断消散，有效应力不断增长，土层固结变形逐渐增加，荷载强度 p 始终等于超静水压力和有效应力之和。

(4) 随着时间的增长，当 $t\to\infty$，$\Delta h=0$，此时筒中水不再向外挤出，弹簧支撑了全部外荷载，变形达到稳定，相当于土层中各点的超静水压力已全部消散，荷载全部转化为土骨架应力，此时土的渗透固结完成，即

$$u_i=0, \quad \bar{\sigma}_i=p, \quad (i=1，2，3，4) \tag{4-44}$$

将模型中 t_0、t_1、t_2、t_∞ 各时刻的测压管水位绘在土层中相应点处，并连接成曲线(称为等时线)，该曲线反映了土层中的超静水应力随深度和时间的变化规律。根据土的有效应力原理，其实际上也是有效应力的变化规律，因此也可用来分析饱和土在渗流固结过程中变形随时间发展的问题。因为在土中直接量测有效应力很困难，所以分析土中孔隙水压力的变化规律对研究土的强度和变形问题十分重要。

一维渗流固结理论的研究目的，就是求解地基中任意一点的超静水压力随时间和深度的变化规律，即 $u=f(z, t)$。

4.4.2　太沙基一维渗流固结理论

1. 基本假定

如图 4-32 所示，在厚度为 H 的饱和土层上一次瞬时施加无限均布荷载 p，此时土中的附加应力沿深度均匀分布。该土层顶面为透水层，底面为不透水和不可压缩层，设该饱和土层在自重应力下的固结已经完成，因此只在外荷载作用下发生竖直方向的一维渗透固结。在整个渗透固结过程中，土中的超静水压力 u 和有效应力 $\bar{\sigma}$ 都是深度 z 和时间 t 的函数。为了便于分析固结过程，需提出下列基本假定，由此即可建立太沙基一维固结微分方程。

(1) 土是均质饱和的，土颗粒和孔隙水均是不可压缩的，土的体积压缩量与土孔隙中排出的水量相等，并且土的压缩变形速率取决于土中水的渗流速率。

(2) 土的压缩符合压缩定律，压缩系数 a 为常量。

(3) 土中水的渗流沿竖直方向发生，渗流符合达西定律，土的渗透系数 k 为常数。

2. 一维固结微分方程的建立

在土层表面施加连续均布荷载 p 后，通过某一时间 t，土层中的总应力、孔隙水压力分布如图 4-32(a)所示。现从土层深度为 z 处取一微分体(断面面积=1×1，厚度为 $\mathrm{d}z$，渗透固结前土的孔隙比为 e)，则在此微单元体中：

土颗粒的体积

$$V_s = \frac{1}{1+e}\mathrm{d}z = 常量$$

土孔隙的体积

$$V_v = e \cdot V_s = \frac{e}{1+e}\mathrm{d}z$$

1) 单元体的渗流连续条件(基本假设 1)

如图 4-32(b)所示，在时间间隔 $\mathrm{d}t$ 内，从微分体底面流入的水量为 $q\mathrm{d}t$ (q 为单位时间、单位面积的渗流量)，从微分体顶面流出的水量为 $\left(q + \frac{\partial q}{\partial z}\mathrm{d}z\right)\mathrm{d}t$，微分体内水量的变化量为 $\frac{\partial q}{\partial z}\mathrm{d}z\mathrm{d}t$。

在 $\mathrm{d}t$ 时间内，孔隙体积的变化量为

$$\frac{\partial V_v}{\partial t}\mathrm{d}t = \frac{\partial}{\partial t}\left(\frac{e}{1+e}\mathrm{d}z\right)\mathrm{d}t = \frac{1}{1+e}\frac{\partial e}{\partial t}\mathrm{d}z\mathrm{d}t \tag{4-45}$$

假定土粒和孔隙水都是不可压缩的。根据渗流连续条件可知：在同一时段，微分体内孔隙体积的变化等于水量的变化，即

$$\frac{1}{1+e}\frac{\partial e}{\partial t} = \frac{\partial q}{\partial z} \tag{4-46}$$

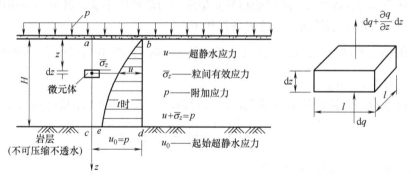

(a) 土层和应力分布   (b) 固结中的微分体

图 4-32 饱和土的一维固结方程

2) 单元体的变形条件(基本假定 2)

因为有效应力与土层的变形之间存在唯一的对应关系，土的压缩定律为

$$\mathrm{d}e = -a\mathrm{d}\bar{\sigma} \quad 或 \quad \frac{\partial e}{\partial t} = -a\frac{\partial \bar{\sigma}}{\partial t}$$

假设固结过程中外荷载保持不变，土层中的总应力也保持不变，根据有效应力原理，$\bar{\sigma} = p-u$，代入上式，得

$$\frac{\partial e}{\partial t} = -a\frac{\partial(p-u)}{\partial t} = a\frac{\partial u}{\partial t} \tag{4-47}$$

3）单元体的渗流条件(基本假定 3)

因为 q 表示单位时间、单位面积的渗流量，故根据达西定律有

$$q = v = k \cdot i = \frac{k}{\gamma_w}\frac{\partial u}{\partial z} \tag{4-48}$$

将式(4-47)、式(4-48)代入式(4-46)，得到

$$\frac{k}{\gamma_w}\frac{\partial^2 u}{\partial z^2} = \frac{a}{1+e}\frac{\partial u}{\partial t} \tag{4-49}$$

整理上式，并令 $C_v = \dfrac{k(1+e)}{a\gamma_w}$，称为土的竖向固结系数($cm^2/s$)，从而得到

$$\frac{\partial u}{\partial t} = C_v\frac{\partial^2 u}{\partial z^2} \tag{4-50}$$

这就是太沙基一维固结微分方程。在固结方程中，k、a 和 e 实际上都随有效应力而变化。为了简化，解题时将它们视为常数，计算时宜取固结过程中的平均值，因此固结系数 C_v 也是常数。这一方程不仅适用于假设单面排水的边界条件，也可用于双面排水的边界条件。

3. 固结微分方程的求解

饱和土的一维固结微分方程可以根据不同的起始条件和边界条件对式(4-50)求解。

1）土层单面排水情况

首先依照图 4-32(a)所示，即起始超静孔隙水压力沿深度不变、其分布为矩形时对固结微分方程求解。此时的起始条件和边界条件如下：

当 $t=0$ 和 $0 \leqslant z \leqslant H$ 时，$u = u_0 = p$；$0 < t \leqslant \infty$ 和 $z=0$ 时，$u=0$；$0 \leqslant t \leqslant \infty$ 和 $z=H$ 时，$\dfrac{\partial u}{\partial z} = 0$；$t=\infty$ 和 $0 \leqslant z \leqslant H$ 时，$u=0$。

采用分离变量法，应用傅立叶级数，可求得满足上述边界条件的解答如下：

$$u_{z,t} = \frac{4p_2}{\pi}\sum_{m=1}^{\infty}\frac{1}{m}\sin\left(\frac{m\pi \cdot z}{2H}\right)e^{-\frac{m^2\pi^2}{4}T_v} \tag{4-51a}$$

在实用中常取第一项，即取 $m=1$，得

$$u_{z,t} = \frac{4p_2}{\pi}\sin\left(\frac{\pi \cdot z}{2H}\right)e^{-\frac{\pi^2}{4}T_v} \tag{4-51b}$$

式中：m——奇数正整数(1，3，5，…)；

T_v——时间因数，$T_v = \dfrac{C_v \cdot t}{H^2}$(无量纲)；

H——压缩土层最远的排水距离，当土层为单面排水时 H 等于土层厚度，当土层上下双面排水时 H 采用一半土层厚度；

e——自然对数的底数。

实际工程中土层的起始超静孔隙水压力分布并非像图 4-32(a)那样简单。最常见的情况是沿深度呈线性分布，此时定义 $\alpha = p_1/p_2 =$ 排水层顶面的起始孔隙水压力/不排水层底面的

起始孔隙水压力。为了简化计算，实用上常常根据饱和黏性土层内实际附加应力(对欠固结土包括土层自重应力)的分布和排水条件分成五种情况，具体如下(图4-33)：

(1) $\alpha=1$，应力图形为矩形。适用于土层在自重应力作用下的固结已经完成，基础底面积较大而压缩层较薄的情况。

(2) $\alpha=0$，应力图形为三角形。相当于大面积新填土层(饱和时)由于土层自重应力引起的固结；或者由于地下水位下降，在地下水变化范围内，自重应力随深度增加的情况。

(3) $\alpha<1$，适用于土层在自重应力作用下尚未固结，又在其上施加荷载的情况。

(4) $\alpha=\infty$，土层厚，基底面积小，土层底面附加应力已接近于0的情况。

(5) $\alpha>1$，土层厚度 $h>b/2$(b 为基础宽度)，附加应力随深度增加而减小，但深度 h 处的附加应力大于0。

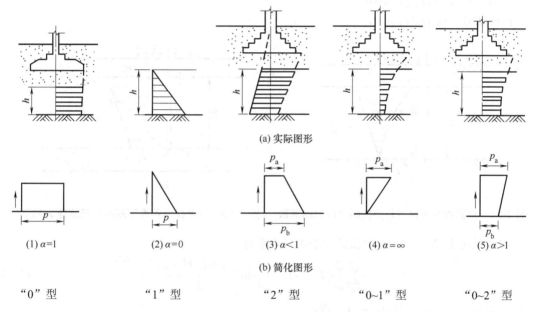

(a) 实际图形

(1) $\alpha=1$　　(2) $\alpha=0$　　(3) $\alpha<1$　　(4) $\alpha=\infty$　　(5) $\alpha>1$

(b) 简化图形

"0"型　　　　"1"型　　　　"2"型　　　　"0~1"型　　　　"0~2"型

图4-33　地基中应力的分布图形

下面针对最具代表性的梯形情况的初始条件及边界条件对式(4-50)求解。

土层单面排水，当起始超静孔隙水压力沿深度为线性分布，其分布图形为梯形，如图4-34所示，此时的初始条件及边界条件如下：

当 $t=0$ 和 $0\leqslant z\leqslant H$ 时，$u=u_0=p_2\left[1+\left(\alpha-1\right)\dfrac{H-z}{H}\right]$；

$0<t\leqslant\infty$ 和 $z=0$ 时，$u=0$；

$0\leqslant t\leqslant\infty$ 和 $z=H$ 时，$\dfrac{\partial u}{\partial z}=0$；

$t=\infty$ 和 $0\leqslant z\leqslant H$ 时，$u=0$。

采用分离变量法，应用傅里叶级数，可求得满足上述边界条件的解答如下：

$$u_{z,t}=\frac{4p_2}{\pi^2}\sum_{m=1}^{\infty}\frac{1}{m^2}\left[m\pi\alpha+2(-1)^{\frac{m-1}{2}}(1-\alpha)\right]\sin\left(\frac{m\pi\cdot z}{2H}\right)\mathrm{e}^{-\frac{m^2\pi^2}{4}T_{\mathrm{v}}} \tag{4-52a}$$

在实用中常取第一项，即取 $m=1$，得

$$u_{z,t} = \frac{4p_2}{\pi^2}\left[\alpha(\pi-2)+2\right]\sin\left(\frac{\pi \cdot z}{2H}\right)e^{-\frac{\pi^2}{4}T_v} \tag{4-52b}$$

式中各符号含义同式(4-51)。

2) 土层为双面排水情况

起始超静孔隙水压力沿深度为线性分布，如图 4-35 所示，定义 $\alpha = p_1/p_2$。令土层厚度为 $2H$，初始条件及边界条件如下：

当 $t=0$ 和 $0 \leqslant z \leqslant H$ 时，$u = u_0 = p_2\left[1+(\alpha-1)\dfrac{H-z}{H}\right]$；

$0 < t \leqslant \infty$ 和 $z=0$ 时，$u=0$；

$0 \leqslant t \leqslant \infty$ 和 $z=H$ 时，$u=0$；

$t=\infty$ 和 $0 \leqslant z \leqslant H$ 时，$u=0$。

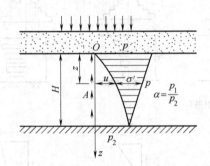 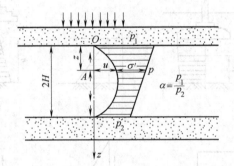

图 4-34 单面排水条件下超静孔隙水压力的消散   图 4-35 双面排水条件下超静孔隙水压力的消散

同样采用分离变量法可求得式(4-50)的特解为

$$u_{z,t} = \frac{p_2}{\pi}\sum_{m=1}^{\infty}\frac{2}{m}\left[1-(-1)^m\alpha\right]\sin\left[\frac{m\pi \cdot (2H-z)}{2H}\right]e^{-\frac{m^2\pi^2}{4}T_v} \tag{4-53}$$

在实用中常取第一项，即取 $m=1$，得：

$$u_{z,t} = \frac{2p_2}{\pi^2}(1+\alpha)\sin\left[\frac{\pi \cdot (2H-z)}{2H}\right]e^{-\frac{\pi^2}{4}T_v} \tag{4-54}$$

超静孔隙水压力随深度分布曲线上各点斜率反映出该点在某时刻的水力梯度。

4. 固结度计算

1) 固结度基本概念

在一定压力强度作用下，地基土层经历时间 t 所产生的固结沉降量与最终沉降量的比值称为固结度(degree of consolidation)，可用下式表示：

$$U_t = \frac{S_t}{S} \tag{4-55}$$

式中：U_t——经过时间 t 后地基所达到的固结度，以百分数或小数表示；

S_t——地基在某一时刻 t 的固结沉降量；

S——地基最终的固结沉降量。

土层中某点的固结度对于实际工程问题不好解决，为此引入某一土层的平均固结度的

概念是必要的。对于竖向排水情况，由于固结变形与有效应力成正比，所以某一时刻有效应力图面积和最终有效应力图面积的比值称为竖向平均固结度。因此，加荷后任意时刻 t 的地基竖向平均固结度为

$$\overline{U}_t = \frac{S_t}{S} = \frac{\int_0^H \sigma'(z,t)\mathrm{d}z}{\int_0^H p(z)\mathrm{d}z} = 1 - \frac{\int_0^H u(z,t)\mathrm{d}z}{\int_0^H p(z)\mathrm{d}z} \tag{4-56}$$

$$= \frac{t\text{时刻有效应力图形面积}}{\text{固结结束时有效应力图形面积}} = 1 - \frac{t\text{时刻超静孔隙水压力图形面积}}{\text{起始时超静孔隙水压力图形面积}}$$

上式表明，任意时刻 t 的地基固结度为 t 时刻的有效应力面积与总应力面积之比。固结度反映了地基固结或孔隙超静水应力消散的程度，也就是土中孔隙水压力向有效应力转化过程的完成程度。显然，固结度随着固结过程逐渐增大，从 $t=0$ 时为 0.0 至 $t=\infty$ 时为 1.0。因此，根据固结度就可以求出地基土在任意时刻的固结沉降量。

2) 起始超静孔隙水压力沿深度线性分布情况下的固结度计算

起始超静孔隙水压力沿深度线性分布的几种情况见图 4-33。

(1) 土层单面排水情况。

当 $\alpha=1$ 时，为 "0" 型，起始超静孔隙水压力分布图为矩形。将式(4-51b)代入式(4-56)，得到单面排水情况下土层任一时刻 t 的固结度 U_t 的近似值：

$$U_0 = 1 - \frac{\int_0^H u_t \mathrm{d}z}{pH} = 1 - \frac{\int_0^H \frac{4p_2}{\pi}\sin\left(\frac{\pi \cdot z}{2H}\right)\mathrm{e}^{-\frac{\pi^2}{4}T_v}\mathrm{d}z}{pH} = 1 - \frac{8}{\pi^2}\cdot\mathrm{e}^{-\frac{\pi^2}{4}T_v} \tag{4-57}$$

当 $\alpha = p_1/p_2$ 时，起始超静孔隙水压力分布图为梯形。将式(4-52b)代入式(4-56)，得到单面排水情况下土层任一时刻 t 的固结度 U_t 的近似值：

$$U_t = 1 - \frac{\left(\frac{\pi}{2}\alpha - \alpha + 1\right)}{1+\alpha}\cdot\frac{32}{\pi^3}\cdot\mathrm{e}^{-\frac{\pi^2}{4}T_v} \tag{4-58}$$

可见，α 取 1，即 "0" 型，U_0 的值为公式(4-57)，是公式(4-58)的一个特例。

α 取 0，即 "1" 型，起始超静孔隙水压力分布图为三角形，代入式(4-57)，得

$$U_1 = 1 - \frac{32}{\pi^3}\cdot\mathrm{e}^{-\frac{\pi^2}{4}T_v} \tag{4-59}$$

不同 α 值时的固结度可按式(4-58)来求，也可利用式(4-57)及式(4-59)求得的 U_0 及 U_1 按式(4-60)来计算：

$$U_\alpha = \frac{2\alpha U_0 + (1-\alpha)U_1}{1+\alpha} \tag{4-60}$$

式(4-60)的推导参见图 4-36。为方便查用，表 4-11 给出了不同的 $\alpha = p_1/p_2$ 下 U_t 和 T_v 的关系。

(2) 土层双面排水情况。

将式(4-54)代入式(4-56)即得双面排水、起始孔隙水压力沿深度线性分布情况下土层任一时刻 t 的固结度 U_t 的近似值：

$$U_t = 1 - \frac{8}{\pi^2}\cdot\mathrm{e}^{-\frac{\pi^2}{4}T_v} \tag{4-61}$$

从式(4-61)可看出固结度 U_t 与 α 值无关，且形式上与土层单面排水时的 U_0 相同。注意式(4-61)中 $T_v = \dfrac{C_v \cdot t}{H^2}$ 中的 H 为固结土层厚度的一半，而式(4-57)中 $T_v = \dfrac{C_v \cdot t}{H^2}$ 中的 H 为固结土层厚度。因此，双面排水，起始超静孔隙水压力沿深度线性分布情况下 t 时刻的固结度可以用单面排水 $\alpha=1$ 时的式(4-57)来求，即采用表 4-11 中 $\alpha=1$ 时 U_t 和 T_v 关系表，只是要注意取双面排水时土层厚度的一半作为 H 代入。

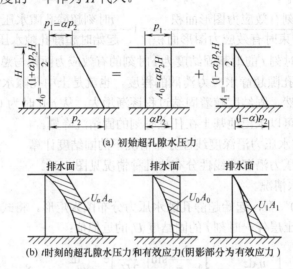

(a) 初始超孔隙水压力

(b) t 时刻的超孔隙水压力和有效应力(阴影部分为有效应力)

图 4-36 利用 U_0 及 U_1 求 U_α

表 4-11 单面排水不同 α 下 U_t 和 T_v 的关系

| α | 固结度 U_t | | | | | | | | | | | 类型 |
	0.0	0.1	0.2	0.3	0.4	0.5	0.6	0.7	0.8	0.9	1.0	
0.0	0.0	0.049	0.100	0.154	0.217	0.29	0.38	0.50	0.66	0.95	∞	"1"
0.2	0.0	0.027	0.073	0.126	0.186	0.26	0.35	0.46	0.63	0.92	∞	
0.4	0.0	0.016	0.056	0.106	0.164	0.24	0.33	0.44	0.60	0.90	∞	"0~1"
0.6	0.0	0.012	0.042	0.092	0.148	0.22	0.31	0.42	0.58	0.88	∞	
0.8	0.0	0.010	0.036	0.079	0.134	0.20	0.29	0.41	0.57	0.86	∞	
1.0	0.0	0.008	0.031	0.071	0.126	0.20	0.29	0.40	0.57	0.85	∞	"0"
1.5	0.0	0.008	0.024	0.058	0.107	0.17	0.26	0.38	0.54	0.83	∞	
2.0	0.0	0.006	0.019	0.050	0.095	0.16	0.24	0.36	0.52	0.81	∞	
3.0	0.0	0.005	0.016	0.041	0.082	0.14	0.22	0.34	0.50	0.79	∞	
4.0	0.0	0.004	0.014	0.040	0.080	0.13	0.21	0.33	0.49	0.78	∞	"0~2"
5.0	0.0	0.004	0.013	0.034	0.069	0.12	0.20	0.32	0.48	0.77	∞	
7.0	0.0	0.003	0.012	0.030	0.065	0.12	0.19	0.31	0.47	0.76	∞	
10.0	0.0	0.003	0.011	0.028	0.060	0.11	0.18	0.30	0.46	0.75	∞	
20.0	0.0	0.003	0.010	0.026	0.060	0.11	0.17	0.29	0.45	0.74	∞	
∞	0.0	0.002	0.009	0.024	0.048	0.09	0.16	0.23	0.44	0.73	∞	"2"

3) 地基沉降与时间关系的计算

根据土的固结理论，利用固结度的概念即可进行地基沉降与时间关系的计算。

(1) 已知地基的最终沉降量，求某一时刻 t 的地基固结沉降量。

根据地基土层的压缩系数 a、渗透系数 k、孔隙比 e、压缩层厚度 h 及给定时间 t，可计算出土的固结系数 C_v 及时间因数 T_v。利用 U_t-T_v 的关系曲线查出 U_t，则 t 时刻的固结沉降量由下式计算：

$$S_t = U_t S \tag{4-62}$$

(2) 已知地基的最终沉降量，求土层达到一定沉降量所需要的时间。

首先根据给定固结沉降量，求出土层达到的固结度 $U_t = S_t / S$，再由 U_t-T_v 的关系曲线查出相应的时间因数 T_v，即可求出土层达到一定沉降量时所需的时间 t，即 $t = T_v H^2 / c_v$。

【例 4-3】厚度 10m 的饱和黏土层，其表面作用有大面积均布荷载 p=160kPa。已知该土层的初始孔隙比 e=1.0，压缩系数 $a = 0.3\text{MPa}^{-1}$，渗透系数 $k = 18\text{mm} / \text{y}$，求黏性土在单面排水及双面排水条件下：

(1) 加荷历时一年的沉降量；

(2) 固结度达到 90% 所需的时间。

解：

(1) 加荷历时一年的沉降量。

大面积荷载作用下，黏土层中附加应力沿深度是均布的，即 σ_z=p=160kPa。

土层的最终固结沉降量：$S = \dfrac{a}{1+e} \sigma_z H = \dfrac{0.3}{1+1} \times 0.16 \times 10 \times 10^3 = 240\text{mm}$。

土层的竖向固结系数：$C_v = \dfrac{k(1+e)}{a\gamma_w} = \dfrac{18 \times 0.001 \times (1+1)}{0.0003 \times 10} = 12\text{m}^2 / \text{y}$。

当单面排水时，时间因数 $T_v = \dfrac{C_v t}{H^2} = \dfrac{12 \times 1}{10^2} = 0.12$，查表 4-11，$\alpha$=1 时得相应固结度 U_t=40%，则 t=1 年时的沉降量为

$$S_t = 0.4 \times 240 = 96\text{mm}$$

当双面排水时，时间因数 $T_v = \dfrac{C_v t}{H^2} = \dfrac{12 \times 1}{5^2} = 0.48$。

同理，查表 4-11，a=1 时得相应固结度 U_t=75%，则 t=1 年时的沉降量为

$$S_t = 0.75 \times 240 = 180\text{mm}$$

(2) 固结度达到 90% 所需的时间。

查表 4-11，a=1 时固结度达到 90% 时相应的时间因数 T_v=0.85，则发生沉降所需时间为：

当单面排水时 $\qquad t = \dfrac{T_v H^2}{C_v} = \dfrac{0.85 \times 10^2}{12} = 7.08\text{y}$

当双面排水时 $\qquad t = \dfrac{T_v H^2}{C_v} = \dfrac{0.85 \times 5^2}{12} = 1.77\text{y}$

由此可知，达到同一固结度时，双面排水比单面排水所需时间短得多。此外，对于性质相同的土层，达到同一固结度所需的时间只取决于时间因数。若两土层的排水距离分别为 H_1 和 H_2，则达到相同固结度所需时间 t_1 和 t_2 将与排水距离之间存在如下关系：

$$\frac{t_1}{H_1^2} = \frac{t_2}{H_2^2} \tag{4-63}$$

【例 4-4】 若有一黏性土层，厚为 10m，上、下两面均可排水。现从黏土层中心取样后切取一厚 2cm 的试样，放入固结仪做试验(上、下均有透水石)，在某一级固结压力作用下，测得其固结度达到 80%时所需的时间为 10min，问：该黏土层在同样固结压力作用下达到同一固结度所需的时间为多少？若黏性土改为单面排水，其固结度达到 80%时所需时间又为多少？

解： 已知 $H_1=10\text{m}$，$H_2=2\text{cm}$，$t_2=10\text{min}$，$U_t=80\%$，由于土的性质和固结度均相同，因而由 $C_{v1}=C_{v2}$ 及 $T_{v1}=T_{v2}$ 的条件可得

$$\frac{t_1 C_{v1}}{\left(\dfrac{H_1}{2}\right)^2} = \frac{t_2 C_{v2}}{\left(\dfrac{H_2}{2}\right)^2}, \quad t_1 = \frac{H_1^2}{H_2^2} t_2 = \frac{1000^2}{2^2} \times 10 = 4.76\,\text{y}$$

当黏土层改为单面排水时，其固结度达到 80%时所需时间为 t_3，则由相同的条件可得

$$\frac{t_3}{H_1^2} = \frac{t_1}{\left(\dfrac{H_1}{2}\right)^2}, \quad t_3 = 4t_1 = 4 \times 4.76 \approx 19\,\text{y}$$

由上可知，在其他条件相同的条件下，单面排水所需的时间为双面排水的 4 倍。

4.4.3 利用实际沉降观测曲线估算地基最终沉降量的方法

土的压缩变形随时间的变化过程不仅可以在室内压缩试验中观察到，而且可以通过实际工程的沉降观测而得到。

如前所述，用于分析地基沉降与时间关系的太沙基一维固结理论在建立固结微分方程时引入了一些与实际有一定差距的假定。此外，由于各种地基的具体情况十分复杂，室内试验确定的土物理力学指标也会与实际存在一些误差。这就造成了地基沉降的计算值与实测值之间存在一定的差异。

因此，分析地基土已获得的沉降观测资料，找出实测变形随时间变化曲线的特点和规律，并以此来估算地基最终沉降量的大小及达到沉降稳定所需的时间，在实际工程中具有极其重要的实用价值。

为了便于应用地基沉降的实测资料，往往对实测的沉降-时间关系曲线采用经验估算法，即选取适当的数学函数方程来拟合实测的沉降-时间曲线，然后进行计算。

目前，已有的实测资料表明，饱和黏性土地基实测的沉降-时间关系大多数呈双曲线或对数曲线关系，因此利用实测资料可以确定这些拟合曲线的参数以及最终沉降量。

1. 双曲线法

根据实际工程中的观测结果，经统计分析得到从工程施工期一半开始的地基变形与时间关系曲线近似为一条双曲线，如图 4-37 所示，此曲线

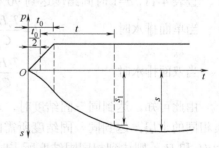

图 4-37 实测沉降与时间关系曲线

表达式为

$$s_t = s \frac{t}{a+t} \tag{4-64}$$

式中：s_t——任一时刻 t 时的地基实测沉降量；

　　　s——地基最终沉降量；

　　　t——施工期一半开始的地基沉降历史，以年计；

　　　a——综合反映地基固结性能的待定系数。

在实测沉降曲线上任取荷载停止施加后的两点 $(t_1,\ s_{t1})$、$(t_2,\ s_{t2})$，因 a 值不随时间而变，所以有

$$\frac{s \cdot t_1}{s_{t1}} - t_1 = \frac{s \cdot t_2}{s_{t2}} - t_2$$

则

$$s = \frac{t_2 - t_1}{\dfrac{t_2}{s_{t2}} - \dfrac{t_1}{s_{t1}}} \tag{4-65}$$

此外，s 和 a 值也可以按下列步骤确定。

根据式(4-64)可得

$$\frac{t}{s_t} = \frac{a}{s} + \frac{t}{s} \tag{4-64a}$$

或者

$$\frac{t}{s_t} = A + B \cdot t \tag{4-64b}$$

这是一个 $t/s_t \sim t$ 的直线方程，式中 $A=a/s$，$B=1/s$。因此，在 $t/s_t \sim t$ 坐标系上，利用实测资料绘制此直线，则直线的斜率为 B，直线在纵坐标 t/s_t 上的截距为 A，由此可知

$$s = \frac{1}{B} \tag{4-66}$$

$$a = A \cdot s \tag{4-67}$$

确定 a 值及地基的最终沉降量 s 后，便可利用式(4-64)求任一时段的地基变形量 s_t。

2. 对数曲线法

对数曲线法亦称三点法。该方法假设实测沉降与时间关系曲线近似为一维固结曲线。因为不同条件下固结度 U_t 的计算公式可用一个普遍表达式来概括，即

$$U_t = 1 - \alpha \cdot e^{-\beta \cdot t} \tag{4-68}$$

式中，α、β 为与固结形式有关的参数。将上式与一维固结理论的公式(4-57)比较可知，在理论上参数 α 为常数 $8/\pi^2$，β 则与时间因数 T_v 中的固结系数、排水距离等因素有关。如果将 α、β 作为实测的沉降与时间关系曲线中的参数，则其值是待定的。

实用上，地基最终沉降量取瞬时沉降和固结沉降之和，即 $s_\infty = s_d + s_c$，相应地，施工期以后的沉降量 $s_t = s_d + s_{ct}$，根据固结度的定义，则有

$$\frac{s_t - s_d}{s_\infty - s_d} = 1 - \alpha \cdot e^{-\beta \cdot t} \tag{4-69}$$

整理后得到

$$s_t = s_\infty(1 - \alpha \cdot e^{-\beta \cdot t}) + s_d \cdot \alpha \cdot e^{-\beta \cdot t} \tag{4-70}$$

式中：s_d——土层的瞬时沉降；

　　　　s_∞——土层的最终沉降，包括瞬时沉降 s_d 和固结沉降 s_c。

设地基土层的变形随时间的变化关系曲线如图 4-38 所示，在曲线上选取荷载停止施加以后的三点 (t_1, s_{t1})、(t_2, s_{t2}) 和 (t_3, s_{t3})，其中 t_3 应尽可能与实测曲线末端对应，并满足 $t_2-t_1 = t_3-t_2$。将所选时间及相应沉降量代入式(4-70)，得

$$s_{t1} = s_\infty(1 - \alpha \cdot e^{-\beta \cdot t_1}) + s_d \cdot \alpha \cdot e^{-\beta \cdot t_1} \tag{4-71}$$

$$s_{t2} = s_\infty(1 - \alpha \cdot e^{-\beta \cdot t_2}) + s_d \cdot \alpha \cdot e^{-\beta \cdot t_2} \tag{4-72}$$

$$s_{t3} = s_\infty(1 - \alpha \cdot e^{-\beta \cdot t_3}) + s_d \cdot \alpha \cdot e^{-\beta \cdot t_3} \tag{4-73}$$

附加条件：

$$e^{\beta \cdot (t_2-t_1)} = e^{\beta \cdot (t_3-t_2)} \tag{4-74}$$

联立方程(4-71)～(4-74)，可得

$$\beta = \frac{1}{t_2 - t_1} \ln \frac{s_{t2} - s_{t1}}{s_{t3} - s_{t2}} \tag{4-75}$$

$$s_\infty = \frac{s_{t3}(s_{t2} - s_{t1}) - s_{t2}(s_{t3} - s_{t2})}{(s_{t2} - s_{t1}) - (s_{t3} - s_{t2})} = \frac{s_{t2}^2 - s_{t1}s_{t3}}{2s_{t2} - s_{t1} - s_{t3}} \tag{4-76}$$

由固结度公式

$$U_t = \frac{s_{ct}}{s_c} = \frac{s_t - s_d}{s_\infty - s_d} \tag{4-77}$$

整理后得到

$$s_d = \frac{s_t - U_t s_\infty}{1 - U_t} = \frac{s_t - s_\infty(1 - \alpha \cdot e^{-\beta \cdot t})}{\alpha \cdot e^{-\beta \cdot t}} \tag{4-78}$$

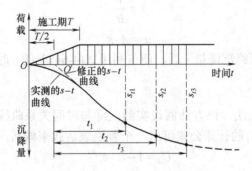

图 4-38　沉降与时间实测关系曲线

一般，α 采用常数 $8/\pi^2$，将式(4-75)、式(4-76)计算得到的 β 和 s_∞ 一起代入式(4-78)，即可求得地基的瞬时沉降 s_d。此时，按式(4-70)即可推算任一时刻的后期沉降量 s_t。

需要说明的是，以上各式中的时间 t 均应由修正后的零点 O' 算起。如图 4-38 所示，当施工期荷载等速增长时，O' 点在加荷期的中点。

思 考 题

4-1 通过室内压缩试验可以得到哪些土的压缩性指标？如何求得？

4-2 压缩系数与压缩指数的物理意义是什么？说明其确定的方法及其工程应用。

4-3 土的压缩模量、变形模量、弹性模量的物理意义分别是什么？其确定方法如何？

4-4 衡量土体压缩性的指标有哪些？相互之间有何关系？

4-5 试述地基最终沉降量计算的分层总和法与按规范计算方法之间有何异同(可从基本原理、采用的指标、压缩层计算深度及修正系数等方面加以说明)。

4-6 地基土的沉降变形通常包括哪三个阶段？何谓固结沉降？说明并比较黏性土、无黏性土固结沉降的特点。

4-7 何谓先期固结压力？实验室如何测定它？

4-8 何谓正常固结土、超固结土和欠固结土？土的应力历史对沉降计算有何影响？

4-9 何谓饱和黏性土的渗流固结？试说明固结过程中土中应力的转换过程。

4-10 地基固结度的物理意义是什么？

习 题

4-1 某工程钻孔 1 号土样和 2 号土样的压缩试验结果列于表 4-12，要求：

(1) 绘制压缩曲线；

(2) 计算 a_{1-2}；

(3) 判定土的压缩性。

表 4-12 某工程土样压缩试验结果

土样编号	垂直压力/kPa					
	0	50	100	200	300	400
	孔隙比					
土样 1(粉质黏土)	0.868	0.799	0.770	0.736	0.721	0.712
土样 2(淤泥质黏土)	1.085	0.960	0.890	0.803	0.748	0.708

[参考答案：土样 1 的 a_{1-2}=0.34MPa^{-1}，中压缩性土；土样 2 的 a_{1-2}=0.87MPa^{-1}，高压缩性土]

4-2 某矩形基础底面尺寸为 4m×2.5m，天然地基下基础埋深为 1.0m，地下水位位于基础底面处。上部结构传来的荷载 F=980kN，作用在基础中心处，计算资料见图 4-39(压缩曲线同习题 4-1)，按分层总和法计算基础底面中点最终沉降量。

[参考答案：≈148mm]

4-3 用规范法计算基础底面中心点处的最终沉降量。(计算资料同习题 4-2，ψ_s=1.2)

[参考答案：≈174 mm]

4-4 如图 4-40 所示，已知基础长度为 42.5m，宽度为 13.3m，基础底面附加应力 p_0=240kPa，基础底面铺有排水砂层，地基黏土层厚 H=8m，底部基岩面附加应力为 160kPa。设该土层初始孔隙比 e=0.9，压缩系数 a=0.25MPa^{-1}，渗透系数 k=6×10^{-8}cm/s。试计算:

(1) 地基的最终沉降量;

(2) 加荷历时一年的沉降量;

(3) 固结度达到 75%所需的时间。

[参考答案: (1)211mm; (2)116mm; (3)2.0y]

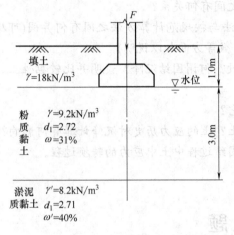

图 4-39 习题 4-2 图 　　　　　　　　　图 4-40 习题 4-4 图

4-5 某饱和土层厚 3 m，上下两面透水，在其中部取一土样，于室内进行固结试验(试样厚 2cm)，在 20min 后固结度达 50%。求:

(1) 固结系数 C_v;

(2) 该土层在满布压力 p 作用下达到 90%固结度所需的时间。

[参考答案: $C_v = 0.600\text{cm}^2/\text{h}$; t_{90}=3.64y]

第5章 土的抗剪强度理论

学习要点

熟练掌握库仑公式和莫尔-库仑强度理论、土的抗剪强度的试验方法，明确不同固结和排水条件下土的抗剪强度指标的意义及其应用；了解孔隙应力系数和应力路径的基本概念。

5.1 概 述

土的抗剪强度(shear strength)是指土体抵抗剪切破坏的极限能力。

抗剪强度是土的重要力学性质之一。当土体受到外荷载作用时，土中各点将产生剪应力和剪切变形。如果土中某点的剪应力达到其抗剪强度，就会发生土体中的一部分相对于另一部分的移动，即该点产生了剪切破坏。随着荷载的增加，剪切破坏的范围逐渐扩大，最终在土体中形成连续的滑动面，地基即由于发生整体剪切破坏而丧失稳定性。

大量的工程实践和室内试验都表明，土的破坏大多数是剪切破坏。这是因为土颗粒自身的强度远大于颗粒间的连接强度，在外力作用下，土中的颗粒沿接触处互相错动而发生剪切破坏。剪切破坏是土体强度破坏的重要特点，所以强度问题是土力学中最重要的研究内容之一。

目前，与强度有关的土木工程问题主要有下列三方面，如图 5-1 所示。

(1) 工程构筑物环境的问题，即土压力问题，如挡土墙、地下结构等周围的土体，它的破坏将造成对墙体的侧向土压力增大，可能导致这些工程建筑物发生滑动、倾覆等破坏事故[图 5-1(a)]。

(2) 建筑材料构成的土工构筑物的稳定问题，如土坝、路堤等填方边坡以及天然土坡(包括挖方边坡)等的稳定性问题[图 5-1(b)]。

(3) 建筑物地基的承载力问题。如果基础下地基土体产生整体滑动或者其局部剪切破坏区发展导致过大的甚至不均匀的地基变形，就会造成上部结构的破坏或出现影响正常使用的事故[图 5-1(c)]。

土的强度问题及其原理将为上述土木工程的设计和验算提供理论依据和计算指标。土是否会被剪切破坏，首先取决于土本身的基本性质，其次还与土所受的应力组合密切相关，这种破坏时的应力组合关系称为破坏准则。土的破坏准则是一个十分复杂的问题，可以说目前还没有一个被认为完全适用于土的破坏准则。因此，本章主要介绍目前被认为比较能拟合试验结果的、因而为生产实践所广泛应用的破坏准则，即莫尔-库仑破坏准则。

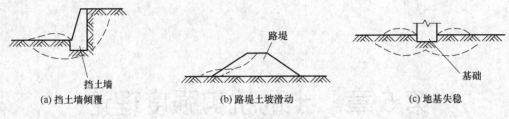

| (a) 挡土墙倾覆 | (b) 路堤土坡滑动 | (c) 地基失稳 |

图 5-1　土木工程中的强度问题

土的抗剪强度主要依靠室内剪切试验和现场原位试验测试确定，试验仪器的种类和试验方法对确定强度值有很大的影响。

需要指出的是，通常对土的抗剪强度的分析研究与应用绝大部分是孤立进行的，即讨论土的强度时只考虑给定一种破坏准则，而不进一步分析或计算所产生的变形大小。但是，随着理论与计算技术的发展及其在土木工程中应用的深入，强度与变形的有机联系已经有了解决的可能性。

5.2　土的抗剪强度理论

5.2.1　库仑定律

为了测定土的抗剪强度，可采用如图 5-2 所示的直剪仪对土进行剪切试验。试验时，将土样装在有开缝的上、下刚性金属盒中。先在土样上施加一个法向力 P，然后固定上盒，推动下盒，施加水平力 T，让土样在预定的上、下盒的接触面处受剪，直到破坏。破坏时，剪切面上的剪应力就是土的抗剪强度 τ_f。

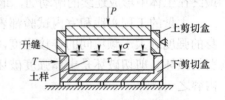

图 5-2　直剪试验示意图

取 n 个相同的土样进行试验，对每一试样施加不同的垂直荷载 P，得到相应的抗剪强度 τ_f。试验结果表明，土的抗剪强度不是常量，而是随作用在剪切面上的法向应力 σ 的增加而增加。

18 世纪 70 年代，法国科学家库仑(C.A. Coulomb)通过砂土直剪试验，总结土的破坏现象和影响因素，提出了砂土的抗剪强度公式，之后又通过试验提出了适合黏性土的表达式。

无黏性土和黏性土的抗剪强度公式如下。

无黏性土为

$$\tau_f = \sigma \cdot \tan\varphi \tag{5-1}$$

黏性土为

$$\tau_f = c + \sigma \cdot \tan\varphi \tag{5-2}$$

式中：τ_f——剪切破坏面上的剪应力，即土的抗剪强度(kPa)；

σ——破坏面上的法向应力(kPa)；

c——土的黏聚力(kPa)，对于无黏性土，$c=0$；

φ——土的内摩擦角(°)。

公式(5-1)和公式(5-2)统称为库仑定律或库仑公式，可分别用图 5-3(a)、图 5-3(b)表示。由图可知，内摩擦角 φ 是抗剪强度线与水平线的夹角；黏聚力 c 是抗剪强度线在纵坐标轴的截距。c、φ 是决定土的抗剪强度的两个指标，称为土的抗剪强度指标或抗剪强度参数。对于同一种土，在相同的试验条件下 c、φ 为常数，但是试验方法不同则会有很大差异。

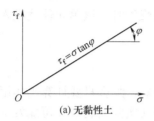
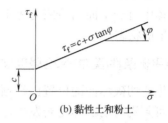

(a) 无黏性土　　　　　　　　　　(b) 黏性土和粉土

图 5-3　抗剪强度曲线

由库仑定律可以看出，无黏性土的黏聚力 $c=0$，其抗剪强度与作用在剪切面上的法向应力成正比，其本质是土粒之间的滑动摩擦以及凹凸面间的镶嵌作用所产生的摩阻力，其大小取决于土颗粒的大小、颗粒级配、土粒表面的粗糙度以及密实度等因素。对于黏性土和粉土，抗剪强度由黏聚力和摩阻力两部分组成。黏聚力是由于黏土颗粒之间的胶结作用和静电引力效应等因素引起的，而摩阻力与法向应力成正比。

与一般固体材料不同，土的抗剪强度不是常数，而是与剪切面上的法向应力相关，随着法向应力的增大而提高。同时，许多土类的抗剪强度线并非都呈直线状，而是随着应力水平有所变化。应力水平较高时，抗剪强度线往往呈非线性性质的曲线形状。但是实践证明，在一般压力范围内，抗剪强度采用这种直线关系是能够满足工程精度要求的。对于高压力作用的情况，抗剪强度则不能采用简单的直线关系。

5.2.2　莫尔-库仑抗剪强度理论

1. 莫尔强度理论

1910 年莫尔(Mohr)提出材料的破坏是剪切破坏的理论，认为当任一平面上的剪应力等于材料的抗剪强度时，该点就发生剪切破坏，并且在破裂面上，法向应力 σ 与抗剪强度 τ_f 之间存在着函数关系，即

$$\tau_f = f(\sigma) \tag{5-3}$$

这个函数所定义的曲线如图 5-4 所示，称为莫尔包线(或抗剪强度包线)。莫尔包线反映了材料受到不同应力作用达到极限状态时滑动面上的法向应力 σ 与剪应力 τ_f 的关系。

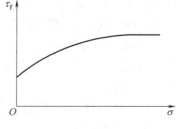

图 5-4　莫尔破坏包线

2. 莫尔-库仑强度理论

理论分析和实验都证明，莫尔理论对土比较合适。一般的土，在应力变化范围不很大的情况下，莫尔包线可以近似地用库仑公式来表示，即土的抗剪强度与法向应力成线性函数的关系。这种以库仑公式表示莫尔包线的强度理论称为莫尔-库仑抗剪强度理论。

如果已知在某一个平面上作用的法向应力σ以及剪应力τ，则根据τ与抗剪强度τ_f的对比关系，可能有以下两种情况：$\tau < \tau_f$(在破坏包线以下)，平衡状态(安全状态)；$\tau = \tau_f$(在破坏包线上)，极限平衡状态(临界状态)。

即当土单元体中有一个面的剪应力等于抗剪强度时，该单元体就进入趋于破坏的临界状态，称为极限平衡状态。

3. 土的极限平衡条件(莫尔-库仑强度准则)

如果可能发生剪切破坏面的位置已经预先确定，那么只要计算出作用于该面上的正应力和剪应力，就可判别剪切破坏是否发生。但是在实际问题中，可能发生剪切破坏的平面一般不能预先确定，而土体中的应力分析只能计算出各点垂直于坐标轴平面上的应力(正应力和剪应力)或各点的主应力，故尚无法直接判定土单元体是否剪切破坏。因此需要进一步研究莫尔-库仑抗剪强度理论如何直接用主应力表示，这就是土的极限平衡条件，也称莫尔-库仑强度准则。

1) 土中一点的应力状态

为简单起见，以平面应变问题为例。根据材料力学的结论，土中一点M的应力状态可用它的三个应力分量σ_x、σ_z和τ_{xz}表示，也可由这一点的主应力分量σ_1、σ_3表示。若σ_x、σ_z和τ_{xz}已知时，则大、小主应力分别为

$$\left.\begin{array}{c}\sigma_1\\\sigma_3\end{array}\right\} = \frac{\sigma_z + \sigma_x}{2} \pm \sqrt{\left(\frac{\sigma_z - \sigma_x}{2}\right)^2 + \tau_{xz}^2} \tag{5-4}$$

图 5-5 所示，在土中取一微单元体，设该点土单元体两个相互垂直的面上分别作用着最大主应力σ_1和最小主应力σ_3。若忽略单元体自身的重量，根据静力平衡条件，可求得微单元体内与大主应力σ_1作用平面成任意角α的$m-n$平面上的正应力σ和剪应力τ为

$$\sigma = \frac{\sigma_1 + \sigma_3}{2} + \frac{\sigma_1 - \sigma_3}{2} \cos 2\alpha \tag{5-5}$$

$$\tau = \frac{\sigma_1 - \sigma_3}{2} \sin 2\alpha \tag{5-6}$$

由材料力学结论可知，以上σ_1、σ_3和σ、τ与这一点的应力状态也可用莫尔应力圆表示，如图 5-5(c)所示。应力圆上的任一点的横坐标和纵坐标，表示与最大主应力σ_1作用面成α角的斜面上的法向应力σ和剪应力τ。因此，莫尔圆就可以表示土中任意一点的应力状态。

如果给定了土的抗剪强度指标c和φ以及土中某点的应力状态，则可将抗剪强度包线与莫尔应力圆绘制在同一坐标图上，如图 5-6 所示。抗剪强度包线与莫尔应力圆之间的关系有以下三种情况。

(1) 不相交(圆 a)：说明该点在任意平面上的剪应力都小于土所能发挥的抗剪强度，因此不会发生剪切破坏。

(2) 相切(圆 b)：切点 A 所代表平面上的剪应力正好等于抗剪强度，即该点处于极限平

衡状态，该莫尔应力圆也称为极限应力圆。

(3) 相割(圆 c)：说明该点已经剪切破坏，实际上该应力圆所代表的应力状态是不存在的，因为剪应力 τ 增加到 τ_f 时就不可能再继续增长了。

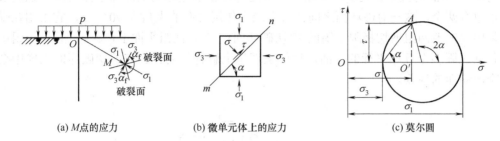

(a) M 点的应力　　　　(b) 微单元体上的应力　　　　(c) 莫尔圆

图 5-5　土体中任意一点 M 的应力

2) 土中一点的极限平衡条件

图 5-7 所示，根据抗剪强度包线与极限应力圆的几何关系，可推出黏性土中一点应力状态达到极限平衡状态时主应力与抗剪强度指标间所应满足的条件，即黏性土的极限平衡条件为

$$\sin\varphi = \frac{AO_1}{BO_1} = \frac{\frac{1}{2}(\sigma_1 - \sigma_3)}{\frac{1}{2}(\sigma_1 + \sigma_3) + c \cdot \cot\varphi} \tag{5-7}$$

将式(5-7)经三角函数关系变换后，得到：

$$\sigma_1 = \sigma_3 \tan^2\left(45° + \frac{\varphi}{2}\right) + 2c\tan\left(45° + \frac{\varphi}{2}\right) \tag{5-8}$$

或

$$\sigma_3 = \sigma_1 \tan^2\left(45° - \frac{\varphi}{2}\right) - 2c\tan\left(45° - \frac{\varphi}{2}\right) \tag{5-9}$$

对于无黏性土，$c=0$，由式(5-8)、式(5-9)可知，其极限平衡条件为

$$\sigma_1 = \sigma_3 \tan^2\left(45° + \frac{\varphi}{2}\right) \tag{5-10}$$

或

$$\sigma_3 = \sigma_1 \tan^2\left(45° - \frac{\varphi}{2}\right) \tag{5-11}$$

公式(5-8)～公式(5-11)都是表示土体单元达到破坏时主应力与强度指标间的关系，这就是土的极限平衡条件，即莫尔-库仑抗剪强度理论的破坏准则。显然，必须知道一对主应力 σ_1 和 σ_3，才能确定土体是否处于极限平衡状态。实际上，是否达到极限平衡状态，取决于 σ_1 与 σ_3 的比值。当 σ_1 确定时，σ_3 越小，土越接近于破坏；反之，当 σ_3 确定时，σ_1 越大，土越接近于破坏。

由图 5-7 的几何关系可知，土体的剪切破坏面与大主应力作用面的夹角 α_f 为

$$2\alpha_f = 90° + \varphi$$

即破裂角为

$$\alpha_{\mathrm{f}} = 45° + \frac{\varphi}{2} \tag{5-12}$$

图 5-5(a)所示，土体处于极限平衡状态时，通过 M 点将产生一对破坏面，破坏面与大主应力 σ_1 作用面的夹角都是 α_{f}，相应的莫尔应力圆在横坐标的上面和下面与抗剪强度线相切的点也有两个，这一对破坏面之间在大主应力作用方向的夹角为 $90° - \varphi$，它表明在受力微分体中存在着两组剪切极限平衡面(剪切破坏面)。在这两组平面上，$\tau = \tau_{\mathrm{f}}$，且每一组破坏面都包括无限多个互相平行的平面，这就从理论上解释了为什么在剪切破坏的土样中会出现多个滑动面的现象。

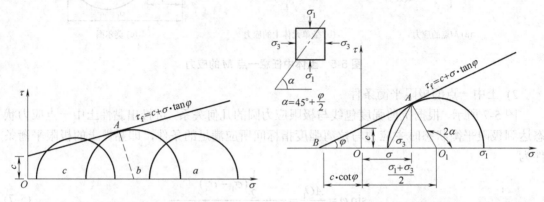

图 5-6　莫尔圆与抗剪强度包线的关系　　图 5-7　土体中一点处于极限平衡状态时的摩尔圆

需要说明的是，按照莫尔-库仑强度理论，抗剪强度包线只取决于大主应力 σ_1 和小主应力 σ_3，与中主应力 σ_2 无关，但试验结果表明 σ_2 对抗剪强度指标是有影响的。

【例 5-1】某土样中某点的大主应力 σ_1 为 400kPa，小主应力 σ_3 为 150kPa，该土样的内摩擦角 $\varphi = 26°$，黏聚力 $c = 10$kPa，问：该点处于什么状态？

解：将已知 $\sigma_3 = 150$kPa，$\varphi = 26°$，$c = 10$kPa 代入式(5-8)，得到极限平衡状态时的大主应力值为

$$\sigma_{1\mathrm{f}} = \sigma_3 \tan^2\left(45° + \frac{\varphi}{2}\right) + 2c \tan\left(45° + \frac{\varphi}{2}\right)$$

$$= \left[150 \times \tan^2\left(45° + \frac{26°}{2}\right) + 2 \times 10 \times \tan\left(45° + \frac{26°}{2}\right)\right]\mathrm{kPa} = 416\mathrm{kPa}$$

计算结果大于已知的 σ_1，所以该点处于稳定状态。

此外，按已知条件在 τ-σ 坐标平面内作抗剪强度线和莫尔应力圆，通过两者的位置关系亦可确定该点所处的状态。

5.3　土的抗剪强度试验

土的抗剪强度试验可以测定土的抗剪强度指标。土的抗剪强度指标是计算地基承载力、评价地基稳定性以及计算挡土墙土压力所需要的重要力学参数，因此正确测定土的抗剪强度指标对工程实践具有重要的意义。

　　测定土的抗剪强度指标的试验称为剪切试验。土的剪切试验方法有多种，试验室内常用直接剪切试验、三轴压缩试验和无侧限抗压强度试验。现场进行原位测试的试验有十字板剪切试验等。室内试验的特点是边界条件比较明确，且容易控制，但室内试验必须从现场采取试样，在取样的过程中不可避免地引起应力释放和土的结构扰动。原位测试试验的优点是试验直接在现场原位进行，不需取试样，因而能够更好地反映土的结构和构造特性；对无法进行或很难进行室内试验的土，如粗颗粒土、极软黏土及岩土接触面等，可以取得必要的力学指标。

5.3.1　直接剪切试验

　　直接剪切试验(direct shear test)是发展较早的一种测定土的抗剪强度的室内试验方法之一，适用于细粒土，它可直接测出给定剪切面上的抗剪强度。由于其试验设备简单，易于操作，在我国曾广泛应用。

1. 试验设备和试验方法

　　试验用的应变式直剪仪的构造如图 5-8 所示，其主要部分是剪切盒。剪切盒由两个可互相错动的上、下金属盒组成。上盒通过量力环固定于仪器架上，下盒放在能沿滚珠槽滑动的底盘上。试样通常是用环刀切出的一块厚 20mm 的扁圆柱形土饼。

　　试验时，将土饼推入剪切盒内。首先通过加荷架对试样施加竖向压力 p，然后以规定的速率对下盒施加水平剪力 T，并逐渐加大，直至试样沿上、下盒的交界面被剪坏为止。在剪应力施加过程中，记录下盒的位移及所加水平剪力的大小。绘制该竖向应力 σ 作用下的剪应力与剪变形关系曲线，如图 5-9(a)所示。一般以曲线的峰值应力作为试样在该竖向应力作用下的抗剪强度，必要时也可取终值作为抗剪强度。

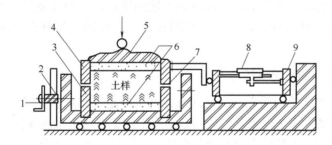

图 5-8　应变控制式直剪仪

1—手轮；2—螺杆；3—下盒；4—上盒；5—传压板；6—透水石；7—开缝；8—测微计；9—弹性量力环

　　为了确定土的抗剪强度指标，至少取 4 组相同的试样，对各个试样施加不同的竖向应力，然后进行剪切，得到相应的抗剪强度。一般可取竖向应力为 100kPa、200kPa、300kPa、400kPa，将试验结果绘制在以竖向应力 σ 为横轴、以抗剪强度 τ_f 为纵轴的平面图上，通过各试验点绘制一条直线，即为抗剪强度包线，如图 5-9(b)所示。抗剪强度包线与水平线的夹角为试样的内摩擦角 φ，在纵轴的截距为试样的黏聚力 c。

2. 直剪试验的优缺点

直剪试验已有百年以上的历史，由于仪器设备简单，操作方便，在工程实践中一直应用较为广泛。这种试验的试件厚度薄，固结快，试验的历时短。对于需要很长时间固结的黏性细粒土，用直剪试验有着突出的优点。另外，试验所用的仪器盒刚度大，试件没有侧向膨胀，根据试件的竖向变形量就能直接算出试验过程中试件体积的变化，也是这种仪器的优点之一。但是这种仪器有不少缺点，主要有以下三个方面。

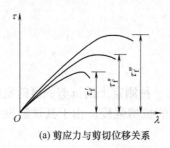
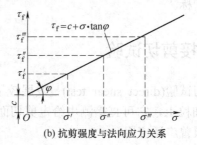

(a) 剪应力与剪切位移关系 (b) 抗剪强度与法向应力关系

图 5-9 直剪试验曲线

(1) 剪切过程中试样内的剪应变和剪应力分布不均匀。试样剪破时，靠近剪力盒边缘的应变最大，而试样中间部位的应变相对小得多，同时剪切面附近的应变又大于试样顶部和底部的应变。因此，试样内的应力状态复杂，应变分布不均匀。

(2) 试验不能严格控制试件的排水条件，不能量测试样中的孔隙水压力，因而只能根据剪切速率大致模拟实际工程中土体的工作情况。

(3) 直剪试验的剪切面不是试样最薄弱的剪切面，而是人为地限制在上、下盒的接触面上，而该平面在剪切过程中逐渐减小，且垂直荷载发生偏心，但计算抗剪强度时却按受剪面积不变和剪应力均匀分布计算。

为了保持直剪仪简单易行的优点而克服上述的缺点，人们曾做了一些改进。例如，单剪仪，其试件均装于橡皮膜内，所以能控制排水条件和测定试件在试验中产生的孔隙水压力。

3. 不同加荷速率的直剪试验分类

如前所述，直剪仪的构造无法满足任意控制土样是否排水的要求，为了在直剪试验中能考虑这类实际需要，很久以来人们便通过采用不同加荷速率来达到排水控制的要求。

直剪试验按试验时加荷速率的不同分为快剪、固结快剪和慢剪三种，具体做法如下。

1) 快剪

竖向应力施加后，立即施加水平剪力进行剪切，同时剪切速率也很快。如《土工试验方法标准》规定，要使试样在 3~5min 内剪坏。由于剪切速率快，可以认为土样在此过程中没有排水固结，即模拟了"不排水"剪切的情况，得到的抗剪强度指标用 c_q、φ_q 表示。

2) 固结快剪

竖向应力施加后，给出充分时间让试样排水固结。固结完成后再进行快速剪切，其剪切速率与快剪相同。即剪切是模拟不排水条件，得到的抗剪强度指标用 c_{cq}、φ_{cq} 表示。

3) 慢剪

竖向应力施加后，允许试样排水固结。待固结完成后，施加水平剪应力，剪切速率放慢，使试样在剪切过程中一直有充分的时间排水和产生体积变形(对剪胀性土为吸水)。其得到的抗剪强度指标用 c_s、φ_s 表示。

对于无黏性土，因其渗透性好，即使快剪也能使其排水固结。因此，对无黏性土一律采用一种加荷速率进行试验。

对正常固结的黏性土(通常为软土)，上述三种试验方法是有意义的。因为在竖向应力和剪应力作用下，黏性土的土样都被压缩，所以通常在一定应力范围内，快剪的抗剪强度 τ_q 最小，固结快剪的抗剪强度 τ_{cq} 有所增大，而慢剪抗剪强度 τ_s 最大，即正常固结土 $\tau_q < \tau_{cq} < \tau_s$。

图 5-10 所示是正常固结黏性土直剪试验三种方法得到的抗剪强度线。

饱和软黏土的渗透性较差，所以快剪试验得到的内摩擦角 φ_q 很小。我国沿海地区饱和软黏土的 φ_q 一般在 0°～5° 之间。

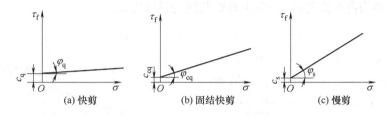

(a) 快剪　　　　　(b) 固结快剪　　　　　(c) 慢剪

图 5-10　直剪试验三种试验方法的抗剪强度线

5.3.2　三轴压缩试验

1. 试验设备和试验原理

三轴压缩试验(triaxial compression test)适用于细粒土和粒径小于 20mm 的粗粒土。该试验常用的试验设备是应变控制式三轴仪，它是目前测定土体抗剪强度指标较为完善的仪器。三轴仪的构造如图 5-11 所示。它由三轴压力室、周围压力系统、轴向加载系统、孔隙水压力量测系统等组成。其核心部分是三轴压力室，周围压力系统通过水对试样施加周围压力，轴压系统用来对试样施加轴向压力，并可控制轴向应变的速率。

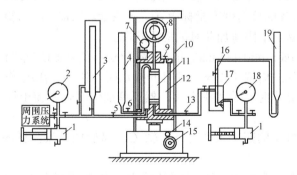

图 5-11　三轴剪力仪

1—调压筒；2—周围压力表；3—体变管；4—排水管；5—周围压力阀；6—排水阀；7—变形量表；
8—量力环；9—排气孔；10—轴向加压设备；11—试样；12—压力室；13—孔隙压力阀；
14—离合器；15—手轮；16—量管阀；17—零位指示器；18—孔隙水压力表；19—量管

　　试验的土样为长圆柱形，两端按试验的排水要求放置透水石或不透水板，然后放置在压力室的底座上，并用乳胶膜将试样包裹起来，避免压力室的水进入试样中。试样的排水条件可用排水阀控制。试样的底部与孔隙水压力量测系统相连，可根据需要测定试验过程中试样的孔隙水压力值。

　　试验时，首先通过周围压力量测系统在试样的四周施加一个周围压力σ_3，如图 5-12(a) 所示，然后通过压力室顶部的活塞杆在试样上施加一个轴向附加压力$\Delta\sigma(\Delta\sigma=\sigma_1-\sigma_3$，称为偏应力)，逐渐加大$(\sigma_1-\sigma_3)$的值而$\sigma_3$维持不变，直至土样被破坏，如图 5-12(b)。根据作用于试样上的周围压力σ_3和破坏时的轴向力$(\sigma_1-\sigma_3)_f$绘制极限应力圆，如图 5-12(c)中实线圆。对 3～4 个同一层土的土样分别施加不同的周围压力进行试验，即可得到几个不同的极限应力圆。作出这几个极限应力圆的公共切线，就得到莫尔破坏包线。该公切线一般近似呈直线状，其与横坐标夹角为内摩擦角φ，与纵坐标的截距为黏聚力c。

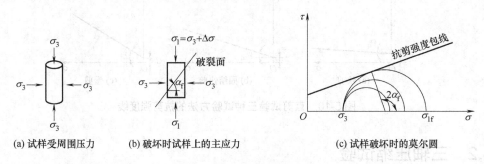

(a) 试样受周围压力　　　(b) 破坏时试样上的主应力　　　(c) 试样破坏时的莫尔圆

图 5-12　三轴压缩试验原理

2. 三轴试验方法分类

　　按照土样在试验过程中的固结排水情况，常规三轴试验分为三种方法。

　　1) 不固结不排水剪(unconsolidated-undrained shear test，简称 UU 试验)

　　不固结不排水剪试验又称不排水剪。试验时，先向土样施加周围压力σ_3，然后立即施加轴向力$(\sigma_1-\sigma_3)$，直至土样剪切破坏。在整个试验的过程中，排水阀始终关闭，不允许土中水排出，因此土样的含水量保持不变，体积不变，改变周围压力增量只能引起孔隙水压力的变化。UU 试验得到的抗剪强度指标用c_u、φ_u表示。三轴 UU 试验方法所对应的实际工程条件相当于饱和软黏土中快速加荷时的应力状况。

　　2) 固结不排水剪(consolidated-undrained shear test，简称 CU 试验)

　　试验时先对土样施加周围压力σ_3，并打开排水阀，使土样在σ_3作用下充分排水固结。土样排水终止、固结完成时，关闭排水阀，然后施加$(\sigma_1-\sigma_3)$，使土样在不能向外排水的条件下受剪直至破坏。

　　下面是同一种黏性土的四个土样进行三轴 CU 试验的结果，试验结果的整理如表 5-1 所示。

　　根据上述试验结果，在$\tau-\sigma$应力坐标图中作出一组莫尔应力圆，如图 5-13 所示，则各极限莫尔圆的公切线即为该土样的抗剪强度包线，由此抗剪强度包线即可求出土的抗剪强度指标c_{cu}和φ_{cu}。

　　三轴 CU 试验适用于一般正常固结土层在工程竣工时或以后受到大量、快速的活荷载或新增加荷载的作用时所对应的受力情况。

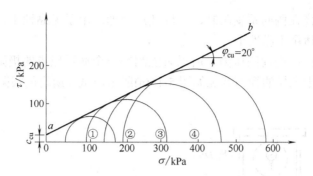

图 5-13　三轴 CU 试验的强度包线

表 5-1　三轴 CU 试验结果

土样编号	1	2	3	4	说　明
σ_3	50	100	150	200	周围压力
$(\sigma_1-\sigma_3)_f$	130	220	310	382	剪切破坏时的偏应力
σ_1	180	320	460	582	剪切破坏时的大主应力
$(\sigma_1+\sigma_3)/2$	115	210	305	391	莫尔圆圆心坐标
$(\sigma_1-\sigma_3)/2$	65	110	155	191	莫尔圆的半径

3) 固结排水剪(consolidated-drained shear test，简称 CD 试验)

固结排水剪三轴试验又称排水剪。在围压 σ_3 和 $(\sigma_1-\sigma_3)$ 施加的过程中，打开排水阀门，让土样始终处于排水固结状态。固结稳定后，放慢 $(\sigma_1-\sigma_3)$ 加荷速率，从而使土样在剪切过程中充分排水，土样在孔隙水压力始终为零的情况下达到剪切破坏。用这种试验方法测得的抗剪强度称为排水强度，相应的抗剪强度指标为排水强度指标 c_d 和 φ_d。如图 5-14 所示为一组排水剪三轴试验结果。

试验证明，同一种土采用上述三种不同的三轴试验方法所得强度包线性状及其相应的强度指标不相同，其大致形态与关系如图 5-15 所示。

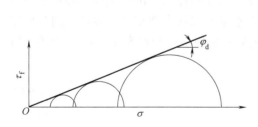

图 5-14　固结排水剪抗剪强度包线

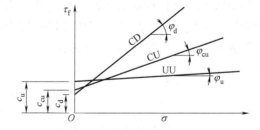

图 5-15　不同排水条件下的抗剪强度包线与强度指标

5.3.3　无侧限抗压强度试验

无侧限抗压强度试验(unconfined compression strength test)实际上是三轴试验中 $\sigma_3=0$ 的一种特殊情况。试验所用土样仍为圆柱状。试验时，对试样不施加周围应力 σ_3，仅仅施加

轴向力 σ_1，因此土样在侧向不受限制，可以任意变形。由于无黏性土在无侧限条件下难以成形，该试验主要适用于黏性土。

因为该试验不能改变周围压力，所以只能测得一个通过原点的极限应力圆，得不到抗剪强度包线。试验中土样的受力状况如图5-16(a)所示，试验所得的极限应力圆如图5-16(b)所示。

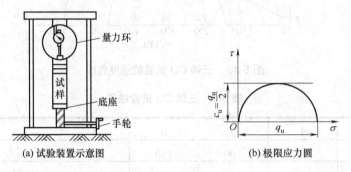

(a) 试验装置示意图　　　　(b) 极限应力圆

图 5-16　无侧限抗压强度试验

土样剪切破坏时的轴向力以 q_u 表示，即 $\sigma_3=0$，$\sigma_1=q_u$，q_u 称为无侧限抗压强度。由公式(5-8)可知

$$q_u = 2c\tan\left(45° + \frac{\varphi}{2}\right) \tag{5-13}$$

对饱和软黏土，由于其在不固结不排水剪切试验中破坏包线就是一条直线(见5.5节)，即 $\varphi=0$，所以由无侧限抗压强度 q_u 即可推算出饱和黏性土的不排水抗剪强度，即

$$\tau_f = c_u = q_u / 2 \tag{5-14}$$

需要强调的是，采用该试验方法的土样在取土过程中受到扰动，原位应力被释放，因此该试验测得的不排水强度并不能完全代表土样的原位不排水强度。一般而言，它低于原位不排水强度。

无侧限抗压强度试验还用来测定黏性土的灵敏度。其方法是将已做完无侧限抗压强度试验的原状土样结构彻底破坏，并迅速重塑成与原状土样同体积的重塑试样，并再次进行无侧限抗压强度试验，这样，可以保证重塑土样含水量与原状土样相同，并且土的强度没有因为触变性部分恢复。如果土样扰动前、后的无侧限抗压强度分别为 q_u、q_u'，则该土样的灵敏度 S_t 为

$$S_t = \frac{q_u}{q_u'} \tag{5-15}$$

式中：q_u——原状土样的无侧限抗压强度(kPa)；

　　　q_u'——重塑土样的无侧限抗压强度(kPa)。

5.3.4　十字板剪切试验

十字板剪切试验是比较常用的一种现场原位测试试验。由于该试验无须钻孔取得原状土样而使土少受扰动，试验时土的排水条件、受力状况等与实际条件十分接近，故该试验

通常用于测定难以取样和高灵敏度的饱和软黏土的原位不排水剪切强度。

试验仪器采用十字板剪切仪。十字板剪切仪主要由板头、加力装置和量测设备三部分组成。试验装置如图 5-17 所示。

试验通常在现场钻孔内进行，先将钻孔钻进至要求测试的深度以上 750mm 左右，清理孔底后，将十字板插到预定测试深度，然后在地面上以一定的转速对它施加扭力矩，使板内的土体与其周围土体发生剪切，形成一个高为 H、直径为 D 的圆柱形剪切面。剪切面上的剪应力随扭矩的增加而增加，直到最大扭矩时，土体沿圆柱面破坏，剪应力达到土的抗剪强度。因此，只要测出其相应的最大扭矩，根据力矩平衡关系，即可推算圆柱形剪切环面上土的抗剪强度。十字板剪切试验原理如图 5-18 所示。

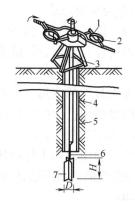
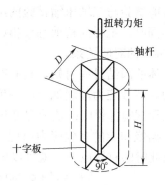

图 5-17 十字板剪切仪 　图 5-18 十字板剪切原理

1—刻度盘；2—应力环扭转柄；3—回转杆；

4—孔壁；5—套筒；6—十字板轴杆；7—十字板

分析土的抗剪强度与扭矩的关系，实际上最大扭矩 M_{max} 由两部分组成，其中 M_1 是柱体上、下面的抗剪强度对圆心所产生的抗扭力矩，M_2 是圆柱面上的剪应力对圆心所产生的抗扭力矩，则有：

$$M_{max} = M_1 + M_2 = 2\left(\frac{\pi D^2}{4} \times l \times \tau_{fh}\right) + \pi DH \times \frac{D}{2} \times \tau_{fv} \tag{5-16}$$

式中：l——圆柱体上、下面剪应力对圆心的平均力臂，取 $l = \frac{2}{3}\left(\frac{D}{2}\right) = \frac{D}{3}$ (m)；

τ_{fh}——水平面上的抗剪强度(kPa)；

τ_{fv}——竖直面上的抗剪强度(kPa)。

D、H——十字板板头的直径与高度(m)。

假定土为各向同性体，即 $\tau_{fh} = \tau_{fv}$，则抗剪强度 τ_f 与扭矩 M 的关系为

$$M_{max} = \pi \tau_f \left(\frac{D^3}{6} + \frac{D^2 H}{2}\right) \tag{5-17}$$

即

$$\tau_f = \frac{2M_{max}}{\pi D^2\left(\frac{D}{3} + H\right)} \tag{5-18}$$

由十字板剪切试验在现场测得的土的抗剪强度相当于不排水抗剪强度，因此其结果应与无侧限抗压强度试验的结果接近，即

$$\tau_f = \frac{q_u}{2} \tag{5-19}$$

5.3.5 抗剪强度的有效应力原理

在抗剪强度的各种试验方法中，土的抗剪强度指标是用试验时施加的总应力求得的，即在绘制抗剪强度包线时，横坐标取为施加在试样上的总应力，因此求得的抗剪强度指标 c、φ 是总应力强度指标。这种以总应力表示抗剪强度的方法称为总应力法。

从前述直剪试验与三轴压缩试验的结果可以发现，对于同一种土，施加相同的总应力而排水条件不同时，土样的抗剪强度指标并不相同，所以可以得到结论：抗剪强度与总应力 σ 之间没有唯一的对应关系。

由饱和土体的固结过程可知，只有有效应力才能引起土骨架的变形，即有效应力是对变形有效的力。有效应力能增加土的密度，增大土粒间的摩擦力，因此可以使土的抗剪强度增大。理论和试验都说明：抗剪强度与有效应力存在唯一对应的关系。

因此，根据饱和土的有效应力原理，只要在抗剪强度试验中量测土样破坏时的孔隙水压力，计算出此时的有效应力，就可以用有效应力与抗剪强度的关系表达试验成果，即

$$\tau_f = c' + \sigma' \tan\varphi' = c' + (\sigma - u)\tan\varphi' \tag{5-20}$$

式中，φ'、c' 为土的有效内摩擦角和有效黏聚力，统称为土的有效应力强度指标。

以有效应力表示抗剪强度的方法称为有效应力法。有效应力法考虑了孔隙水压力的影响，因此对同一种土，无论采用哪一种试验方法，所得到的有效应力强度指标应该是相同的。

抗剪强度的有效应力原理可通过室内三轴试验证实。表 5-2 是一组不排水剪切试验结果。试验结果表明，虽然施加的 σ_3 不同，但剪切破坏时的主应力差 $(\sigma_1-\sigma_3)_f$ 却基本相同，由实测孔隙水压力求得的 σ_3' 也基本相同，这充分说明有效应力与土的抗剪强度存在唯一的对应关系。

表 5-2 饱和黏土不排水剪切试验结果

σ_3/kPa	100	150	200
u/kPa	68.9	118.7	168.4
σ_3'/kPa	31.1	31.3	31.6
$(\sigma_1-\sigma_3)_f$/kPa	51.8	52.1	52.5

5.3.6 土的抗剪强度指标的选择

由前面对有效应力的分析可知，有效应力与土的抗剪强度之间存在唯一的对应关系，所以从理论上说，用有效应力法才能确切表示土的抗剪强度的实质。因此，在工程设计的计算分析中，应尽可能采用有效应力强度指标。用有效应力法及相应指标进行计算，概念明确，指标稳定，是一种比较合理的方法。有效应力强度指标可用三轴排水剪切和固结不

排水剪切(监测孔隙水压力)等方法测定。

　　但是由于目前土中有效应力不能直接测定，而是通过确定孔隙水压力间接确定，因此只有当孔隙水压力能够比较准确地确定时才能采用有效应力法计算。对于工程中许多孔隙水压力难以估算的情况，有效应力法就难以替代总应力法得以普遍使用。

　　因为土的总应力抗剪强度指标在不同固结排水条件下的试验结果各不相同，因此一般工程问题采用总应力法进行分析计算时应根据实际工程情况采用不同的抗剪强度指标。不同抗剪强度指标的大致适用范围如下。

　　(1) 结构物施工速度较快，而地基土的透水性和排水条件不良的情况(如饱和软黏土地基)，宜采用 UU 试验强度指标。采用 UU 试验结果计算一般比较安全，常用于施工期的强度与稳定性验算。进行 UU 试验时，宜在土的有效自重压力下预固结，即对试验土样先施加相当于自重压力的周围压力，进行排水固结 1h 后关排水阀，再施加试验需要的周围压力，而后进行剪切。

　　(2) 结构物竣工后较长时间，突遇荷载增大时，如房屋加层、天然土坡上堆载等，可采用 CU 试验强度指标。经过预压固结的地基应采用 CU 试验指标。

　　(3) 结构物加荷速率较慢，地基土的透水性较好，排水条件良好时(如砂性土)，可以采用 CD 试验强度指标。

　　由于实际工程中加荷情况和地基土的性质是复杂的，且结构物在施工和使用过程中要经历不同的固结状态，用试验室的试验条件去模拟现场条件毕竟还会有差别。因此，选定抗剪强度指标时，还应与实际工程经验结合起来。

5.4　三轴压缩试验中的孔隙压力系数

　　为了用有效应力法分析实际工程中的变形和稳定问题，常常需要知道土体在受外荷载作用后在土中所引起的孔隙水压力值，一种较为简便的方法是利用孔隙压力系数的概念对孔隙水压力进行计算。

　　所谓孔隙压力系数(pore pressure parameter)，是指土体在不排水和不排气的条件下由外荷载引起的孔隙压力增量与应力增量(以总应力表示)的比值，用以表征孔隙水压力对总应力变化的反映。

　　三维应力中，最简单的应力状态是轴对称应力状态。因为轴对称，所以单元立方体各个面(水平面和竖直面)都是主应力平面，这时在直角坐标上作用于立方体土样上的应力如图 5-19 所示，其中 $\sigma_1 > \sigma_2 = \sigma_3$。将该应力状态写成应力矩阵，则表示为

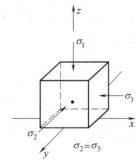

图 5-19　轴对称三维应力状态

$$\begin{bmatrix} \sigma_1 & & 0 \\ & \sigma_2 & \\ 0 & & \sigma_3 \end{bmatrix} = \begin{bmatrix} \sigma_3 & & 0 \\ & \sigma_3 & \\ 0 & & \sigma_3 \end{bmatrix} + \begin{bmatrix} \sigma_1 - \sigma_3 & & \\ & 0 & \\ & & 0 \end{bmatrix} \tag{5-21}$$

　　等式右侧的第一项表示土样上三个方向受相同的主应力压缩，称为等向压缩应力状态，

或球应力状态；第二项称为偏差应力状态。

当求解外加荷载在土体中所引起的超静水应力时，土体中的应力是在自重应力的基础上增加一个附加应力，因此常用增量的形式表示，如图 5-20 所示。图中将轴对称三维应力增量 $\Delta\sigma_1$ 和 $\Delta\sigma_3$ 分解成等向压应力增量 $\Delta\sigma_3$ 和偏差应力增量 $(\Delta\sigma_1-\Delta\sigma_3)$。这两种应力增量在加荷瞬间在土样内所引起的初始孔隙水压力增量可以分别按下述方法计算。

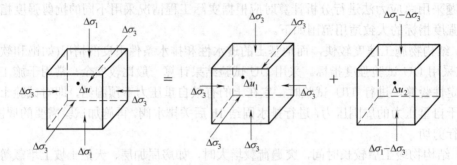

图 5-20　轴对称应力状态下的孔隙水压力

5.4.1　等向压缩应力状态——孔隙压力系数 B

假设土体为各向同性的理想弹性体，单元立方体的体积为 V_0，孔隙率为 n。如图 5-21 所示，将等向压力增量 $\Delta\sigma_3$ 作用下产生的孔隙压力增量记为 Δu_1。

1. 土骨架的体积变化

根据有效应力原理，周围压力增量 $\Delta\sigma_3$ 在土体中引起的有效应力增量为 $\Delta\sigma_3'=\Delta\sigma_3-\Delta u_1$。该有效应力增量作用于土骨架上，使得土骨架体积压缩 ΔV_s。设土骨架的体积应变为 ε_v，则 $\Delta V_s=\varepsilon_v V_0$。因为假设土骨架为弹性体，其应力-应变关系服从广义胡克定律，因此根据弹性理论可知：

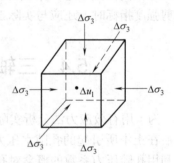

图 5-21　等向压缩应力状态

$$\varepsilon_v = \varepsilon_1 + \varepsilon_2 + \varepsilon_3 \tag{5-22}$$

式中，ε_1、ε_2、ε_3 分别为三个方向的土骨架线应变力，且 $\varepsilon_1=\varepsilon_2=\varepsilon_3$，现以 ε_3 为代表，则

$$\varepsilon_3 = \frac{\Delta\sigma_3 - \Delta u_1}{E} - 2\mu\frac{\Delta\sigma_3 - \Delta u_1}{E} = \frac{1-2\mu}{E}(\Delta\sigma_3 - \Delta u_1) \tag{5-23}$$

将式(5-23)代入式(5-22)，可得单位土体的体积压缩量为

$$\varepsilon_v = \frac{\Delta V_s}{V_0} = \varepsilon_1 + \varepsilon_2 + \varepsilon_3 = \frac{3(1-2\mu)}{E}(\Delta\sigma_3 - \Delta u_1) = C_s(\Delta\sigma_3 - \Delta u_1) \tag{5-24}$$

则

$$\Delta V_s = C_s(\Delta\sigma_3 - \Delta u_1)\cdot V_0 \tag{5-25}$$

式中：C_s——土骨架的体积压缩系数，表示单位有效周围压力作用下土骨架的体积应变，

$C_s = \dfrac{3(1-2\mu)}{E}(\text{MPa})$；

E——土的变形模量(MPa)；

μ——土的泊松比。

2. 孔隙流体的体积变化

因为孔隙流体充满于土骨架孔隙之中，故孔隙流体的体积就是土的孔隙体积 $V_v=nV_0$(n 为土的孔隙率)。由孔隙压力增量Δu_1引起的土体中孔隙流体体积变化ΔV_v应该为

$$\Delta V_v = C_f \Delta u_1 \cdot nV_0 \tag{5-26}$$

式中：C_f——孔隙流体的体积压缩系数，代表单位孔隙压力作用下单位体积的孔隙流体的体积变化。

3. 孔隙压力系数 B

因为土中矿物颗粒在一般的应力作用下压缩量极小，故可认为土颗粒是不可压缩的，则单位土体的体积压缩量必然等于孔隙流体的体积变化，即 $\Delta V_s=\Delta V_v$。将式(5-25)、式(5-26)代入，可得到

$$C_s(\Delta\sigma_3 - \Delta u_1)V_0 = C_f\Delta u_1 \cdot nV_0$$

经整理后得

$$\Delta u_1 = \cfrac{1}{1+n\cfrac{C_f}{C_s}}\Delta\sigma_3 \tag{5-27}$$

令

$$B = \cfrac{1}{1+n\cfrac{C_f}{C_s}} \tag{5-28}$$

则

$$\Delta u_1 = B\Delta\sigma_3 \tag{5-29}$$

$$B = \cfrac{\Delta u_1}{\Delta\sigma_3} \tag{5-30}$$

式中，B 称为孔隙压力系数，它表示单位周围压力增量所引起的孔隙压力增量。

对于完全饱和土，孔隙全部被水充满，则 $C_f=C_w$，C_w 为水的体积压缩系数。因为 C_w 远小于 C_s，所以 $C_w/C_s\approx 0$，因而 $B=1$，$\Delta u_1=\Delta\sigma_3$。

对于干土，孔隙中全部为空气，则 $C_f=C_a$。设 C_a 为空气的体积压缩系数，空气的压缩性很大，则 $C_a/C_s\to\infty$，因而 $B=0$。

对于部分饱和土，$0<B<1$，所以 B 值可用作反映土体饱和程度的指标。对于具有不同饱和度的土，可通过室内三轴试验进行 B 值的测定。图 5-22 为一典型的孔隙压力系数 B 值与饱和度 S_r 之间的关系曲线。

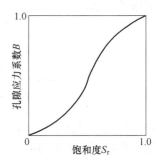

图 5-22　孔隙压力系数 B 与饱和度 S_r 的关系曲线

5.4.2　偏差应力状态——孔隙压力系数 A

当单元立方体土样在不排水、不排气的条件下受到轴向偏压应力$(\Delta\sigma_1-\Delta\sigma_3)$作用后，土中将相应产生孔隙压力 Δu_2，如图 5-23 所示，则轴向和径向有效应力增量分别为

$$\Delta\sigma_1' = (\Delta\sigma_1 - \Delta\sigma_3) - \Delta u_2 \tag{5-31}$$

$$\Delta\sigma_3' = 0 - \Delta u_2 = -\Delta u_2 \tag{5-32}$$

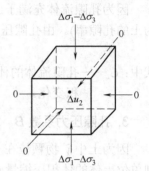

图 5-23　三轴偏差应力状态

在有效应力作用下，根据广义胡克定律，轴向土骨架线应变ε_1和径向线应变ε_2、ε_3应分别为

$$\varepsilon_1 = \frac{(\Delta\sigma_1 - \Delta\sigma_3) - \Delta u_2}{E} - 2\mu\frac{-\Delta u_2}{E} \tag{5-33}$$

$$\varepsilon_2 = \varepsilon_3 = \frac{-\Delta u_2}{E} - \mu\frac{(\Delta\sigma_1 - \Delta\sigma_3) - \Delta u_2}{E} - \mu\frac{-\Delta u_2}{E} \tag{5-34}$$

将公式(5-33)、公式(5-34)代入公式(5-22)，经过整理得到土骨架的体积应变ε_v为

$$\varepsilon_v = \frac{\Delta V_s}{V_0} = \frac{1-2\mu}{E}[(\Delta\sigma_1 - \Delta\sigma_3) - 3\Delta u_2]$$

$$= \frac{C_s}{3}[(\Delta\sigma_1 - \Delta\sigma_3) - 3\Delta u_2] \tag{5-35}$$

$$= C_s\left[\frac{1}{3}(\Delta\sigma_1 - \Delta\sigma_3) - \Delta u_2\right]$$

则对于体积为 V_0 的土体，土骨架的体积压缩量 ΔV_s 为

$$\Delta V_s = C_s\left[\frac{1}{3}(\Delta\sigma_1 - \Delta\sigma_3) - \Delta u_2\right] \cdot V_0 \tag{5-36}$$

同理，孔隙压力增量 Δu_2 将引起孔隙流体体积减小，其体积变化量 ΔV_v 为

$$\Delta V_v = C_f\Delta u_2 \cdot nV_0$$

根据 $\Delta V_s = \Delta V_v$，即

$$C_s\left[\frac{1}{3}(\Delta\sigma_1 - \Delta\sigma_3) - \Delta u_2\right] \cdot V_0 = C_f\Delta u_2 \cdot nV_0$$

$$\Delta u_2 = \frac{1}{1+n\dfrac{C_f}{C_s}}\left[\frac{1}{3}(\Delta\sigma_1 - \Delta\sigma_3)\right] = B \cdot \frac{1}{3}(\Delta\sigma_1 - \Delta\sigma_3) \tag{5-37}$$

若试样同时受到上述等向压缩应力增量 $\Delta\sigma_3$ 和轴向偏应力增量$(\Delta\sigma_1-\Delta\sigma_3)$的作用时，由此产生的孔隙压力增量 Δu 为

$$\Delta u = \Delta u_1 + \Delta u_2 = B\left[\Delta\sigma_3 + \frac{1}{3}(\Delta\sigma_1 - \Delta\sigma_3)\right] \tag{5-38}$$

需要说明的是，上式是在假设土体为弹性体的情况下得到的。弹性体的一个重要特点是剪应力只引起受力体的形状变化，而不引起体积变化。而土并非理想弹性体，所以式(5-38)中的系数 1/3 只适用于弹性体而不符合实际土体的情况。

经过研究，英国学者司开普敦(A.W.Skempton)首先引入了一个经验系数 A 来代替 1/3，因此式(5-38)改写为如下形式：

$$\Delta u = B[\Delta \sigma_3 + A(\Delta \sigma_1 - \Delta \sigma_3)] = B\Delta \sigma_3 + AB(\Delta \sigma_1 - \Delta \sigma_3) \qquad (5\text{-}39)$$

式中，A 为偏应力条件下的孔隙压力系数，由试验测定，对于弹性材料 $A=1/3$。

对于饱和土，因为 $B=1$，故有：

$$\Delta u = \Delta \sigma_3 + A(\Delta \sigma_1 - \Delta \sigma_3) \qquad (5\text{-}40)$$

$$A = \frac{\Delta u_2}{\Delta \sigma_1 - \Delta \sigma_3} \qquad (5\text{-}41)$$

所以，孔隙压力系数 A 是饱和土体在单位偏应力增量($\Delta \sigma_1 - \Delta \sigma_3$)作用下产生的孔隙水压力增量。

对于非完全饱和土，$B<1$，而且随应力水平而变化，因此在偏应力阶段 B 值的变化不同于施加周围压力时的 B 值，这样不宜把乘积 AB 分离开来，而将 AB 用于计算较为合适，即：

$$AB = \frac{\Delta u_2}{\Delta \sigma_1 - \Delta \sigma_3} \qquad (5\text{-}42)$$

在实际工程问题中，更为关注的经常是土体在剪切破坏时的孔隙压力系数 A_f，因此常在试验中监测土样剪切破坏时的孔隙压力 u_f，相应的强度值为 $(\sigma_1 - \sigma_3)_f$，所以饱和土在固结不排水试验中由公式(5-41)可得

$$A_f = \frac{u_f}{(\sigma_1 - \sigma_3)_f} \qquad (5\text{-}43)$$

孔隙压力系数 A、B 均可在室内常规三轴试验中通过量测土样中的孔隙压力确定。试验时，使试样处于不排水状态，首先在试样上施加四周均等的应力 $\Delta \sigma_3$，量测试验中的孔隙压力 Δu_1，然后在试样上施加偏应力($\Delta \sigma_1 - \Delta \sigma_3$)，同时观测土样中的轴向应变 ε_1 和孔隙应力 Δu_2。根据公式(5-30)、公式(5-42)即可计算出 A、B 的值。

需要说明的是，在不同固结和排水条件的三轴试验中，孔隙压力增量是不同的。以饱和土为例，在 UU 试验中，孔隙压力增量即为公式(5-40)；在 CU 试验中，因为试样在 $\Delta \sigma_3$ 作用下排水固结，所以 $\Delta u_1=0$，故孔隙应力增量 $\Delta u=\Delta u_2=A(\Delta \sigma_1 - \Delta \sigma_3)$；在 CD 试验中，因为不产生孔隙压力，故 $\Delta u=0$。

5.4.3　土的剪胀性

利用三轴压缩试验的实测结果可绘制($\Delta \sigma_1 - \Delta \sigma_3$)与 ε_1、Δu_2 与 ε_1 的关系曲线，由 $A=\Delta u_2/(\Delta \sigma_1 - \Delta \sigma_3)$，还可绘出 A 与 ε_1 的关系曲线，如图 5-24 所示。

试验结果表明，A 不是一个常数，而是随轴向应变 ε_1 与土的固结状态变化的。图 5-24 中阴影部分为实测 A 值与 1/3 的差值，此差值反映了土在剪应力作用下体积发生变化的性质。

由于作用在试样上的偏应力($\Delta \sigma_1 - \Delta \sigma_3$)的大小反映了试样中剪应力的大小，所以从图 5-24(a)中看到，对于正常固结的土，Δu_2 随着剪应力的增加而增大，此时如将排水阀打开，允许试样排水，由于试样内的超静水压力大于边界上的超静水压力，试样将向外排水，体积压缩。

对于超固结的土，如图 5-24(c)所示，Δu_2 随着剪应力的增大而逐渐降低，此时如打开排水阀，因试样内部的超静水压力为负值，小于边界上的超静水压力，试样将从外部向内吸

水，体积发生膨胀。

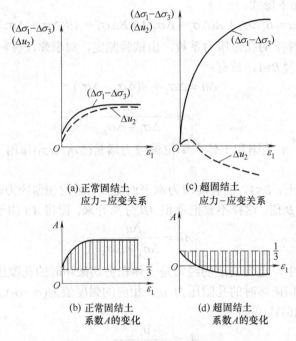

(a) 正常固结土
应力-应变关系

(c) 超固结土
应力-应变关系

(b) 正常固结土
系数A的变化

(d) 超固结土
系数A的变化

图 5-24　三轴试验的应力-应变关系以及孔隙水压力系数 A 的变化

　　土体具有的这种在剪应力作用下体积发生变化的现象是土体所具有的一个重要的变形性质——剪胀性。体积膨胀为剪胀，体积收缩为剪缩，或称为负剪胀，因此孔隙压力系数 A 是一个反映了土体剪胀性的重要指标。

　　对正常固结土，$A>1/3$，属于剪缩土；对超固结土，$A<1/3$，属于剪胀土，在剪应力作用下将产生负的孔隙压力。不同土类的 A 值可参考表 5-3。

表 5-3　孔隙压力系数 A 的参考值

土样(饱和)	A(用于验算土体破坏)	土样(饱和)	A(用于计算地基沉降)
很松的细砂	2～3	高灵敏度软黏土	>1
灵敏性黏土	1.5～2.5	正常固结黏土	0.5～1.0
正常固结黏土	0.7～1.3	超固结黏土	0.25～0.5
轻度超固结黏土	0.3～0.7	严重超固结黏土	0～0.25
严重超固结黏土	-0.5～0		

　　上述分析说明土体在等向应力作用下，表现出类似于弹性体的性质。在偏应力作用下，土体是一个具有剪胀性的物体。对于黏土来说，剪胀性与土的固结状态有关。

　　剪胀性不仅在黏土中存在，在砂土中也存在。图 5-25 表示具有不同初始孔隙比的同一种砂土在相同围压 σ_3 作用下受剪时的应力应变关系。由图可见，密砂初始孔隙比较小，在受剪时体积膨胀，孔隙比变大，呈现剪胀性；松砂受剪切时体积减小，孔隙比变小，呈现剪缩性(负剪胀)。

　　试验证明，对一定侧限压力下的同种砂土来说，松砂和密砂的强度最终趋于同一数值，而最终孔隙比也大致趋向于某一稳定值 e_{cr}，称为临界孔隙比，如图 5-26 所示。临界孔隙比表示土处于这种密实状态时，受剪切作用只产生剪应变而不产生体应变。当土样的初始孔隙比 e_0 大于 e_{cr}，在剪切过程中就会出现剪缩现象；当初始孔隙比 e_0 小于 e_{cr} 时，在剪切过程中体积就会发生剪胀。

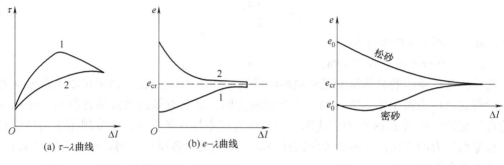

图 5-25　松砂、密砂的剪切变形曲线　　　　图 5-26　砂土的临界孔隙比

1—密砂；2—松砂

砂土在剪切过程中发生的体积变化可用其结构来说明，如图 5-27 所示。其中，图 5-27(a)、图 5-27(b)表示密砂的剪胀示意。由于砂土颗粒排列紧密，剪切时砂粒 1 将要向上移动到颗粒 1′的位置，否则砂粒 1 将被卡住，不能发生剪切位移(砂粒 1 被卡住的现象，就是密砂颗粒间的连锁作用)。松砂与密砂不同，它剪切时发生剪缩，如图 5-27(c)、图 5-27(d)所示，砂粒 2、3、4 将向下移动，达到更为稳定的 2′、3′、4′的位置。上述的示意表明，土的受剪切过程实质上是土体颗粒结构重新排列或调整的过程。

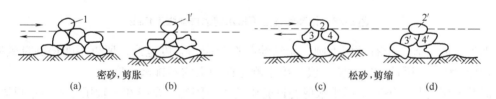

图 5-27　砂土剪胀性示意图

5.5　饱和黏性土的抗剪强度

5.5.1　不固结不排水剪(UU)试验

如前所述，不固结不排水剪试验是在施加周围压力和轴向压力直至土样剪切破坏的整个试验过程中都不允许土样排水。

对于饱和黏性土试样，由于在不排水条件下试样在试验过程中含水量不变，故体积不变。试样在受剪前，周围压力 σ_3 会在土内引起初始孔隙水压力 $\Delta u_1 \approx \sigma_3$，其孔隙压力系数 $B=1$，施加轴向附加压力后，便会产生一个附加孔隙水压力 Δu_2。至剪切破坏时，试样的孔隙水压力 $u_f = \Delta u_1 + \Delta u_2$。

UU 试验结果如图 5-28 所示，它表明含水量相同的饱和土样，尽管 σ_3 不相同，但剪切时的 $(\sigma_1-\sigma_3)_f$ 基本相同，在图中表现为三个总应力圆直径相同，所以抗剪强度包线是一条水平线，即

$$\varphi_u = 0 \tag{5-44}$$

$$c_u = \frac{\sigma_1 - \sigma_3}{2} \tag{5-45}$$

式中：φ_u——不排水内摩擦角(°)；

c_u——不排水抗剪强度(kPa)。

此外，在试验中若分别量测试样破坏时的孔隙水压力 u_f，试验结果可以按有效应力整理，所有的总应力圆集中为唯一的一个有效应力圆，并且有效应力圆的直径与三个总应力圆的直径相等，如图 5-28 中的虚线圆。这是因为在不排水条件下，改变周围压力增量只能引起孔隙水压力的变化，并不会改变试样中的有效应力，各试样在剪切前的有效应力相同，因此抗剪强度不变

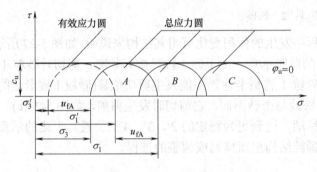

图 5-28　饱和黏性土不排水剪的抗剪强度包线

因为只能得到一个有效应力圆，无法绘制有效应力强度包线，所以不能得到有效应力强度指标 φ' 和 c'，因此 UU 试验一般只用于测定饱和土的不排水强度。

需要说明的是，不固结不排水剪切试验中的"不固结"是指在三轴压力室内不再固结，而试样仍保持着原有的现场有效固结压力不变。如果饱和黏性土从未固结过，其将是一种泥浆状的土，抗剪强度必然为零。一般从天然土层中钻取的试样，相当于在某一压力下已经固结，具有一定的天然强度。从以上分析可知，c_u 值反映的正是试样原始有效固结压力作用所产生的强度。天然土层的有效固结压力是随埋藏深度变化的，所以不排水抗剪强度 c_u 值也随所处的深度增加。均质的正常固结天然黏土层的 c_u 值大致随有效固结压力呈线性增加。超固结土因其先期固结压力大于现场有效固结压力，它的 c_u 值比正常固结土大，但其不固结不排水抗剪强度包线也是一条水平线。

5.5.2　固结不排水剪(CU)试验

饱和黏性土在剪切过程中的性状和抗剪强度在一定程度上受到应力历史的影响，因此在研究黏性土的固结不排水强度时，要区别试样是正常固结土还是超固结土。

在三轴试验中，常用各向等压的周围压力 σ_c 来代替和模拟历史上曾对试样所施加的先

期固结压力。因此，当试样所受到的周围压力 $\sigma_3 < \sigma_c$，试样就处于超固结状态；反之，当 $\sigma_3 > \sigma_c$，则试样就处于正常固结状态。试验结果表明，两种不同固结状态的试样在剪切试验中的孔隙水压力和体积变化规律完全不同，其抗剪强度特性亦各不一样。

用三轴仪进行饱和黏性土 CU 试验时，试样在围压 σ_3 作用下充分排水固结，试样的含水量将发生变化，至固结稳定时，$\Delta u_1 = 0$。然后，关闭排水阀，在不排水条件下施加偏应力时，试样中的孔隙水压力随偏应力的增加而不断变化，$\Delta u_2 = A(\Delta\sigma_1 - \Delta\sigma_3)$。剪切过程中，试样的含水量保持不变。剪切破坏时，试样的孔隙水压力 $u_f = \Delta u_2$，破坏时的孔隙水压力完全由试样受剪引起。

图 5-29 所示，正常固结土剪切时体积有减小的趋势(剪缩)，但由于不允许排水，会产生正的孔隙水压力，由试验得到的 A 值始终大于零，且在试样剪破坏时 A_f 为最大。而超固结土试样在剪切时体积有增加的趋势(剪胀)，在开始剪切时只出现微小的孔隙水压力正值(A 为正值)，随后孔隙水压力下降，趋于负值(A 亦为负值)，至试样剪破坏时 A_f 负值最大。

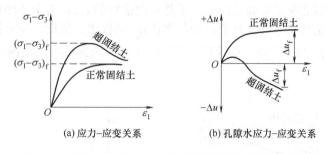

(a) 应力–应变关系　　　　(b) 孔隙水应力–应变关系

图 5-29　CU 试验的应力-应变关系及孔隙水压力的变化

图 5-30 所示为正常固结饱和黏性土的 CU 试验结果。图中实线表示总应力圆和总应力破坏包线，虚线为有效应力圆和有效应力破坏包线，u_f 为剪切破坏时的孔隙水压力。

由于 $\sigma_1' = \sigma_1 - u_f$，$\sigma_3' = \sigma_3 - u_f$，所以 $\sigma_1' - \sigma_3' = \sigma_1 - \sigma_3$，即有效应力圆直径与总应力圆直径相等，但位置不同，两者之间相差 u_f。如前所述，正常固结土在剪切破坏时孔压为正，故有效应力圆在总应力圆左侧。总应力破坏包线和有效应力破坏包线都通过坐标原点，说明未受任

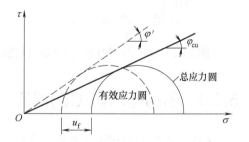

**图 5-30　正常固结饱和黏性土 CU 试验
总应力和有效应力强度包线**

何固结压力的土(试验室正常固结土通常是由液限制成的膏状扰动饱和土，未受任何固结压力)不具有抗剪强度。一般正常固结土 φ' 比 φ_{cu} 大一倍左右。

超固结饱和黏性土的 CU 试验结果见图 5-31。实际上，从天然土层取出的试样总具有一定的先期固结压力(反映在图 5-31 中点 B 对应的横坐标 σ_c 处)。因此，若室内剪切前固结围压 $\sigma_3 < \sigma_c$，即为超固结土的不排水剪切，其强度要比正常固结土的强度大，强度包线为一条略平缓的曲线，由图 5-31 中 AB 线表示，其与正常固结土破坏包线 BC 相交，BC 线的延长线仍通过原点。

由此可见，饱和黏性土试样的 CU 试验所得到的是一条曲折状的抗剪强度包线，由图 5-31

中 *ABC* 线表示，前段为超固结状态，后段为正常固结状态。实用上，一般不作如此复杂的分析，只要按本章 5.3 节中介绍的方法，作多个极限应力圆的公切直线(图 5-31 中的 *AD* 线)，即可获得固结不排水剪的总应力强度包线和强度指标 c_{cu} 和 φ_{cu}。

超固结土 CU 试验的有效应力圆和有效应力破坏包线如图 5-31 中虚线所示。由于超固结土在剪切破坏时产生负的孔隙水压力，故其有效应力圆在总应力圆的右侧(图 5-31 中小圆)；而正常固结土在剪切时产生正的孔隙水压力，故有效应力圆在总应力圆左侧(图 5-31 中大圆)。按各虚线圆求其公切线，即为该土的有效应力强度包线，由此可确定 c' 和 φ'。CU 试验的有效应力强度指标与总应力强度指标相比，通常 $c' < c_{cu}$，$\varphi' > \varphi_{cu}$。

需要指出的是，CU 试验的总应力强度指标随试验方法具有一定的离散性。由图 5-32 可知，如果试样的先期固结压力较高，以致试验中所施的周围压力 σ_3 都小于 σ_c，那么试验所得的极限应力圆切点都落在超固结段(图 5-32 中 $A''B''$)，由它推算的 c_{cu} 就较大，而 φ_{cu} 则并不一定大；反之，若试样原来所受的先期固结压力较低，各试样试验时所施加的 σ_3 大多超过 σ_c，则试验点都落在正常固结段上，于是由此推算的 c_{cu} 就会很小(图 5-32 中 $A'B'$ 线)，甚至接近于零，土呈现正常固结性质，而得到的 φ_{cu} 则较大。因此，实际操作中，往往需对原状试样先进行室内固结试验，求得其先期固结压力，选择适当的周围压力 σ_3 后，再进行 CU 试验。

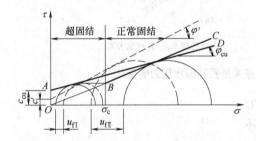

图 5-31 超固结饱和黏性土的 CU 试验结果

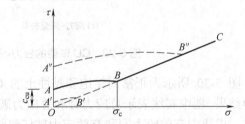

图 5-32 固结不排水试验结果

5.5.3 固结排水剪(CD)试验

CD 试验的整个试验过程中，土样始终处于排水固结状态，土样在孔隙水压力始终为零的情况下达到剪切破坏。因此，总应力全部转化为有效应力，总应力圆就是有效应力圆，总应力包线就是有效应力包线，所以 c_d 和 φ_d 也可视为就是有效应力抗剪强度指标 c' 和 φ'。

图 5-33 所示为固结排水试验的应力-应变关系和体积变化。在剪切过程中，试样体积随偏应力的增加而不断变化。正常固结黏土的体积在剪切过程中不断减小(剪缩)，而超固结黏土的体积在剪切过程中则是先减小，继而转向不断增加(剪胀)。

因为正常固结土在排水剪中有剪缩趋势，所以当它进行不排水剪时，由于孔隙水无法排出，剪缩趋势就转化为试样中的孔隙水压力不断增长；反之，超固结土在排水剪中不但不排出水分，反而因剪胀而有吸水的趋势，但它在不排水剪过程中却无法吸水，于是就产生负的孔隙水压力。

正常固结土的 CD 试验结果如图 5-34 所示，其破坏包线通过原点。黏聚强度 $c_d=0$，但并不意味着这种土不具有黏聚强度，而是因为正常固结状态的土，其黏聚强度也如摩擦强度一样与压应力成正比，两者区分不开，黏聚强度实际上隐含于摩擦强度内。

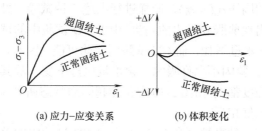

(a) 应力-应变关系　　　(b) 体积变化

图 5-33　CD 试验的应力-应变关系和体积变化

超固结土的 CD 试验结果如图 5-35 所示，其破坏包线略弯曲，实用上近似取为一条直线代替。内摩擦角 φ_d 比正常固结土要小。

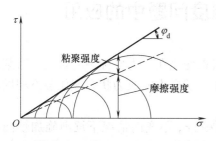

图 5-34　正常固结土 CD 试验结果

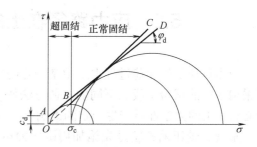

图 5-35　超固结土 CD 试验结果

试验证明，c_d 和 φ_d 与固结不排水试验得到的 c' 和 φ' 很接近。由于固结排水试验所需的时间太长，实用上用 c' 和 φ' 代替 c_d 和 φ_d，但是两者的试验条件是不同的。CU 试验在剪切过程中试样的体积保持不变，而 CD 试验在剪切过程中试样的体积一般要发生变化，c_d 和 φ_d 略大于 c' 和 φ'。

如果将饱和软黏土试样所作的 UU、CU、CD 三组试验结果综合表示在一张 σ-τ 坐标图上，可以看出三种不同的三轴试验方法所得强度包线性状及其相应的强度指标是不相同的，如图 5-36 所示。

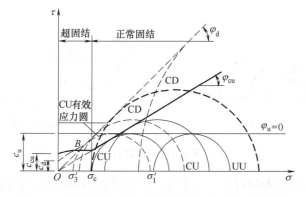

图 5-36　不同排水条件下的抗剪强度包线与强度指标

假设试样先在先期固结压力 σ_c 下排水固结，然后对试样施加新的围压 $\sigma_3 (>\sigma_c)$，并在不同的固结和排水条件下进行剪切，由此可得到三个大小不同的破坏应力圆(图 5-36 右侧的 CD、CU 和 UU 三个应力圆)。显然，该正常固结土的 $\varphi_d > \varphi_{cu} > \varphi_u$，而且 $\varphi_u = 0$。

如果对试样施加新的围压 $\sigma_3 (< \sigma_c)$，同样进行上述三种试验，此时土具有超固结特征，试样在剪切过程中可能出现剪胀和吸水的趋势。由于 CD 试验中的试样在排水剪切过程中有可能进一步吸水软化，含水量增加，而 CU 试验则无此可能。因此，排水剪强度比固结不排水剪强度要低，而 UU 试验因不允许吸水，含水量保持不变，故其不固结不排水剪强度比固结不排水剪和排水剪强度都高(如图 5-36 中左侧超固结状态所处位置的各强度包线所示)，其情形与正常固结状态正好相反。

上述试验也证明，同一种黏性土在 UU、CU 和 CD 试验中的总应力强度包线和强度指标各不相同，但都可得到近乎同一条有效应力强度包线。由此可见，抗剪强度与有效应力有唯一的对应关系。

5.6　应力路径在土的强度问题中的应用

应力路径是指加荷过程中土中某一点的应力状态变化在应力坐标中的轨迹。对某种土样采用不同的试验手段和不同的加荷方法使之破坏，试样中的应力状态变化各不相同，因此必将对土的力学性质产生一定的影响。

常规三轴压缩试验是先施加周围应力 σ_3，在保持 σ_3 不变的情况下逐渐施加轴向应力 $(\sigma_1 - \sigma_3)$ 直至试样破坏。这个应力变化过程可以用一系列莫尔应力圆表示。在周围应力 σ_3 作用下，试样中任一斜面上的法向应力都等于 σ_3，在应力坐标中为一点 O，如图 5-37(a) 所示。

为了避免在一张图上画很多莫尔应力圆造成图面不清晰，可在莫尔圆上适当选择一个特征点来代表一个应力圆。通常选择应力圆的顶点(剪应力最大的点)，其坐标为 $p = (\sigma_1 + \sigma_3)/2$ 和 $q = (\sigma_1 - \sigma_3)/2$，如图 5-37(a) 所示，$p$ 和 q 分别表示应力圆圆心的位置和应力圆的半径。因为每一个莫尔应力圆都可以用 p 和 q 唯一确定，该点表示与主应力平面成 45° 的斜面，也代表该土单元的应力状态，所以作为代表面最为方便。按应力变化过程顺序把这些点连接起来就是应力路径，如图 5-37(b) 所示，并以箭头指明应力状态的发展方向。

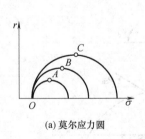
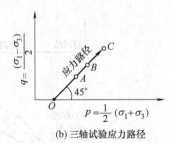

(a) 莫尔应力圆　　　　　　　　　(b) 三轴试验应力路径

图 5-37　应力路径

由于土中应力有总应力和有效应力之分，应力路径也包括总应力路径(total stress path，简写为 TSP)和有效应力路径(effective stress path，简写为 ESP)两类，分别表示试样在剪切过程中某特定平面上的总应力变化和有效应力变化。其中，总应力路径是指受荷后土中某点的总应力变化的轨迹，它与加荷条件有关，而与土质和土的排水条件无关；有效应力路径则指在已知的总应力条件下土中某点有效应力变化的轨迹，它不仅与加荷条件有关，而且与土的初始状态、初始固结条件、土体排水条件及土类等因素有关。下面简要介绍典型条件下的应力路径。

5.6.1 直剪试验的应力路径

直剪试验是先在试样上加法向应力 p，然后在 p 不变的情况下施加剪应力，并逐渐加大剪应力，直至试样破坏，所以受剪面上的应力路径先是一条水平线($\tau=0$，与横轴重合的水平线)，到达 p 后变为一条竖向直线，至抗剪强度线而终止，如图 5-38 所示。

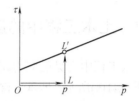

图 5-38 直剪试验的应力路径

5.6.2 三轴试验的应力路径

三轴压缩试验的加荷方法不同，其应力路径也不相同。以正常固结黏土三轴固结不排水剪试验为例，根据试验结果可绘制两组应力图——总应力圆和有效应力圆，如图 5-39 所示。总应力圆的应力路径是一条直线，即图中的 ac 线。对于有效应力路径，因为随着轴向应力($\sigma_1-\sigma_3$)的增加，试样中的超静水压力 u 呈非线性逐渐增大，故有效应力 $\sigma_3'=(\sigma_3-u)$ 逐渐减小，因而造成应力圆的起点逐渐左移，有效应力路径是一条曲线，即图中的 ab 线。如果是强超固结土样，在试验中由于土具有剪胀性，孔隙水压力出现负值，则 ESP 会出现在 TSP 的右侧。

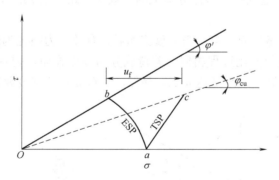

图 5-39 三轴试验 CU 中的 ESP 与 TSP

对于三轴固结排水剪，整个试验过程中，超静水压力等于零，应力均为有效应力，所以总应力路径与有效应力路径都是直线，而且重合。

不排水剪试验试样中的含水量在整个试验过程中是不变的，所以其应力路径也是等含水量线。

若取 n 个试样，分别施加不同的 σ_3，然后施加($\sigma_1-\sigma_3$)直至试样破坏，可得到如图 5-40 所示的应力路径族。

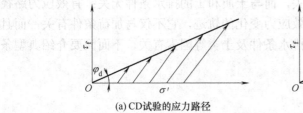
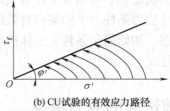

(a) CD试验的应力路径   (b) CU试验的有效应力路径

图 5-40　应力路径族

5.6.3　土木工程中的应力路径问题

土木工程中常见的应力路径类似于三轴试验中保持围压 σ_3 不变而增大 σ_1 的应力路径。

图 5-41(a)所示，地基中深度为 z 处的微分体在自重应力状态下，原有应力为 $\sigma_1=\sigma_z=\gamma z$，$\sigma_3=\sigma_x=K_0\gamma z$，将此应力状态绘在图 5-41(b)的应力坐标中，该莫尔圆称为 K_0 圆。K_0 圆上的某一点 L 就表示某剪切面上的应力。

当在这一地基土上修建结构物时，该微分体上增加了竖向应力 $\Delta\sigma_z$。如果建筑物的荷载是缓慢施加的，则土中不出现超静水压力，此时应力路径类似于三轴排水试验，应力路径沿直线 Ln' 发展。

如果外荷载是一次施加的，在荷载施加的瞬间，由于土样来不及排水，因而产生了超静水压力 $\Delta u=A(\Delta\sigma_z-\Delta\sigma_x)$，应力路径类似三轴固结不排水剪，如图 5-41(b)上的曲线 LL'(剪切段)。在加载停歇的时间里，随着土的固结，土中有效应力逐渐增大，但剪应力不发生变化，所以此时的应力路径是一条水平线(固结段)。当固结完成时，应力变化达到 n' 点，在整个超静水压力 Δu 消散的固结过程中，该微分体上的有效应力路径为 $LL'n'$，其中 $L'n'$ 的大小为初始超静水压力 Δu。

如果外荷载是分级施加的，第一级荷重施加后，有效应力路径为图 5-42 中的 abc，与一次瞬时施加的应力路径变化过程相似。若荷载分为多级施加，则有效应力路径将沿着图中的折线曲折地延伸发展，最终抵达 h 点。显然，土在 h 点的强度要比 b' 点有较大的增长。

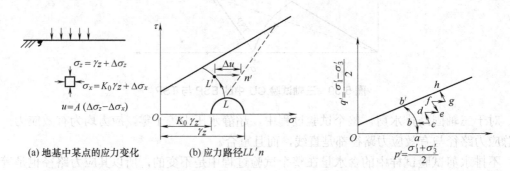

(a) 地基中某点的应力变化   (b) 应力路径 $LL'n$

图 5-41　土木工程中的应力路径   图 5-42　地基分级加荷应力路径

根据这一原理，在土木工程实际施工中，如果对天然软黏土地基缓慢施加荷载，或采用间歇式的分级加荷方式，就有可能使地基土充分排水固结，提高其抗剪强度，从而提高地基的承载力。

除了上述应力路径以外，实际地基中还有其他类型的应力路径，其中基坑开挖就是一种有代表性的应力路径。

为了简化，取一直立于开挖基坑边缘处的微分体进行分析，如图 5-43 所示。基坑开挖的过程使水平向应力 $\sigma_x = K_0\gamma z$ 减至零，而竖直面上的应力仍保持 γz 不变，即 σ_1 保持不变而减小 σ_3。如图 5-44 所示，其应力路径为 LL'，与前述加荷的三轴试验应力路径 Ln' 是不同的。

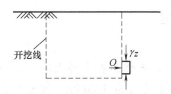

图 5-43　基坑开挖时土中某点的应力变化图

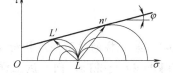

图 5-44　不同加荷方法的应力路径

另一种典型的应力路径是土样上的侧向应力逐渐增大而成为大主应力，此时试样垂直方向不是因为受压而缩短，相反试样被挤长，称之为挤长试验，而前面所述的两种情况都是垂直方向缩短，因而也统称压缩试验。挤长也是一种实际的应力途径，如挡土墙上的被动土压力情况以及地基稳定破坏区域中都有这种应力途径。

实际地基中可能有各种应力路径，不同应力路径的加荷情况是否可以采用同样的 c 和 φ 值，这是进行土木工程设计时首先要解决的一个问题。

通过室内对比试验，可以得到如下的一些认识：

(1) 排水与不排水的应力路径对 c 和 φ 值基本上没有影响。

(2) 对于均匀的非各向异性的正常固结的黏土和均质砂土，压缩试验和挤长试验得到的摩擦角净值也是基本相同的。

(3) 对各向异性的土，不同应力路径的试验得到的抗剪强度值可能差别很大。

上述情况说明对于比较均匀的、非各向异性的土常规三轴试验得到的 c 和 φ 值可以适用于各种不同的应力路径的加荷情况。

但是试验证明不同的应力路径对土的应力变关系有较大的影响，此问题尚需通过进一步的试验研究逐步明确。

思　考　题

5-1　土的抗剪强度的定义是什么？影响抗剪强度的主要因素有哪些？

5-2　什么是库仑定律？什么是莫尔-库仑强度理论？

5-3　何谓土的极限平衡状态？何谓土的极限平衡条件？

5-4　土体中首先发生剪切破坏的平面是否就是剪应力最大的平面？为什么？在何种情况下剪切破坏面与剪应力最大平面一致？

5-5　分别简述直剪和三轴压缩试验的原理。比较二者之间的优缺点和各自的适用范围。

5-6　试根据有效应力原理在强度问题中应用的基本概念，分析三轴试验的三种不同试验方法中土样孔隙压力和含水量变化的情况。

5-7　什么是土的无侧限抗压强度？它与土的不排水强度有何关系？如何用无侧限抗压强度试验来测定黏性土的灵敏度？

5-8　根据孔隙压力系数 A、B 的物理意义说明三轴 UU 和 CU 试验方法求 A、B 的区别。

5-9　饱和黏性土在 UU、CU、CD 试验中的抗剪强度特性有何特点？

5-10　什么是应力路径？举例说明土木工程地基中常见的应力路径。

习　题

5-1　某土样的抗剪强度指标 c=20kPa，φ=30°，若作用在土样上的大、小主应力分别为 350kPa 和 150kPa，问：该土样是否破坏？若小主应力为 100kPa，该土样能经受的最大主应力为多少？

[答案：不破坏，σ_1=369.3kPa]

5-2　取饱和的正常固结黏性土样进行固结不排水试验，测得试件破坏时的数据如表 5-4 所示。试求：

(1) 黏性土的总应力强度指标和有效应力强度指标；

(2) 破坏时的孔隙水压力系数 A_f。

表 5-4　试件破坏时的数据

周围压力/kPa	偏差应力/kPa	孔隙水压力/kPa
490	286	271
686	400	379

[答案：(1)c_{cu}=0，φ_{cu}=13.5°，c'=0，φ=23.2°；(2)A_f=0.948]

5-3　某圆柱形试样，在 σ_1=σ_3=100kPa 作用下尚未固结，测得孔隙水压力 u=40kPa；然后沿 σ_1 方向施加应力增量 $\Delta\sigma_1$=50kPa，又测得孔隙水压力的增量 Δu=32kPa。求：

(1) 孔隙水压力系数 B 和 A；

(2) 求有效应力 σ_1' 和 σ_3'。　　　　[答案：(1)B=0.4，A=1.6；(2)σ_1'=78kPa，σ_3'=28kPa]

5-4　对饱和黏土试样进行无侧限抗压试验，测得其无侧限抗压强度 q_u=120kPa，求：

(1) 该土样的不排水抗剪强度；

(2) 与圆柱形试样轴成 60° 交角的斜面上的法向应力 σ 和剪应力 τ。

[答案：(1)c_u=60kPa；(2)σ=90kPa，τ=52kPa]

5-5　对正常固结饱和黏土试样进行不固结不排水试验，测得 c_u=20kPa，φ_u=0°；对同样的土样进行固结不排水试验，得到有效抗剪强度指标 c'=0，φ'=30°。如果试样在不排水条件下破坏，试求剪切破坏时的有效大主应力和小主应力。

[答案：σ_1'=60kPa，σ_3'=20kPa]

第6章 土压力计算

学习要点

熟练掌握土压力的种类和关系；熟悉朗肯土压力理论的假定、基本原理；掌握朗肯土压力理论的计算方法、适用条件；熟悉库仑土压力理论的假定、基本原理、计算方法、适用条件；掌握常见情况下的土压力计算。

6.1 概 述

6.1.1 土压力的概念

工程中许多构筑物如挡土墙、隧道和基坑围护结构等挡土结构起着支撑土体、保持土体稳定、使之不致坍塌的作用，而另一些构筑物，如桥台等则受到土体的支撑，起着提供反力的作用。在这些构筑物与土体的接触面处均存在侧向压力的作用，这种侧向压力就是土压力。

挡土结构物上的土压力是指挡土结构物后土体对挡土结构物作用的侧向压力，广义土压力包括挡土结构物后的土体、地下水、地面建筑物及其他形式荷载对挡土结构物背侧产生的侧向压力。计算挡土结构物上的土压力，也就是确定土压力大小、方向与作用点。对于等截面长条形挡土结构物，一般按平面应变问题沿长度方向取一延长米计算。

6.1.2 挡土结构及其类型

挡土结构是为防止土体坍塌而建造的挡土结构物。在山区斜坡上填方或挖方筑路、地下室基坑开挖、修筑护岸或码头等时常常需要设置挡土结构物来防止边坡土方坍塌，如图 6-1 所示。挡土结构常用砖石、混凝土、钢筋混凝土等建成，近年来采用加筋土挡墙逐渐增多。

按照结构形式，挡土结构物可分为重力式[图 6-1(a)、图 6-1(b)、图 6-1(d)]、扶壁式[图 6-1(c)]、悬臂式[图 6-1(e)]、板桩墙[图 6-1(f)]等，可用块石、条石、砖、混凝土与钢筋

混凝土等材料建筑。

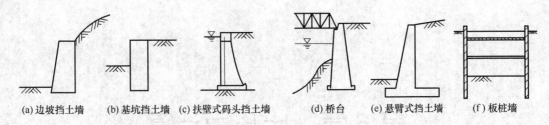

| (a) 边坡挡土墙 | (b) 基坑挡土墙 | (c) 扶壁式码头挡土墙 | (d) 桥台 | (e) 悬臂式挡土墙 | (f) 板桩墙 |

图 6-1　挡土墙实例

6.1.3　土压力类型及关系

在挡土结构物设计中，必须计算土压力的大小及其分布规律。试验表明，土压力的大小及其分布规律与挡土结构物的侧向位移方向和大小、土的性质、挡土结构物的刚度和高度等因素有关，但起决定因素的是挡土结构物的位移。根据挡土结构物的侧向位移方向和大小，土压力可分为静止土压力、主动土压力和被动土压力三种。

静止土压力——刚性挡土墙在土压力作用下没有发生位移，保持原来的位置静止不动，墙后土体处于弹性平衡状态，此时墙背所受的土压力称为静止土压力 E_0。此时作用在每延米挡土墙上静止土压力的合力用 E_0(kN/m) 表示，静止土压力强度用 p_0(kPa) 表示。

主动土压力——挡土墙在墙后土压力作用下向着背离填土的方向移动或沿墙跟转动，随着墙体位移量的逐渐增大，作用于墙上的土压力逐渐减小，当墙后土体达到主动极限平衡状态并出现连续滑动面使土体下滑时，作用于墙上的土压力减至最小值，称为主动土压力[图 6-2(a)]。此时作用在每延米挡土墙上主动土压力的合力用 E_a(kN/m) 表示，主动土压力强度用 p_a(kPa) 表示。

被动土压力——挡土墙在外力作用下向填土方向移动，随着墙体位移量的逐渐增大，作用于墙上的土压力逐渐增大，当墙后土体达到被动极限平衡状态并出现连续滑动面，墙后土体向上挤出隆起时，作用于墙上的土压力增至最大值，称为被动土压力 E_p[图 6-2(b)]。此时作用在每延米挡土墙上被动土压力的合力用 E_p(kN/m) 表示，被动土压力强度用 p_p(kPa) 表示。

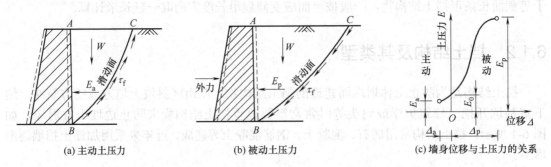

| (a) 主动土压力 | (b) 被动土压力 | (c) 墙身位移与土压力的关系 |

图 6-2　产生主动土压力和被动土压力的情况及墙身位移与土压力的关系

水平向无限延伸的均质地基土任意深度处的侧向自重应力为 $\sigma_{cx}=K_0\gamma z$，其中 K_0 为静止侧压力系数，γz 为深度 z 处土的竖向自重应力。如果土体中挡土墙不发生任何位移，作用在该挡土墙上的土压力就是土的侧向自重应力，也就是**静止土压力**。当挡土墙在土体或其他荷载作用下向前移动或转动时，作用在挡土墙上的土压力会减小，当挡土墙的位移足够大而使墙后土体达到极限平衡状态，产生图 6-2(a)所示的破坏面时，土压力即成为**主动土压力**。当挡土墙在外荷载作用下向墙后土体移动或转动时，作用在挡土墙上的土压力会增大，当挡土墙位移足够大而使墙后土体达到极限平衡状态，产生如图 6-2(b)所示的破坏面时，作用在挡土墙上的土压力即成为**被动土压力**。太沙基(1934)曾经做过 2.18m 高的模型挡土墙试验，他研究了作用在墙背上的土压力与墙的位移之间的关系为 $E_a < E_0 < E_p$。其他不少学者也做过多种类型挡土墙的模型试验和原型观测，得到类似的研究成果。因此，墙身位移大小与土压力的关系如图 6-2(c)所示。

从图 6-2(c)中可以看出：

(1) 图中三个特定的位置代表上述三种特定状态的土压力，即：①墙的变位为零时，作用在墙背上的静止土压力 E_0；②墙向前移动至土的极限平衡状态时，作用在墙背上的主动土压力 E_a；③墙向后移动至土的极限平衡状态时，作用在墙背上的被动土压力 E_p。

(2) 达到主动土压力所需要的墙的变位值 Δ_a 远小于达到被动土压力所需要的墙的变位值 Δ_p，这也可以从表 6-1 的值看出，表中 H 为挡土墙的高度。

(3) 按数值大小排列，$E_a < E_0 < E_p$。

(4) 土压力的值随着墙的移动不断变化，因此作用在墙上的实际土压力值与墙的变位相关，而并非只有这三种特定的值。

表 6-1 产生主动和被动土压力所需的墙的位移量

土 类	应力状态	位移形式	所需的位移量
砂土	主动	平移	0.001H
	主动	绕墙趾转动	0.001H
	主动	绕墙顶转动	0.02H
	被动	平移	0.05H
	被动	绕墙趾转动	>0.01H
	被动	绕墙顶转动	0.05H
黏土	主动	平移	0.004H
	主动	绕墙趾转动	0.004H

在实际工程中，一般按三种特定状态的土压力(主动土压力、静止土压力、被动土压力)进行挡土结构物设计，此时应该弄清实际工程与哪种状态较为接近。在使用被动土压力时，由于它的发挥需要较大的变位，往往超过实际的可能性，工程上常将被动土压力 E_p 经适当折减后再用。而在某些情况下，又按挡土墙实际的变位影响考虑土压力的分布，例如在多支撑支护结构设计中采用简化的经验支撑土压力分布，以及在计算基坑支护结构的变形时把任一点的土压力看成和该点的位移成正比的假定等。各种计算方法都有它适用的条件和范围，所以必须根据工程特点和地区经验选择合适的土压力计算方法。

6.2 静止土压力计算

计算静止土压力时，墙身静止不动、土体无侧向位移、墙后填土处于弹性平衡状态。这时，在填土表面以下任意深度 z 处取一微小单元体，如图 6-3 所示，在微单元体的水平面上作用着竖向的自重应力 γz，该点的侧向应力即为静止土压力强度：

$$p_0 = K_0 \cdot \gamma \cdot z \tag{6-1}$$

式中：p_0——静止土压力(kPa)；

    K_0——静止土压力系数，一般由室内试验(例如单向固结试验、三轴试验等)或原位测试(例如旁压试验、水力劈裂试验等)确定，无试验资料时可按参考值或半经验公式计算，参见第 4 章表 4-1 及公式(4-10)和公式(4-11)；

    γ——填土的重度(kN/m^3)；

    z——计算点距离填土表面的深度(m)。

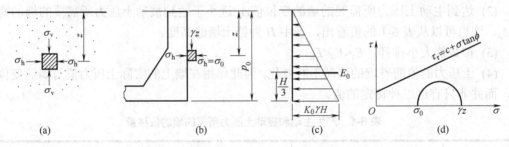

图 6-3 静止土压力大小、分布及土体状态

由式(6-1)可知，静止土压力沿墙高呈三角形分布，如图 6-3(c)所示。如果取单位墙长计算，则作用在墙背上的总静止土压力为

$$E_0 = \frac{1}{2} K_0 \gamma H^2 \tag{6-2}$$

式中：H——挡土墙的高度(m)；

    E_0 的方向垂直指向墙背，其作用点在距墙底 $H/3$ 处。

6.3 朗肯土压力理论

6.3.1 基本假设

朗肯土压力理论是英国学者朗肯(Rankine)1857 年根据均质的半无限土体的应力状态和土处于极限平衡状态的应力条件提出的。在其理论推导中，首先作出以下基本假定：

(1) 墙后填土为均质、各向同性土。

(2) 挡土墙是刚性的，墙背是垂直的。

(3) 挡土墙的墙后填土表面水平。

(4) 挡土墙的墙背光滑，不考虑墙背与填土之间的摩擦力。

朗肯土压力理论的基本思路是，从弹性半空间体中一点的应力状态出发，根据土的极限平衡理论导出土压力强度计算公式。

6.3.2　基本原理

在挡土墙静止时，土体处于弹性平衡状态，土体只受重力作用，大主应力为σ_z，小主应力为σ_x，在土体与墙背的接触面上的土体单元的应力圆为Ⅰ(图 6-4)，处于抗剪强度曲线下方。当挡土墙在土压力作用下向远离土体的方向移动时，土体单元的侧向约束减小，σ_x减小，但大主应力仍为σ_z，土体产生向下滑动的趋势；在土体向下将滑未滑处于**主动极限平衡状态**时，土体侧压力变为主动土压力强度p_a，应力圆为Ⅱ，与抗剪强度线相切。当挡土墙在外力作用下发生向推向土体的位移时，墙推动土体产生向上滑动的趋势，土体侧压力由σ_x增加，最后克服土体的自重，使侧压力大于竖向压力，侧压力为大主应力，竖向自重应力σ_z仍不变，但为小主应力；当土体向上将滑未滑处于**被动极限平衡状态**时，应力圆为Ⅲ，与抗剪强度曲线相切，侧压力即为被动土压力强度p_p。

由图 6-4 可知，在主动极限平衡状态下，土体剪切破坏面与水平面(最大主应力作用平面)的夹角为$45°+\varphi/2$。在被动极限平衡状态下，土体中侧向应力为大主应力，土体剪切破坏面与水平面(最小主应力作用平面)的夹角为$45°-\varphi/2$。

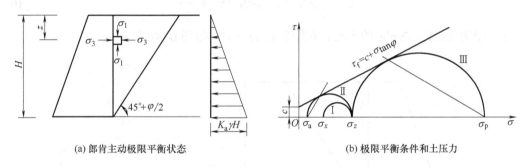

(a) 郎肯主动极限平衡状态　　　　(b) 极限平衡条件和土压力

图 6-4　朗肯土压力理论基本原理

6.3.3　主动土压力计算

在主动极限平衡状态下，$\sigma_1=\sigma_z=\gamma z$(土的有效自重应力)，$\sigma_3=\sigma_x=p_a$，$p_a$即主动土压力强度。由土的极限平衡条件

$$\sigma_{3f} = \sigma_1 \tan^2\left(45° - \frac{\varphi}{2}\right) - 2c \cdot \tan\left(45° - \frac{\varphi}{2}\right)$$

得

$$p_a = \sigma_{3f} = \gamma z \tan^2\left(45° - \frac{\varphi}{2}\right) - 2c \cdot \tan\left(45° - \frac{\varphi}{2}\right) \tag{6-3a}$$

或写成：

$$p_a = \gamma z K_a - 2c \cdot \sqrt{K_a} \tag{6-3b}$$

式中，$K_a = \tan^2(45° - \varphi/2)$ 为主动土压力系数。

这就是黏性土的主动土压力强度计算公式。

对于无黏性土，式(6-3)中的 c 为零，则有：

$$p_a = \gamma z K_a \tag{6-4}$$

主动土压力沿挡土墙高呈线性分布，单位墙体上作用的主动土压力为主动土压力强度的合力：

$$E_a = \frac{1}{2}\gamma H^2 K_a \tag{6-5}$$

合力作用点在距墙底 $H/3$ 处[图 6-5(b)]。这时，滑动面与最大主应力作用面(水平面)之间的夹角为

$$\alpha = 45° + \varphi/2 \tag{6-6}$$

对于黏性土，c 不为零。如果按式(6-3)计算，墙顶附近某一深度内土压力为负值，即为拉力，这是不可能的，应把这部分略去。土压力可能产生负值的深度 z_0 称为临界深度，可由式(6-3)令 $p_a = 0$ 求得，即

$$z_0 = \frac{2c}{\gamma \sqrt{K_a}} \tag{6-7}$$

实际作用在挡土墙墙背上的土压力为△abc，其合力为

$$E_a = \frac{1}{2}\gamma H^2 K_a - 2cH\sqrt{K_a} + \frac{2c^2}{\gamma} \tag{6-8}$$

它的作用点通过△abc 的形心，在距墙底$(H-z_0)/3$ 处[图 6-5(c)]。

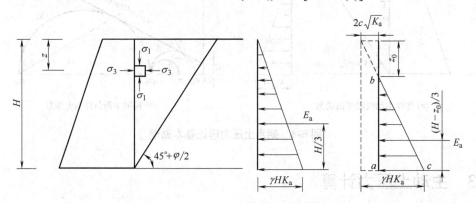

(a) 主动土压力计算条件　　(b) 无黏性土主动土压力分布　(c) 黏性土主动土压力分布

图 6-5　主动土压力计算

6.3.4　被动土压力计算

在被动朗肯极限平衡状态下，$\sigma_1 = \sigma_x = p_p$，$p_p$ 即被动土压力强度，$\sigma_3 = \sigma_z = \gamma z$，由土的极限平衡条件

$$\sigma_{1f} = \sigma_3 \tan^2\left(45° + \frac{\varphi}{2}\right) + 2c \cdot \tan\left(45° + \frac{\varphi}{2}\right)$$

得

$$p_{p} = \sigma_{1f} = \gamma z \tan^2\left(45° + \frac{\varphi}{2}\right) + 2c \cdot \tan\left(45° + \frac{\varphi}{2}\right) \tag{6-9}$$

或写成

$$p_{p} = \gamma z K_{p} + 2c \cdot \sqrt{K_{p}} \tag{6-10}$$

式中，$K_{p} = \tan^2(45° + \varphi/2)$ 为被动土压力系数。

这就是黏性土的被动土压力强度计算公式(见图6-6)。

黏性土的被动土压力沿挡土墙呈梯形分布，单位长度墙体上作用被动土压力大小为

$$E_{p} = \frac{1}{2}\gamma H^2 K_{p} + 2cH\sqrt{K_{p}} \tag{6-11}$$

其作用点位于梯形形心，即距墙底 $\dfrac{H}{3} \cdot \dfrac{\gamma HK_{p} + 6c\sqrt{K_{p}}}{\gamma HK_{p} + 4c\sqrt{K_{p}}}$ 处。

对于无黏性土，$c=0$，于是被动土压力强度沿墙高呈三角形分布，单位长度墙体上作用的被动土压力大小为

$$E_{p} = \frac{1}{2}\gamma H^2 K_{p} \tag{6-12}$$

合力作用点通过三角形的形心，作用在距墙底 $H/3$ 高度处。这时，滑动面与最大主应力作用面(竖直面)之间的夹角为

$$\alpha = 45° + \varphi/2$$

而与水平面成：

$$\alpha' = 45° - \varphi/2 \tag{6-13}$$

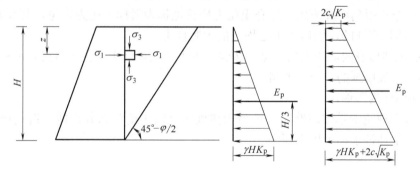

(a) 被动土压力计算条件 　(b) 无黏性土被动土压力分布 　(c) 黏性土被动土压力分布

图6-6　被动土压力计算

【例6-1】有一挡土墙，高5m，墙背直立、光滑，填土面水平。填土的物理力学性质指标如下：$c=10\text{kPa}$，$\varphi=20°$，$\gamma=18\text{kN/m}^3$。试求主动土压力及其作用点，并绘出主动土压力分布图。

解：主动土压力系数为

$$K_{a} = \tan^2\left(45° - \frac{\varphi}{2}\right) = \tan^2\left(45° - \frac{20°}{2}\right) = 0.49$$

在墙底处的主动土压力强度为

$$p_a \big|_{z=H} = \gamma H K_a - 2c \cdot \sqrt{K_a}$$
$$= (18 \times 5 \times 0.49 - 2 \times 10 \times 0.7)\text{kPa} = 30.1\text{kPa}$$

临界深度 z_0 为

$$z_0 = \frac{2c}{\gamma \sqrt{K_a}} = \frac{2 \times 10}{18 \times \tan(45° - 20°/2)}\text{m} = 1.59\text{m}$$

于是主动土压力合力为

$$E_a = \frac{1}{2} p_a (H - z_0)$$
$$= \frac{1}{2} \times 30.1 \times (5 - 1.59)\text{kN/m}$$
$$= 51.3\text{kN/m}$$

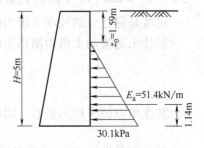

图 6-7　例 6-1 图

合力作用点距墙底 $\frac{1}{3} \times (5 - 1.59)\text{m} = 1.14\text{m}$。

主动土压力分布如图 6-7 所示。

6.4　库仑土压力理论

6.4.1　基本假设

库仑土压力理论是法国学者库仑(Coulomb)1776 年提出的，由于其计算原理比较简明，适应性广，至今仍得到广泛应用。库仑土压力理论也称为滑楔土压力理论，其基本假设为：

(1) 挡土墙是刚性的，墙后填土是均质的无黏性土。

(2) 当挡土墙墙身向前或向后移动，达到产生主动或被动土压力条件时，墙后填土形成的滑动楔体沿通过墙踵的一个平面滑动。

(3) 滑动楔体为刚体。

库仑土压力理论的基本思路是，墙后土体处于极限平衡状态并形成一滑动楔体，从楔体的静力平衡条件推求挡土墙土压力。

6.4.2　主动土压力计算

当挡土墙在墙后填土作用下向前移动，达到产生主动土压力条件时，墙后填土形成一个滑动楔体，如图 6-8(a)中△ABC，此滑动楔体沿通过墙踵的滑动面 BC 滑动。取极限平衡状态下的滑动楔体△ABC 作为隔离体进行分析，作用在△ABC 上的作用力有：

(1) 楔体△ABC 自重 W。若 θ 值已知，则 W 的大小、方向及作用点位置均已知。

(2) 土体作用在滑动面 BC 上的反力 R。R 是 BC 面上的摩擦力 T_1 与法向反力 N_1 的合力，它与 BC 面法线 N_1 夹角为土的内摩擦角 φ，反力 R 位于法线 N_1 的下方。R 的作用方向已知，大小未知。

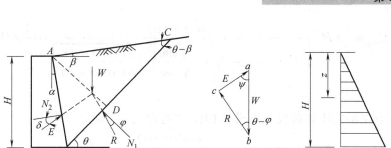

(a) 滑动楔体所受的作用力　　(b) 力矢三角形　　(c) 主动土压力分布图

图 6-8　库仑主动土压力计算图

（3）墙背对楔体 $\triangle ABC$ 的反力 E，与墙背的法线 N_2 的夹角为 δ，反力 E 位于 N_2 的下方。δ 为墙背与土之间的摩擦角，即土的外摩擦角。E 的作用方向已知，大小未知。作用在挡土墙上的主动土压力与 E 大小相等、方向相反。

以上三个作用在楔体 $\triangle ABC$ 的力在楔体处于极限平衡时形成平衡力系。由于 W 大小、方向均已知，R、E 虽大小未知，但方向已知，因此可绘出封闭力矢三角形，如图 6-8(b)所示。根据正弦定律有

$$\frac{E}{W} = \frac{\sin(\theta-\varphi)}{\sin[180° - (\theta-\varphi+\psi)]} = \frac{\sin(\theta-\varphi)}{\sin(\theta-\varphi+\psi)} \tag{6-14}$$

或写成

$$E = W\frac{\sin(\theta-\varphi)}{\sin(\theta-\varphi+\psi)} \tag{6-15}$$

式中，$\psi = 90° - \alpha - \delta$，其余符号意义见图 6-8。

由图 6-8 可知：

$$W = \triangle ABC \cdot \gamma = \frac{1}{2}\overline{BC} \cdot \overline{AD} \cdot \gamma \tag{6-16}$$

$$\overline{AD} = \overline{AB}\cos(\theta-\alpha) = \frac{H}{\cos\alpha}\cos(\theta-\alpha)$$

$$\overline{BC} = \overline{AB}\frac{\sin(90°-\alpha+\beta)}{\sin(\theta-\beta)} = \frac{H}{\cos\alpha}\frac{\cos(\alpha-\beta)}{\sin(\theta-\beta)}$$

$$W = \frac{\gamma H^2}{2} \cdot \frac{\cos(\alpha-\beta) \cdot \cos(\theta-\alpha)}{\cos^2\alpha \cdot \sin(\theta-\beta)}$$

将 W 代入式(6-15)，得

$$E = \frac{\gamma H^2}{2} \frac{\cos(\alpha-\beta) \cdot \cos(\theta-\alpha) \cdot \sin(\theta-\varphi)}{\cos^2\alpha \cdot \sin(\theta-\beta) \cdot \sin(\theta-\varphi+\psi)} \tag{6-17}$$

式中，γ、H、α、β、δ、θ 均为常数。

这里的滑动面 BC 是任意假定的，它不一定是真正的滑动面，θ 角不同，E 也就不同。墙后土体破坏时，必沿抗力最小的滑动面滑动，相应的土压力即为最大土压力。通过求极值的方法，可求出产生最大土压力时的滑动面 BC 的破坏角 θ_{cr}，从而得到库仑主动土压力的计算表达式为

$$E_{a} = E_{max} = \frac{1}{2}\gamma H^{2} \frac{\cos^{2}(\varphi - \alpha)}{\cos^{2}\alpha\cos(\alpha + \delta)\left[1 + \sqrt{\dfrac{\sin(\varphi + \delta)\sin(\varphi - \beta)}{\cos(\alpha + \delta)\cos(\alpha - \beta)}}\right]^{2}} = \frac{1}{2}\gamma H^{2}K_{a} \quad (6\text{-}18)$$

式中：

K_{a}——库仑主动土压力系数，按式(6-19)，也可查表 6-3 确定，即

$$K_{a} = \frac{\cos^{2}(\varphi - \alpha)}{\cos^{2}\alpha\cos(\alpha + \delta)\left[1 + \sqrt{\dfrac{\sin(\varphi + \delta)\sin(\varphi - \beta)}{\cos(\alpha + \delta)\cos(\alpha - \beta)}}\right]^{2}} \quad (6\text{-}19)$$

H——挡土墙高度(m)；

γ——墙后填土的重度(kN/m^{3})；

β——墙后填土表面的倾斜角(°)；

α——墙背的倾斜角(°)，俯斜时为正，仰斜时为负；

δ——土对墙背的摩擦角，查表 6-2 确定。

表 6-2　土对挡土墙的摩擦角

挡土墙粗糙及填土排水情况	摩擦角 δ	挡土墙粗糙及填土排水情况	摩擦角 δ
墙背平滑、排水不良	$0 \sim \dfrac{\varphi}{3}$	墙背很粗糙、排水良好	$\dfrac{\varphi}{2} \sim \dfrac{2\varphi}{3}$
墙背粗糙、排水良好	$\dfrac{\varphi}{3} \sim \dfrac{\varphi}{2}$	墙背与填土之间不可能滑动	$\dfrac{2\varphi}{3} \sim \varphi$

表 6-3　库仑主动土压力系数

δ	α	β ╲ φ	15°	20°	25°	30°	35°	40°	45°	50°
0°	0°	0°	0.589	0.490	0.406	0.333	0.271	0.217	0.172	0.132
		10°	0.704	0.569	0.462	0.374	0.300	0.238	0.186	0.142
		20°		0.883	0.573	0.441	0.344	0.267	0.204	0.154
		30°			0.750	0.436	0.318	0.235	0.172	
	10°	0°	0.652	0.560	0.478	0.407	0.343	0.288	0.238	0.194
		10°	0.784	0.655	0.550	0.461	0.383	0.318	0.261	0.211
		20°	1.015	0.685	0.548	0.444	0.360	0.291	0.231	
		30°		0.925	0.566	0.433	0.337	0.262		
	20°	0°	0.736	0.648	0.569	0.498	0.434	0.375	0.322	0.274
		10°	0.896	0.768	0.663	0.572	0.4920	0.421	0.358	0.302
		20°	1.205	2.834	0.688	0.576	0.484	0.405	0.337	
		30°			1.169	0.740	0.586	0.474	0.385	

续表

δ	α	β \ φ	15°	20°	25°	30°	35°	40°	45°	50°
0°	−10°	0°	0.540	0.433	0.344	0.270	0.209	0.158	0.117	0.083
		10°	0.644	0.500	0.389	0.301	0.229	0.171	0.125	0.088
		20°		0.785	0.482	0.353	0.261	0.190	0.136	0.094
		30°				0.614	0.331	0.226	0.155	0.104
	−20°	0°	0.497	0.380	0.287	0.212	0.153	0.106	0.070	0.043
		10°	0.595	0.439	0.323	0.234	0.166	0.114	0.074	0.045
		20°		0.707	0.401	0.274	0.188	0.125	0.080	0.047
		30°				0.498	0.239	0.147	0.090	0.051
10°	0°	0°	0.533	0.447	0.373	0.309	0.253	0.204	0.163	0.127
		10°	0.664	0.531	0.431	0.350	0.282	0.225	0.177	0.136
		20°		0.897	0.549	0.420	0.326	0.254	0.195	0.148
		30°				0.762	0.423	0.306	0.226	0.166
	10°	0°	0.603	0.520	0.448	0.384	0.326	0.275	0.230	0.189
		10°	0.759	0.626	0.524	0.440	0.369	0.307	0.253	0.206
		20°		1.064	0.674	0.534	0.432	0.351	0.284	0.227
		30°				0.969	0.564	0.427	0.332	0.258
	20°	0°	0.659	0.615	0.543	0.478	0.419	0.365	0.316	0.271
		10°	0.890	0.752	0.646	0.558	0.482	0.414	0.354	0.300
		20°		1.308	0.844	0.687	0.573	0.481	0.403	0.337
		30°				1.268	0.758	0.594	0.478	0.388
	−10°	0°	0.477	0.385	0.309	0.245	0.191	0.146	0.106	0.078
		10°	0.590	0.455	0.354	0.275	0.211	0.159	0.116	0.082
		20°		0.773	0.450	0.328	0.242	0.177	0.127	0.088
		30°				0.605	0.313	0.212	0.146	0.098
	−20°	0°	0.427	0.330	0.252	0.188	0.137	0.096	0.064	0.039
		10°	0.529	0.388	0.286	0.209	0.149	0.103	0.068	0.041
		20°		0.674	0.364	0.248	0.170	0.114	0.073	0.044
		30°				0.475	0.220	0.135	0.082	0.047
15°	0°	0°	0.518	0.434	0.363	0.301	0.248	0.201	0.160	0.125
		10°	0.656	0.522	0.423	0.343	0.277	0.222	0.174	0.135
		20°		0.914	0.546	0.415	0.323	0.251	0.194	0.147
		30°				0.777	0.422	0.305	0.225	0.165

续表

δ	α	β \ φ	15°	20°	25°	30°	35°	40°	45°	50°
15°	10°	0°	0.592	0.511	0.441	0.378	0.323	0.273	0.228	0.189
		10°	0.760	0.623	0.520	0.437	0.366	0.305	0.252	0.206
		20°		1.103	0.679	0.535	0.432	0.351	0.284	0.228
		30°				1.005	0.571	0.430	0.334	0.260
	20°	0°	0.690	0.611	0.540	0.476	0.419	0.366	0.317	0.273
		10°	0.904	0.757	0.649	0.560	0.484	0.416	0.357	0.303
		20°		1.383	0.862	0.697	0.579	0.486	0.408	0.341
		30°				1.341	0.778	0.606	0.487	0.395
	−10°	0°	0.458	0.371	0.298	0.237	0.186	0.142	0.106	0.076
		10°	0.576	0.422	0.344	0.267	0.205	0.155	0.114	0.081
		20°		0.776	0.441	0.320	0.237	0.174	0.125	0.087
		30°				0.607	0.308	0.209	0.143	0.097
	−20°	0°	0.405	0.314	0.240	0.180	0.132	0.093	0.062	0.038
		10°	0.509	0.372	0.275	0.201	0.144	0.100	0.066	0.040
		20°		0.667	0.352	0.239	0.164	0.110	0.071	0.042
		30°				0.470	0.214	0.131	0.080	0.046
20°	0°	0°			0.357	0.297	0.245	0.199	0.160	0.125
		10°			0.419	0.340	0.275	0.220	0.174	0.135
		20°			0.547	0.414	0.322	0.251	0.193	0.147
		30°				0.798	0.425	0.306	0.225	0.166
	10°	0°			0.438	0.377	0.322	0.273	0.229	0.190
		10°			0.521	0.438	0.367	0.306	0.254	0.208
		20°			0.690	0.540	0.436	0.354	0.286	0.230
		30°				1.051	0.582	0.437	0.338	0.264
	20°	0°			0.543	0.479	0.422	0.370	0.321	0.277
		10°			0.659	0.568	0.490	0.423	0.363	0.309
		20°			0.891	0.715	0.592	0.496	0.417	0.349
		30°				1.434	0.807	0.624	0.501	0.406
	−10°	0°			0.291	0.232	0.182	0.140	0.105	0.076
		10°			0.337	0.262	0.202	0.153	0.113	0.080
		20°			0.437	0.316	0.233	0.171	0.124	0.086
		30°				0.614	0.306	0.207	0.142	0.096
	−20°	0°			0.231	0.174	0.128	0.090	0.061	0.038
		10°			0.266	0.195	0.140	0.097	0.064	0.039
		20°			0.344	0.233	0.160	0.108	0.069	0.042
		30°				0.468	0.210	0.129	0.079	0.045

如果挡土墙满足朗肯土压力理论假设，即墙背垂直($\alpha = 0$)、光滑($\delta = 0$)、填土面水平($\beta = 0$)，且无超载(填土与挡土墙顶平齐)时，式(6.18)可简化为

$$E_a = \frac{1}{2} \gamma H^2 \tan^2 \left(45° - \frac{\varphi}{2} \right) \tag{6-20}$$

可见，朗肯土压力理论的主动土压力计算公式只是库仑土压力理论的主动土压力计算公式的特例。

库仑主动土压力强度沿墙高的分布计算公式为

$$p_a = \gamma z K_a \tag{6-21}$$

可见，库仑主动土压力强度沿墙高呈三角形分布，土压力作用点通过距墙底 1/3 墙高处，如图 6-7(c)所示。

6.4.3　被动土压力计算

当挡土墙受外力向填土方向移动直至墙后土体达到被动极限平衡状态，产生沿平面 BC 向上滑动的三角形楔体 $\triangle ABC$(图 6-9)时，墙背上的土压力为被动土压力，以 E_p 表示。平面 BC 以下土体对楔体 $\triangle ABC$ 的反力 R 和墙背对楔体 $\triangle ABC$ 的反力 E_p 都作用在各自作用平面法线的上方。由于此时被动土压力是抵抗挡土墙滑动的因素，满足得到最小被动土压力 E_p 的滑动面为最危险滑动面。与求库仑主动土压力方法类似，可以得到库仑被动土压力合力的计算公式

$$E_p = \frac{1}{2} \gamma H^2 K_p \tag{6-22}$$

式中，K_p 为被动土压力系数，按下式计算，即

$$K_p = \frac{\cos^2(\varphi + \alpha)}{\cos^2 \alpha \cos(\alpha - \delta) \left[1 - \sqrt{\dfrac{\sin(\varphi + \delta)\sin(\varphi + \beta)}{\cos(\alpha - \delta)\cos(\alpha - \beta)}} \right]^2} \tag{6-23}$$

其余符号同式(6.18)。

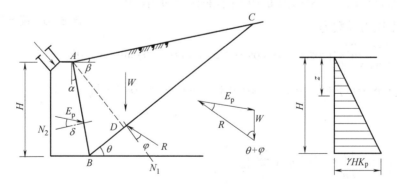

(a) 滑动楔体所受的作用力　　(b) 力矢三角形　(c) 被动土压力分布图

图 6-9　库仑被动土压力计算图

库仑被动土压力强度计算公式为

$$p_p = \gamma z K_p \tag{6-24}$$

被动土压力沿墙高也呈三角形直线分布，如图 6-9(c)所示。

朗肯土压力理论的被动土压力计算公式也只是库仑土压力理论的被动土压力计算公式的特例，所以朗肯土压力理论实际上是库仑土压力理论的一个特例。

特别需要注意的是，库仑土压力合力的作用方向并不与墙背垂直，而与墙背法向成外摩擦角。

【例 6-2】 有一挡土墙，高 4m，墙背倾斜角 $\alpha = 10°$（俯斜），填土面坡角 $\beta = 10°$。填土的物理力学性质指标如下：$c = 0$，$\varphi = 30°$，$\gamma = 18\text{kN/m}^3$。试按库仑理论求主动土压力及其作用点。

解： 取 $\delta = 20°$，根据上述指标查表得 $K_a = 0.521$，于是有：

$$E_a = \frac{1}{2}\gamma H^2 K_a = \frac{1}{2} \times 18 \times 4^2 \times 0.521 \text{kN/m} = 75.0 \text{kN/m}$$

土压力作用点在距墙底 $H/3$ 处，即距墙底 1.33m 处。

6.4.4 黏性土的库仑土压力

1. 广义库仑理论

为了考虑黏性土的黏聚力 c 对土压力的影响，以往常常采用"等值内摩擦角 φ_D"(加大 φ 值，以取代 c、φ 的共同作用)的方法计算，但误差较大，墙高大时偏于危险，墙高小时偏于保守，因此近年来许多学者在库仑理论的基础上计入了墙后填土面荷载、填土黏聚力、填土与墙背间的黏结力以及填土表面附近的裂缝深度等因素的影响，提出了所谓"广义库仑理论"。根据图 6-10 所示的计算简图，可得库仑主动土压力系数为

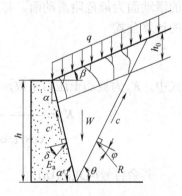

图 6-10 挡土墙计算简图

$$K_a = \frac{\cos(\alpha - \beta)}{\cos^2\alpha\cos^2\phi}\{[\cos(\alpha - \beta)\cos(\alpha + \delta) + \sin(\varphi - \beta)\sin(\varphi + \delta)]k_q$$
$$+ 2k_2\cos\varphi\sin\phi + k_1\sin(\phi - \delta)\cos\phi + k_0\sin(\beta - \varphi)\cos\phi - 2\sqrt{G_1 G_2}\} \tag{6-25}$$

其中

$$k_q = \frac{1}{\cos\theta}\left[1 + \frac{2q}{\gamma h}\xi - \frac{h_0}{h^2}\left(h_0 + \frac{2q}{\gamma}\right)\xi^2\right]$$

$$k_0 = \frac{h_0}{h^2}\left(h_0 + \frac{2q}{\gamma}\right)\xi\frac{\sin\alpha}{\cos(\alpha - \beta)}$$

$$k_1 = \frac{2c'}{\gamma h\cos(\alpha - \beta)}\left(1 - \frac{h_0}{h}\right)\xi$$

$$k_2 = \frac{2c}{\gamma h}\left(1 - \frac{h_0}{h}\right)\xi$$

$$\xi = \frac{\cos\alpha\cos\beta}{\cos(\alpha-\beta)}$$

$$h_0 = \frac{2c}{\gamma}\frac{\cos\alpha\cos\varphi}{1+\sin(\alpha-\varphi)}$$

$$G_1 = k_q\sin(\delta+\varphi)\cos(\delta+\alpha) + k_2\cos\varphi + \cos\phi\left[k_1\cos\delta - k_0\cos(\alpha+\delta)\right]$$

$$G_2 = k_q\cos(\alpha-\beta)\sin(\varphi-\beta) + k_2\cos\varphi$$

$$\phi = \alpha + \delta + \varphi - \beta$$

q 为填土表面的均布荷载(kPa)，h_0 为地表裂缝深度(m)。

如果 $c=c'=q=0$，则公式(6.25)就是式(6.19)。这说明，广义库仑土压力理论是库仑土压力理论的推广。

2.《建筑地基基础设计规范》(GB 50007) 推荐公式

《建筑地基基础设计规范》(以下简称《规范》)推荐采用"广义库仑理论"方法(图6-11)，但不计地表裂缝及墙背与黏土间的黏结力 c'，即在式(6-25)中 $h_0=c'=0$，且 $\alpha'=90°-\alpha$，主动土压力系数为

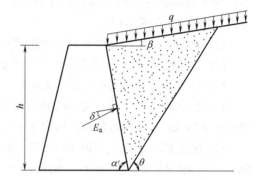

图 6-11 规范推荐方法计算简图

$$K_a = \frac{\sin(\alpha'+\beta)}{\sin^2\alpha'\sin^2\phi}\left\{k_q\left[\sin(\alpha'+\beta)\sin(\alpha'-\delta) + \sin(\varphi+\delta)\sin(\varphi-\beta)\right]\right.$$
$$\left. + 2\eta\sin\alpha'\cos\varphi\cos\phi - 2\sqrt{G_1 G_2}\right\} \tag{6-26}$$

式中

$$\phi = \alpha' + \beta - \varphi - \delta$$

$$k_q = 1 + \frac{2q}{\gamma h}\frac{\sin\alpha'\cos\beta}{\sin(\alpha'+\beta)}$$

$$\eta = \frac{2c}{\gamma h}$$

$$G_1 = k_q\sin(\alpha'+\beta)\sin(\varphi-\beta) + \eta\sin\alpha'\cos\varphi$$

$$G_2 = k_q\sin(\alpha'-\delta)\sin(\varphi+\delta) + \eta\sin\alpha'\cos\varphi$$

《规范》将符合排水和土质要求条件的主动土压力系数做成了一系列曲线图，可根据 α'、β、δ 查用。《规范》规定，计算挡土结构的土压力时，可按主动土压力计算，但计算结果须根据土坡的高度进行增大修正，当土坡高度小于 5m 时，此修正系数宜取 1.0，高度为 5～8m 时宜取 1.1，高度大于 8m 时宜取 1.2。《规范》还规定，当地下水丰富时，应考虑水压力的作用。

当挡土结构后缘有较陡峻的稳定岩石坡面，岩坡的坡角 $\theta > (45°+\varphi/2)$时，应按有限范

围填土计算土压力，取岩石坡面为破裂面，根据稳定岩石坡面与填土间的摩擦角，按下式计算主动土压力系数：

$$K_a = \frac{\sin(\alpha' + \theta)\sin(\alpha' + \beta)\sin(\theta - \delta_r)}{\sin^2 \alpha' \sin(\theta - \beta)\sin(\alpha' - \delta + \theta - \delta_r)}$$ (6-27)

式中，θ为稳定岩石坡面的倾角；δ_r为稳定岩石与填土间的摩擦角，根据试验确定。当无试验资料时，可取$\delta_r = 0.33\varphi_k$，φ_k为填土的内摩擦角标准值。

6.4.5 库尔曼图解法

对于一切不规则的填土表面和荷载情况，可以采用库尔曼(Culmann)图解法来计算土压力。库尔曼图解法的理论基础是库仑土压力理论，以计算主动土压力为例，图解法求解土压力的步骤如下(图6-12)：

(1) 按比例绘制挡土墙与填土面的剖面图。

(2) 从墙踵 B 点作直线 BD 与水平面成φ角。

(3) 过 B 点作直线 BL 与 BD 成ψ角，$\psi = 90° - \alpha - \delta$，此直线 BL 称为基线。

(4) 任意假定一个滑动面 BC_1 计算滑动楔体的自重 W_1，按一定比例作 $Bn_1 = W_1$，作 $m_1 n_1$ 平行于 BL，$m_1 n_1$ 与滑动面 BC_1 相交于 m_1 点。

(5) 用类似方法作假定破坏面 BC_2、BC_3、BC_4、…，对应滑动楔体自重的线段 Bn_2、Bn_3、Bn_4、…，相应作 $m_2 n_2$、$m_3 n_3$、$m_4 n_4$、…平行于 BL。

(6) 将 m_1、m_2、m_3、…各点连成光滑曲线。

(7) 平行于 BD 作曲线的切线，切点为 m。过 m 点作 BL 的平行线，与 BD 相交与 n。连接 mn，量取线段 mn 长度并按绘图比例换算为力，该力的大小就是主动土压力 E_a。

(8) 连接 Bm 并延长，与填土面交于 C，BC 平面即为真正的最危险滑动面。

可以看出，图6-12 中三角形$\triangle Bmn$ 与图6-8(b)封闭力矢三角形是相似三角形，Bn 代表滑动楔体自重，因而 mn 代表了主动土压力 E_a，这就是库尔曼图解法的原理。

土压力的作用点可按下法近似确定(参见图6-13)：

设 BC 为按上述方法确定的最危险破坏面，滑动楔体 ABC 的重心为 O，过 O 点作 OO' 线与 BC 平行，则 BC 与墙背的交点 O' 即为主动土压力 E_a 的作用点。

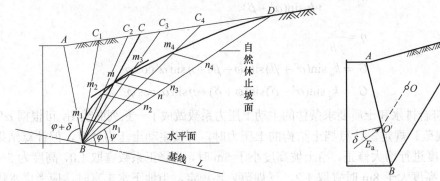

图 6-12　库尔曼图解法确定主动土压力　　　图 6-13　主动土压力作用点的近似确定方法

当填土面作用有超载时，可将超载与滑动楔体自重相加，然后视为滑动楔体自重，按上述方法即可求得土压力。

同理，库尔曼图解法也可用于求解被动土压力 E_p。

6.5 几种常见情况的土压力计算

6.5.1 墙后填土表面有超载(朗肯理论：墙背竖直和墙后填土表面水平)

1. 超载水平向无限分布

有时挡土墙后填土高度高于墙顶，高于墙顶的土层相当于作用在与墙顶齐平的地面的均布荷载 q，或由于其他作用，在填土表面形成超载 q，当超载自墙背开始分布时，则墙顶以下任意深度 z 处土的有效竖向应力为 $\gamma z + q$。以黏性土为例，主动土压力强度和被动土压力强度可按以下两式计算：

$$p_a = (\gamma z + q)K_a - 2c \cdot \sqrt{K_a} \tag{6-28}$$

$$p_p = (\gamma z + q)K_p + 2c \cdot \sqrt{K_p} \tag{6-29}$$

对于无黏性土，c 为零，土压力分布如图 6-14(a)所示。

有时分布超载距墙背有一定距离，如图 6-14(b)所示，这时土压力可以近似计算如下：自均布荷载开始作用点 O 作 Oa 和 Ob，分别与水平面成 φ 和 $\theta = 45° + \varphi/2$。认为超载在 a 点以下才开始对墙背土压力产生影响，b 点以下则完全受均布荷载的影响。此时挡土墙土压力为多边形 $ABCED$ 的面积[图 6-14(b)]。

2. 局部作用均布超载

当墙顶土面上建有建筑物、道路时，在墙顶地面上形成局部均布荷载，如图 6-14(c)所示。这些局部超载对土压力产生的影响可认为是图 6-14(c)中的平行四边形 $DEFG$，其沿墙高的分布深度范围为 ab，Oa 和 $O'b$ 均与地面成 $45° + \varphi/2$，挡土墙土压力为多边形 $ABCFGED$ 的面积。

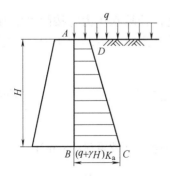
(a) 无限均布超载的影响

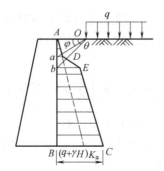
(b) 距挡土墙一定距离均布超载的影响

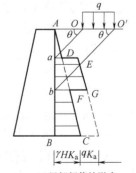
(c) 局部超载的影响

图 6-14 超载对土压力的影响(无黏性土)

6.5.2 成层填土及墙后填土有地下水

当墙后填土分层时，属于某一层的点必须采用该层土的土性参数和土压力系数计算。例如图 6-15(a)，墙后填土分 2 层，均为无黏性土，土层分界面上的点如果属于上层(点 D)，主动土压力强度为 $\gamma_1 h_1 K_{a1}$；如果属于下层(点 E)，主动土压力强度为 $\gamma_1 h_1 K_{a2}$，土压力分布如图 6-14(a)所示。具体计算方法如下。

A 点：$p_a = 0$。

D 点：$p_a = \gamma_1 h_1 K_{a1}$。

E 点：$p_a = \gamma_1 h_1 K_{a2}$。

B 点：$p_a = (\gamma_1 h_1 + \gamma_2 h_2) K_{a2}$。

当墙后土体中有地下水存在时，墙体除受到土压力的作用外，还将受到水压力的作用。在计算墙体受到的总的侧向压力时，对地下水位以上部分的土压力计算同前，对地下水位以下部分的水、土压力一般采用"水土分算"或"水土合算"的方法计算。对于砂性和粉土，可按水土分算的原则进行，即分别计算土压力和水压力，然后两者叠加；对于黏性土，可根据现场情况和工程经验，按水土分算和水土合算进行。

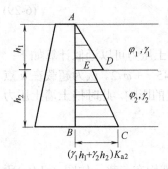
(a) 成层土的土压力计算

(b) 有地下水时土压力的计算

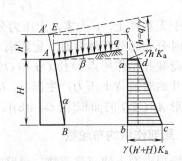
(c) 墙后填土面倾斜并有均布荷载时土压力的计算

图 6-15 几种特殊情况下土压力的计算

1) 水土分算法

这种方法计算作用在挡土墙上的土压力时采用有效重度，计算水压力时按静水压力计算，然后两者叠加为总的侧压力。例如，当墙后填土为无黏性土时，主动土压力与水压力强度的和为

$$\sigma_z K_a + \sigma_w = K_a \left(\sum_{i=1}^{n} \gamma_i h_i + \sum_{j=1}^{m} \gamma'_j h_j \right) + \sum_{j=1}^{m} \gamma_w h_j \tag{6-30}$$

式中：n、m——地下水位以上和以下土层层数；

γ_i、γ'_j——地下水位以上各层土重度和地下水位以下各层土有效重度(kN/m³)；

γ_w——水的重度(kN/m³)；

h_i、h_j——地下水位上、下各层土的厚度(m)。

以均质土为例，土压力分布如图 6-14(b)所示。为便于实际工程应用，在不能获取有效强度指标 c'、φ'时，简化起见，式中的有效强度指标 c'、φ'常用总强度指标 c、φ代替。

2) 水土合算法

这种方法比较适合渗透性小的黏性土层。计算作用在挡土墙上的土压力时，采用饱和重度，水压力不再单独计算叠加，即

$$p_{a} = \gamma_{sat}HK_{a} - 2c\sqrt{K_{a}} \tag{6-31}$$

式中：γ_{sat}——土的饱和重度，地下水位以下可近似采用天然重度；

K_{a}——按总应力强度指标计算的主动土压力系数，$K_{a} = \tan^2\left(45^\circ + \dfrac{\varphi}{2}\right)$；

其他符号意义同前。

6.5.3 墙后填土表面有连续均布荷载(库仑理论：墙背倾斜和墙后填土表面倾斜)

当挡土墙后填土面有连续均布荷载 q 作用时，通常土压力的计算方法是将均布荷载换算成当量的土重，即用假想的土重代替均布荷载。

当填土面和墙背面倾斜，填土面作用连续均布荷载时[图 6-14(c)]，当量土层厚度 $h=q/\gamma$，假想的填土面与墙背 AB 的延长线交于 A' 点，故以 $A'B$ 为假想墙背计算主动土压力，但由于填土面和墙背面倾斜，假想的墙高应为 $h'+H$，根据 $\triangle A'AE$ 的几何关系可得

$$h' = h\frac{\cos\beta \cdot \cos\alpha}{\cos(\alpha - \beta)} \tag{6-32}$$

然后，以 $A'B$ 为墙背，按填土面无荷载时的情况计算土压力。在实际考虑墙背土压力的分布时，只计墙背高度范围，不计墙顶以上 h' 范围的土压力。这种情况下主动土压力计算如下：

墙顶土压力，$p_{a} = \gamma h'K_{a}$；

墙底土压力，$p_{a} = \gamma(H + h')K_{a}$。

实际墙 AB 上的土压力合力即为 H 高度上压力图的面积，即

$$E_{a} = \gamma H\left(\frac{1}{2}H + h'\right)K_{a} \tag{6-33}$$

E_{a} 作用位置在梯形面积形心处，与墙背法线成 δ 角。

【例 6-3】挡土墙高 6m，墙背直立、光滑，填土面水平，并作用有均布荷载 $q=10$kPa。填土的物理力学性质指标如下：$c=0$，$\varphi=34^\circ$，$\gamma=19$kN/m³。试求主动土压力及其作用点，并绘出主动土压力分布图。

解：主动土压力系数为

$$K_{a} = \tan^2(45^\circ - 34^\circ/2) = 0.283$$

墙顶处的主动土压力强度为

$$p_{a1}=qK_{a}=10\times0.283=2.83\text{kPa}$$

墙底处的主动土压力强度为

$$p_{a2}=(\gamma H+q)K_{a}=((19\times6+10)\times0.283)\text{kPa}=35.1\text{kPa}$$

主动土压力合力为

$$E_a = \frac{1}{2}(p_{a1} + p_{a2})H$$

$$= \left(\frac{1}{2}(2.83 + 35.1) \times 6\right) \text{kN/m}$$

$$= 113.8 \text{kN/m}$$

合力作用点距墙底为

$$\frac{2.83 \times 6 \times 3 + (35.1 - 2.83) \times 6/2 \times 6/3}{113.8} \text{m} = 2.15 \text{m}$$

主动土压力分布如图 6-16 所示。

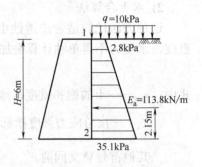

图 6-16 例 6-3 图

【例 6-4】挡土墙高 5m，墙背直立、光滑，填土面水平，填土由两层土组成，填土的物理力学性质指标如图 6-17 所示。试求主动土压力，并绘出主动土压力分布图。

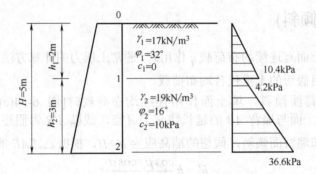

图 6-17 例 6-4 图

解： 主动土压力系数

$$K_{a1} = \tan^2\left(45° - \frac{32°}{2}\right) = 0.554^2 = 0.307$$

$$K_{a2} = \tan^2\left(45° - \frac{16°}{2}\right) = 0.754^2 = 0.568$$

由于没有超载，第一层土顶面主动土压力强度为零，第一层土底面主动土压力强度为

$$p_{a1} = \gamma_1 h_1 K_{a1} = 17 \times 2 \times 0.307 = 10.4 \text{kPa}$$

第二层土顶面和底面主动土压力强度分别为

$$p'_{a1} = \gamma_1 h_1 K_{a2} - 2c_2 \cdot \sqrt{K_{a2}}$$

$$= 17 \times 2 \times 0.568 - 2 \times 10 \times 0.754$$

$$= 4.2 \text{kPa}$$

$$p_{a2} = (\gamma_1 h_1 + \gamma_2 h_2)K_{a2} - 2c_2 \cdot \sqrt{K_{a2}}$$

$$= (17 \times 2 + 19 \times 3) \times 0.568 - 2 \times 10 \times 0.754$$

$$= 36.6 \text{kPa}$$

合力为

$$E_a = \frac{1}{2} \times 10.4 \times 2 + \frac{1}{2}(4.2 + 36.6) \times 3 = 71.6 \text{kN/m}$$

土压力分布如图 6-17 所示。

【例 6-5】 用水土分算法计算图 6-18 所示的挡土墙上的主动土压力、水压力及其合力。

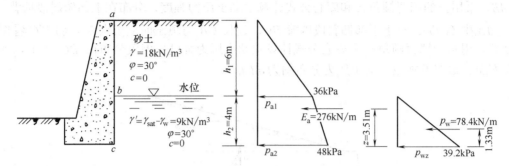

图 6-18　例 6-5 图

解： (1) 计算主动土压力系数。

$$K_{a1} = K_{a2} = \tan^2\left(45^\circ - \frac{30^\circ}{2}\right) = 0.333$$

(2) 计算地下水位以上土层的主动土压力。

顶面：
$$p_{a0} = \gamma_1 z K_{a1} = 18 \times 0 \times 0.333 = 0$$
$$p_{a1} = \gamma_1 z K_{a1} = 18 \times 6 \times 0.333 = 36.0\text{kPa}$$

(3) 计算地下水位以下土层的主动土压力及水压力。

因水下土为砂土，采用水土分算法。

主动土压力：

顶面　　$p_{a1} = (\gamma_1 z_1 + \gamma_2' z) K_{a2} = (18 \times 6 + 9 \times 0) \times 0.333 = 36.0\text{kPa}$

底面　　$p_{a2} = (\gamma_1 h_1 + \gamma_2' z) K_{a2} = (18 \times 6 + 9 \times 4) \times 0.333 = 48.0\text{kPa}$

水压力：

顶面　　　　　　　　$p_{w1} = \gamma_w z = 9.8 \times 0 = 0$

底面　　　　　　　　$p_{w2} = \gamma_w z = 9.8 \times 4 = 39.2\text{kPa}$

(4) 计算总主动土压力和总水压力。

$$E_a = \frac{1}{2} \times 36 \times 6 + 36 \times 4 + \frac{1}{2} \times (48 - 36) \times 4 = 108 + 144 + 24 = 276\text{kN/m}$$

E_a 作用方向水平，作用点距墙基为 z，则

$$z = \frac{1}{276}\left[108 \times \left(4 + \frac{6}{3}\right) + 144 \times \frac{4}{2} + 24 \times \frac{4}{3}\right] = 3.51\text{m}$$

$$p_w = \frac{1}{2} \times 39.2 \times 4 = 78.4\text{kN/m}$$

p_w 作用方向水平，作用点距墙基 4/3=1.33m。

(5) 挡土墙上主动土压力及水压力如图 6-18 所示。

6.5.4　异形挡土墙

(1) 墙背为折线形的挡土墙。

图 6-19 中墙背为折线形的挡土墙，是从仰斜墙背演变而来的，以减小上部的断面尺寸

和墙高,多用于公路路堑墙或路肩墙。其常用近似的延长墙背法计算。对于上部俯斜段墙脊 AB,采用正的墙背倾角 ε_1 和库仑公式计算主动土压力强度,分布在上部俯斜段墙背 AB 上,为图中 $\triangle abc$。对于下部仰斜段墙背 BC,延长 CB 与填土面交于点 B',将 $B'C$ 看作假想墙背,用负的墙背倾角 ε_2 和库仑公式计算主动土压力强度,但仅分布在 BC 段上,为三角形 $b'de$。最终叠加成主动土压力分布图为 $adefca$。

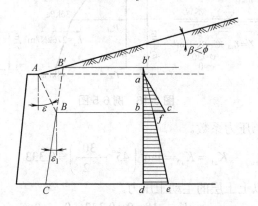

图 6-19 折线形墙背挡墙的主动土压力分布

延长墙背法忽略了延长墙背与实际墙背之间的土楔($\triangle ABB'$)重和土楔上可能有的荷载重,并且由于延长墙背与实际墙背上土压力作用方向的不同引起了竖直分力差,因此存在一定的误差。当上下墙背倾角相差超过 $10°$ 时,可以对假想墙背进行校正。

(2) 设置减压平台的挡土墙。

为了减小作用在墙背上的主动土压力,可以设置减压平台。当平台延伸至主动滑裂面附近时,上下墙背只承受相应范围内填土的压力,如图 6-20(a)所示。

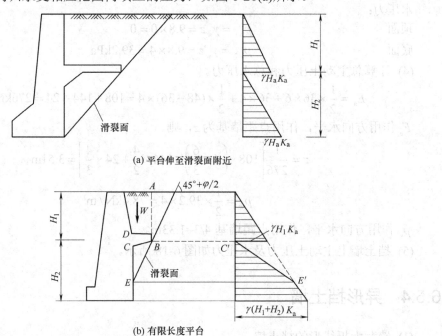

图 6-20 设置减压平台的挡土墙土压力分布

对于有限长度的平台，可近似按图 6-20(b) 的方法，在平台下相应范围内的墙背上减压。平台以上 H_1 高度内，可按朗肯或库仑理论，计算作用在 AB 面上的土压力分布。由于平台以上土重 W 已由卸荷台 BCD 承担，故平台下 C 点处土压力变为零，从而起到减小平台下 H_2 段内土压力的作用。减压范围，一般认为至滑裂面与墙背交点 E 处为止。连接图中相应的 C' 和 E'，则图中阴影部分即为减压后的土压力分布。显然，卸荷平台伸出越长，则减压作用越大。

6.6　关于土压力的讨论

挡土墙土压力的计算理论是土力学重要的课题之一。作用于挡土墙上的土压力与许多因素有关。二百多年来，尽管有众多关于影响土压力因素的研究，有关的著作也不少，但总的说来，土压力尚不能准确地计算，在很大程度上是一种估算。其主要原因可归结为天然土体的离散性、不均匀性和多样性，以及朗肯和库仑土压力理论对实际问题作了一些简化和假设。这里就朗肯和库仑土压力理论作简要对比，并对其中一些问题作简单的讨论。

6.6.1　朗肯和库仑理论比较

朗肯和库仑两种土压力理论都是研究土压力问题的简单方法，但它们研究的出发点和途径不同，分别根据不同的假设，以不同的分析方法计算土压力，只有在简单情况下 ($\alpha = 0$，$\beta = 0$，$\delta = 0$) 两种理论计算结果才一致。

朗肯土压力理论 (极限应力法) 从半无限体中一点的应力状态和极限平衡条件出发，推导出土压力计算公式。其概念清楚，公式简单，便于记忆，计算公式对黏性或无黏性土均可使用，在工程中得到了广泛应用。但为了使挡土墙墙后土体的应力状态符合半无限体的应力状态，必须假设墙背是光滑、直立、墙后填土表面水平，因而它的应用范围受到了很大限制。此外，朗肯理论忽略了实际墙背并非光滑、存在摩擦力的事实，使计算得到的**主动土压力偏大，而被动土压力偏小**。最后一点，朗肯理论采用先求土中竖直面上的土压力强度及其分布，再计算出作用在墙背上的土压力合力，这也是与库仑理论的不同之处。

库仑土压力理论 (滑动土楔体法) 是根据挡土墙后滑动土楔体的静力平衡条件推导出土压力计算公式的。推导时考虑了实际墙背与土之间的摩擦力，对墙背倾斜、墙后土体表面倾斜情况没有像朗肯理论那样限制，因而库仑理论应用更广泛。但库仑理论事先曾假设墙后土体为无黏性土，因而对于黏性土体挡土墙，不能直接采用库仑土压力公式进行计算。库仑理论假设墙后填土破坏时破裂面是一平面，而实际上却是一曲面，因此其计算结果与按曲线滑动面计算的结果有出入。此外，库仑理论是滑动土楔体的静力平衡条件，先求出库仑土压力的合力，然后根据土压力合力与墙高的平方成正比的关系，经对计算深度 z 求导，得到土压力沿墙身的压力分布。

总的说来，朗肯理论在理论上较为严密，但只能得到理想简单边界条件下的解答，在应用上受到限制。而库仑理论虽然在推导时作了明显的近似处理，但由于能适用于各种较为复杂的边界条件或荷载条件，且在一定程度上能满足工程上所要求的精度，因而应用更广。

6.6.2 破裂面形状

库仑土压力理论假定墙后土体的破坏是通过墙踵的某一平面滑动的,这一假定虽然大大简化了计算,但是与实际情况有差异。经模型试验观察,破裂面是曲面。只有当墙背倾角较小($\alpha < 15°$),墙背与墙后土体间的摩擦角较小($\delta < 15°$),考虑主动土压力时,滑动面才接近于平面。对于被动土压力或黏性土体,滑动面呈明显的曲面。由于假定破裂面为平面以及数学推导上不够严谨,给库仑理论结果带来了一定误差。

计算主动土压力时,计算得出的结果与曲线滑动面的结果相比要小 2%~10%,可以认为已经满足工程设计所要求的精确度。当土体内摩擦角 $\varphi = 5° \sim 45°$、墙与土的外摩擦角 $\delta \leqslant \varphi/3$ 时,朗肯理论与库仑理论计算结果比较接近。但是当墙土摩擦角 $\delta = \dfrac{2}{3}\varphi$,朗肯理论比库仑理论大 5%~21%。

土体被动破坏时的实际滑动面为曲面。当内摩擦角 φ 和墙土摩擦角 δ 较大时,采用平面滑动面进行计算则误差较大。图 6-21 给出不同土压力理论被动土压系数 K_{ph} 对比结果。从中可见,朗肯理论为最小,库仑理论为最大,Krey 圆弧滑面理论和 Goldscheider /Gudehus 两折线滑面理论居中。例如 $\varphi = 35°$、墙土摩擦角 $\delta = \dfrac{2}{3}\varphi$ 时,朗肯、库仑、Krey 和 Goldscheider / Gudehus 理论被动土压系数 K_{ph} 分别为 3.7、9.2、6.9 和 7.6,后三者是朗肯理论的 2.48、1.86 和 2.05 倍。可见,朗肯理论确实过低地给出了被动土压力系数,而此时的库仑理论值又偏高,故工程实践中一般将库仑被动土压公式限制在 $\varphi \leqslant 35°$ 范围内。

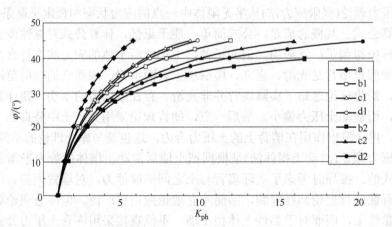

郎肯被动土压系数,a:$\delta_p = 0$

库仑被动土压系数,b1:$\delta_p = -\dfrac{1}{3}\varphi$;b2:$\delta_p = -\dfrac{2}{3}\varphi$

Krey 圆弧滑面被动土压系数,c1:$\delta_p = -\dfrac{1}{3}\varphi$,c2:$\delta_p = -\dfrac{2}{3}\varphi$

Goldscheider 两折线滑面被动土压系数,d1:$\delta_p = -\dfrac{1}{3}\varphi$,d2:$\delta_p = -\dfrac{2}{3}\varphi$

图 6-21 不同理论被动土压系数对比

比较结果表明，墙土摩擦角 $\delta = \varphi/3$ 时，库仑、Krey 和 Goldscheider /Gudehus 被动土压系数值比较接近。

此外，由于库仑理论把破裂面假设为平面，使得处于极限平衡的滑动土楔体平衡所必需的力素对于任何一点的力矩之和应等于零的条件难以得到满足。除非挡土墙墙背倾角 α、墙后土体表面倾斜角 β 以及墙背与土体摩擦角 δ 都很小，否则这个误差将随 α、β 和 δ 角的增大而增加，尤其在考虑被动土压力计算时，误差更为明显。

6.6.3　土压力强度分布

墙背土压力强度的分布形式与挡土墙移动和变形有很大的关系。朗肯和库仑土压力理论都假定土压力随深度呈线性分布，实际情况并非完全这样。从一些试验和观测资料来看，挡土墙若绕墙踵转动时，土压力随深度是接近线性分布的；当挡土墙绕墙顶转动时，在填土中将产生土拱作用，因而土压力强度的分布呈曲线分布；如挡土墙为平移或平移与转动的复合变形时，土压力也为曲线分布。如果挡土墙刚度很小，本身较柔，受力过程中会产生自身挠曲变形，如轻型板桩墙，其墙后土压力分布图形就更为复杂，呈现出不规则的曲线分布，而并非一般经典土压力理论所确定的线性分布。

对于一般刚性挡土墙，一些大尺寸模型试验给出了两个重要的结果：

曲线分布的实测土压力总值与按库仑理论计算的线性分布的土压力总值近似相等；

当墙后土体表面为平面时，曲线分布的土压力的合力作用点距离墙踵高度为 $0.40H \sim 0.43H$（H 为墙高）。

此外，墙后土体的位移、土的黏聚力、地下水的作用、荷载的性质(静载或动载)、土的膨胀性能等都会对土压力的分布有一定影响。特别是墙后黏性土体土压力的计算问题，还是目前工程界和科研中极为关注的重要课题。

思　考　题

6-1　土压力有哪几种？影响土压力大小的因素是什么？其中最主要的影响因素是什么？

6-2　何谓静止土压力？说明产生静止土压力的条件、计算公式和应用范围。

6-3　何谓主动土压力？产生主动土压力的条件是什么？适用于什么范围？

6-4　何谓被动土压力？什么情况产生被动土压力？工程上如何应用？

6-5　朗肯土压力理论有何假设条件？适用于什么范围？主动土压力系数 K_a 与被动土压力系数 K_p 如何计算？

6-6　库仑土压力理论研究的课题是什么？有何基本假定？适用于什么范围？K_a 与 K_p 如何求得？

6-7　对朗肯土压力理论和库仑土压力理论进行比较和评论。

习　题

6-1　试计算图 6-22 所示地下室外墙上的土压力分布图、合力大小及其作用点位置（K_0=0.58）。

[参考答案：　$E_0 = 45.7\text{kN}/\text{m}$]

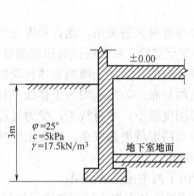

图 6-22　习题 6-1 图

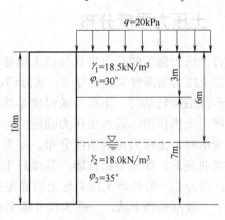

图 6-23　习题 6-2 图

6-2　某挡土墙高 $H = 10.0\text{m}$，墙背垂直、光滑，墙后填土表面水平。填土上作用均布荷载 q=20kPa。墙后填土共有两层，第一层为中砂，厚度 3.0m，第二层土为粗砂，厚度为 7.0m，其余指标如图 6-23 所示。地下水位在距墙顶 6.0m 处，水下粗砂的饱和重度为 γ_{sat}=18.2kN/m³。计算挡土墙上主动土压力分布及其合力、水压力分布及其合力。

[参考答案：　主动土压力合力为 231.3kN/m，水压力合力为 80kN/m]

6-3　挡土墙高 5.0m，墙背垂直、光滑，墙后填土表面水平。填土的重度 $\gamma = 18.2\text{kN/m}^3$，$c = 10\text{kPa}$，$\varphi = 30°$，试求主动土压力沿墙高的分布、主动土压力合力的大小和作用点位置。

[参考答案：　主动土压力合力为 29.0kN/m，合力距墙底为 1.03m]

6-4　挡土墙高 5.0m，墙背垂直、光滑，墙后填土表面水平。填土的重度 γ=18.0kN/m³，c=0，φ=30°，试求：

(1) 墙后无地下水时的主动土压力合力；

(2) 当地下水位高于墙底2m时，作用在挡土墙上的主动土压力合力和水压力合力大小。地下水位以下土的饱和重度

$$\gamma_{sat} = 19\text{kN/m}^3.$$

[参考答案：　(1)墙后无地下水时主动土压力合力为 74.3kN/m；

(2) 墙后有地下水时主动土压力合力为 68.3kN/m，水压力合力为 20kN/m]

6-5　某挡土墙高 4m，墙背倾斜角 α=20°，填土面倾角 β=10°，填土的重度 γ=18.2kN/m³，c=10kPa，φ=30°，填土与墙背的摩擦角 δ=15°，试用库仑土压力理论计算并绘出主动土压力分布、合力大小和方向、合力作用点位置。

[参考答案：　主动土压力合力为 81.5kN/m，方向 35°]

第7章 土坡稳定分析

学习要点

了解土坡稳定分析的意义，掌握无黏性土土坡稳定分析的方法，熟悉黏性土边坡瑞典圆弧法、简单条分法、简化毕肖普法和非圆弧形破坏的简布法、不平衡推力法，掌握最危险滑动面的确定方法。

7.1 概　　述

土坡是指具有倾斜坡面的土体，它可分为天然土坡(natural soil slope)与人工土坡(artificial soil slope)。由于地质作用自然形成的土坡，如天然河道的岸坡、山麓堆积的坡积层等称为天然土坡；经过人工挖、填形成的坡面，如土石坝、基坑、路堤等的边坡通常称为人工边坡。

由于土坡表面倾斜，在自身重力及周围其他外力作用下，土体内部某个面上的滑动力可能超过土体抵抗滑动的能力，这时就会发生滑坡(landslide)。土坡滑动失稳的原因有以下两种。

(1) 外界力的作用破坏了土体内原始应力平衡状态。如路堑或基坑的开挖，使土体自身重力发生变化，从而改变了土体原始应力平衡状态。此外，路堤的填筑或土坡面上作用外荷载时，以及土体内水的渗流力、地震力的作用也会破坏土体内原有的应力平衡状态，促使土坡滑坡。

(2) 土的抗剪强度由于受到外界各种因素的影响而降低，促使土坡失稳破坏。如外界气候等自然条件的影响，如雨水浸入、冻结、融化等，从而使土的强度降低；另外，土坡附近因施工引起的振动，如打桩、爆破等，引起土的液化或触变，也使土的强度降低。

土坡的稳定安全度用安全系数 K 表示，它是指土的抗剪强度 τ_{f} 与土坡中可能产生的滑动面上的剪应力 τ 的比值，即

$$K = \frac{\tau_{\mathrm{f}}}{\tau} \tag{7-1}$$

在工程实践中，分析土坡稳定的目的是检验所设计的土坡断面是否安全、稳定与合理，边坡过陡可能发生滑坡，过缓则使开挖的土方量增加。因此，在土坡工程的设计中，必须

对土坡进行稳定分析，以保证土坡既安全稳定，又经济合理。土坡稳定分析通常是作为平面问题来考虑的，本章将介绍目前常用的土坡稳定分析方法。

7.2　无黏性土土坡的稳定分析

7.2.1　一般情况下的无黏性土土坡

对于匀质的无黏性土土坡，无论是在非浸水条件下还是在完全浸水的条件下，由于无黏性土粒间无黏结力，只要位于坡面上的单元土体能够保持稳定，则整个土坡就是稳定的。

匀质无黏性土坡如图 7-1 所示，坡角为 α，土的内摩擦角为 φ，从坡面上任取一侧面竖直、底面与坡面平行的土单元体，假定不考虑单元体两侧应力对稳定性的影响。设单元体的自重为 W，则单元体沿坡面方向的下滑力 T 为

$$T = W\sin\alpha$$

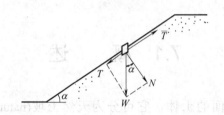

图 7-1　一般情况下的无黏性土土坡受力分析

阻止该单元体下滑的力是此单元体与坡面土体之间的抗剪力 $\bar{T}$，静力平衡时与 T 的大小相等，其所能发挥的最大值为 T_f。

$$T_f = N\tan\varphi = W\cos\alpha\tan\varphi$$

土坡稳定安全系数 K 可定义为抗滑力与滑动力之比，即

$$K = \frac{T_f}{T} = \frac{W\cos\alpha\tan\varphi}{W\sin\alpha} = \frac{\tan\varphi}{\tan\alpha} \tag{7-2}$$

由此可见，对于匀质黏性土坡，只要坡角 α 小于等于土的内摩擦角 φ，土坡就是稳定的，且与坡高 H 无关。当 $K=1.0$ 时，坡角 α 等于土的内摩擦角 φ，土坡处于极限平衡状态，此时的边坡角称为自然休止角。

7.2.2　有渗流作用时的无黏性土土坡

水位变化会使土坡受到一定的渗流力作用，对土坡稳定性带来不利影响。此时在坡面上渗流逸出处以下取一单元体，其除了本身的重力之外，还受到渗流力 J 的作用，如图 7-2 所示。因渗流方向与坡面平行，此时使土体下滑的剪切力为

$$T + J = W\sin\alpha + J$$

而单元体的抗滑力仍然为 $T_f = W\cos\alpha\tan\varphi$，于是安全系数为

$$K = \frac{T_f}{T+J} = \frac{W\cos\alpha\tan\varphi}{W\sin\alpha+J}$$

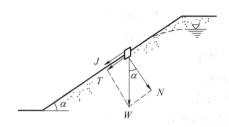

图 7-2 有顺坡渗流时无黏性土土坡受力分析

对于单位土体来说，当直接用渗流力来考虑渗流影响时，单位体积的土体自重就是浮重度 γ'，而单位体积的渗流力 $j = i\gamma_w$，式中 γ_w 为水的重度，i 则是计算点的水力梯度。因为是顺坡流出，$i = \sin\alpha$，于是上式可写成

$$K = \frac{\gamma'\cos\alpha\tan\varphi}{(\gamma'+\gamma_w)\sin\alpha} = \frac{\gamma'\tan\varphi}{\gamma_{sat}\tan\alpha} \tag{7-3}$$

式中，γ_{sat} 为土的饱和重度。上式和没有渗流作用的公式(7-2)相比，安全系数相差 γ'/γ_{sat} 倍，此值接近于 1/2。因此，当坡面有顺坡渗流作用时，无黏性土坡的安全系数将近降低一半。

7.3 黏性土土坡的稳定分析

黏性土由于颗粒之间存在黏结力，发生滑坡时是整块土体向下滑动的，因此坡面上任一单元体的稳定条件不能代表整个土坡的稳定条件。对于均质黏性土土坡，其滑动面为一曲面。许多计算表明，匀质黏性土的滑动面接近圆弧面或对数曲面，由于这两种曲面计算结果很接近，为了简化，假设滑动面为圆弧滑动面(circular slip surface)，如图 7-3 所示。

土坡稳定分析时采用圆弧滑动面首先由彼德森(K.E. Petterson，1916)提出，此后费伦纽斯(W. Fellenius，1927)和泰勒(D.W. Taylor，1948)进行了研究和改进。他们提出的分析方法分为以下两种。

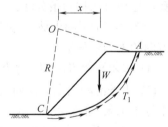

图 7-3 整体圆弧滑动受力分析

(1) 土坡圆弧滑动整体分析方法，主要适用于简单匀质黏性土坡，当 $\varphi = 0$ 时，按照摩尔-库仑强度理论，土的抗剪强度 $\tau_f = c + \sigma\tan\varphi = c$，这时整个土体的抗剪强度为一常数，因此可采用圆弧滑动整体分析法。

(2) 用条分法分析土坡稳定。对于 $\varphi \neq 0$ 的匀质黏性土或非匀质黏性土，由于滑动面上各个点的抗剪强度不同，因而采用条分法进行稳定性分析。

7.3.1 圆弧滑动体的整体稳定性分析

如图 7-3 所示的简单匀质黏性土坡，设土坡可能沿圆弧面 AC 滑动，滑动面半径为 R，使土体产生滑动的力为滑动土体的重量 W，抵抗滑动的力是沿圆弧面上分布的抗剪强度。将滑动力与抗滑力分别对圆心 O 取力矩，得抗滑力矩 M_r 和滑动力矩 M_s 分别为

抗滑力矩　　　　　　　　　　　$M_r = \tau_f L \cdot R$

滑动力矩　　　　　　　　　　　$M_s = W \cdot x$

式中：τ_f——土的抗剪强度(kPa)；

　　　L——滑动面滑弧长(m)；

　　　R——滑动面圆弧半径(m)；

　　　W——滑动土体的重力(kN/m)；

　　　x——滑动土体的重力 W 对滑动面圆心 O 的力臂(m)。

取抗滑力矩与滑动力矩比值为土坡的稳定安全系数 K，即

$$K = \frac{M_r}{M_s} = \frac{\tau_f \cdot L \cdot R}{W \cdot x} \tag{7-4}$$

如滑弧范围内土体是匀质的且内摩擦角 $\varphi = 0$，则抗剪强度 $\tau_f = c_u$，有

$$K = \frac{c_u \cdot L \cdot R}{W \cdot x} \tag{7-5}$$

若土体 $\varphi \neq 0$，τ_f 与滑动面上的法向力 N 有关，土坡的稳定分析采用条分法。

7.3.2　圆弧滑动体的条分法

1. 基本原理

当滑动土体的 $\varphi \neq 0$ 时，因滑动面各点覆土及荷载引起的法向应力不同，造成滑动面上各点抗剪强度不同。为确定法向应力，通常将滑弧内的滑动土体分为若干等宽的竖条进行计算，这种方法称为条分法。

如图 7-4 所示的土坡，将滑动土体分为 n 个土条，任取一个土条记为 i，其上的作用力和方向的未知数如下。

(1) 土条重量 W_i。$W_i = \gamma_i b_i h_i$，γ_i, b_i, h_i 分别为土条的重度、宽度和高度，为已知量。

(2) 土条滑动面上的法向反力 N_i 和切向反力 T_i。假定 N_i 作用在土条底面中点，T_i 作用线平行于土条 i 的底滑面。N_i、T_i 方向已知，大小未知。因此，n 个土条有 $2n$ 个未知数。设滑动稳定安全系数为 K 时，按摩尔-库仑强度理论，N_i 与 T_i 有如下的关系，即

$$T_i = \frac{c_i l_i + N_i \tan \varphi_i}{K} \qquad (i = 1, 2, 3, \cdots, n) \tag{7-6}$$

因此，法向反力 N_i 和切向反力 T_i 在安全系数 K 与土体强度指标确定的条件下线性相关，n 个土条 N_i 和 T_i 共产生 n 个独立未知量。

(3) 土条间法向作用力 E_i。n 个土条间接触面上的法向应力大小、作用点均为未知量。对土坡右侧面和左侧面的土条，如图 7-4 所示的 1 和 n 土条，作用力为 0 或为已知的外力，因此共有 $(n-1) \times 2 = 2n-2$ 个未知数。

(4) 土条间切向作用力 X_i。n 个土条间接触面上的切向应力大小为未知量，无作用点。对土坡右侧面的土条，如图 7-4 所示的 1 土条，作用力为 0 或为已知的外力，因此共有 $n-1$ 个未知数。

(5) 安全系数 K。当滑动面确定，并且土体抗剪强度指标和外力已知时，滑动面上各点的剪应力和抗剪强度为确定值，按公式(7-1)可得滑动面上各点的安全系数。我们假定整个滑动面上各点的安全系数相等，则安全系数 K 为一个未知数。

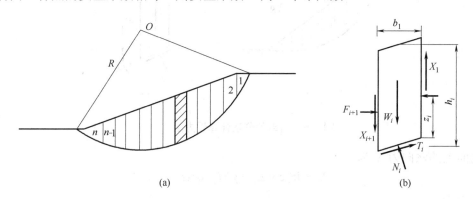

图 7-4　条分法及其土条受力分析

由以上分析可知，n 个土条在静力作用平衡条件下共有 $4n-2$ 个独立未知量。将土坡稳定分析作为平面问题，对每个土条可列出 3 个独立平衡方程，n 个土条共计可列出 $3n$ 个独立平衡方程。因此，未知数个数比方程数多 $n-2$ 个，只要土条数大于 2，土坡稳定性分析即为超静定问题，需要增加方程个数或减少未知数个数才能求解。

采用条分法进行土坡稳定分析，必须采用一些可以接受的简化假定，以减少未知量或增加方程数，将超静定问题简化为静定问题。目前有许多不同的条分法，其差别在于采用不同的假定。各类简化假定大体分为以下三种类型。

(1) 不考虑条块间作用力或仅考虑其中的一个，下述的瑞典条分法和简化毕肖普法属于此类。

(2) 假定条块间力的作用方向或规定条间法向力 E_i 与切向力 X_i 的比值，折线滑动面分析法属于这一类。

(3) 假定条块间作用力的位置，即规定 z_i 的大小，例如等于侧面高度的 1/2 或 1/3，简布法(N.Janbu)属于此类。

2. 简单条分法(W. Fellenius Method)

简单条分法是瑞典学者费伦纽斯(W. Fellenius) 1927 年提出的，也称为费伦纽斯条分法。

1) 计算公式

简单条分法是不考虑土条两侧的作用力，也即假设 X_i 和 E_i 的合力等于 X_{i+1} 和 E_{i+1} 的合力，同时它们的作用线重合，因此土条两侧的作用力相互抵消。图 7-5 为简单条分法计算受力图，第 i 个土条上的作用力有：

土条重量 W_i，滑动面上的法向力 N_i 和切向抗滑力 T_{fi}。

土条的重量为

$$W_i = \gamma \, b_i h_i$$

式中：γ ——土的重度(kN/m³)；

b_i、h_i ——第 i 个土条的宽度和高度(m)。

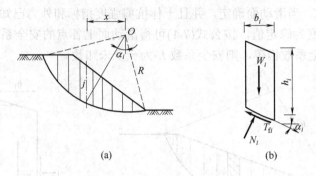

图7-5　简单条分法计算受力图

滑动面上的法向力 N_i 为

$$N_i = W_i \cos \alpha_i = \gamma b_i h_i \cos \alpha_i$$

抗滑力为

$$T_{fi} = N_i \tan \varphi_i + c_i l_i = \gamma b_i h_i \cos \alpha_i \tan \varphi_i + c_i l_i$$

滑动力为

$$T_{si} = W_i \sin \alpha_i = \gamma b_i h_i \sin \alpha_i$$

将抗滑力 T_{fi} 和滑动力 T_{si} 分别对滑弧圆心取矩，并取抗滑力矩与滑动力矩之比为该滑弧的稳定安全系数 K，即

$$K = \frac{M_r}{M_s} = \frac{R \sum T_{fi}}{R \sum T_{si}} = \frac{\sum_{i=1}^{n} (\gamma b_i h_i \cos \alpha_i \tan \varphi_i + c_i l_i)}{\sum_{i=1}^{n} \gamma b_i h_i \sin \alpha_i} \tag{7-7}$$

若整个滑弧面上土的 c_i 和 φ_i 均为常量，则上式为

$$K = \frac{\tan \varphi \sum_{i=1}^{n} \gamma b_i h_i \cos \alpha_i + cL}{\sum_{i=1}^{n} \gamma b_i h_i \sin \alpha_i} \tag{7-8}$$

式中：R——滑弧半径(m)；

　　　φ_i——第 i 个土条所在滑动面上土的内摩擦角(°)；

　　　c_i——第 i 土条所在滑动面上土的黏结力(kPa)；

　　　α_i——第 i 土条滑动面的倾角(°)；

　　　l_i——第 i 土条所在滑动面的弧长，一般取直线长(m)；

　　　L——滑动体滑弧总长(m)；

　　　n——分条数。

从分析过程可以看出，瑞典条分法是忽略了土条块之间力的相互影响的一种简化计算方法，它只满足滑动土体整体的力矩平衡条件，却不满足土条块之间的静力平衡条件。由于该方法应用的时间很长，积累了丰富的工程经验，一般得到的安全系数偏低，即误差偏于安全，所以目前仍然是工程上常用的方法。

2) 分条宽度和换算高度

用简单条分法进行土坡稳定分析时，分条宽度是任意的。为减少工作量，划分土条时可按下述方法进行，取分条宽度 $b=R/10$，并将编号为 0 的土条中心线与圆心的铅垂线重合，然后向上、向下对称编号，即向下(坡角方向)的土条编号依次为-1,-2,…，向上(坡顶方向)的土条编号依次为 1,2,…，如图 7-6 所示，各土条的 $\sin\alpha_i$ 为

$$\sin\alpha_i = \frac{X_i}{R} = \frac{ib}{R} = \frac{i}{10} = 0, \pm0.1, \pm0.2, \cdots$$

对于非匀质土坡，滑动土体内包含不同的土层，各土层的重度 γ 不同。即使是匀质土层，若地下水位位于滑动体内，也会造成地下水位上、下土层计算重度的不同。此时，可采用换算高度的办法简化计算，换算的原则是保证换算前后土层的重度相等。

如图 7-7 所示，设土的重度为 γ_1，土层厚度为 h_1，换算成重度为 γ_0 的土层，换算高度 h'_1 为

$$h'_1 = \frac{\gamma_1}{\gamma_0} h_1$$

如果地面上作用有均布荷载 q，也可换算成重度为 γ_0、高度为 H_q 的土柱，$H_q = q/\gamma_0$。将滑动体中各种不同重度的土层都换算成同一种重度的土层，分条宽度按上述方法选取，式(7-7)中的 $\gamma_i b_i$ 可消去，则得

$$K = \frac{\sum (h'_i \cos\alpha_i \tan\varphi_i + c_i l_i / \gamma_0 b)}{\sum h'_i \sin\alpha_i} \tag{7-9}$$

式中：h'_i——第 i 土条换算后的高度(m)；
　　　 γ_0——土层换算重度(kN/m³)。

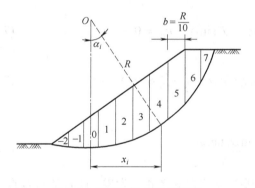

图 7-6　滑动土体分条示意图

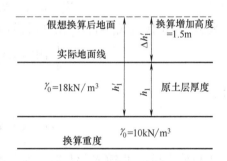

图 7-7　换算高度示意图

3. 简化毕肖普法(Bishop Method)

用条分法分析土坡稳定是一个静不定问题，费伦纽斯(Fellenius)的简单条分法假定不考虑土条间的作用力，一般来说这样得到的稳定安全系数是偏小的。在工程实践中，为了改进条分法的计算精度，许多人都认为应该考虑土条间的作用力，以求得比较合理的结果。目前已有许多解决方法，其中毕肖普(A.W. Bishop，1955)提出的简化方法是比较合理的。

1) 毕肖普法有效应力分析公式

毕肖普采用有效应力推导方法，考虑了土条间的法向作用力 E_i 和 E_{i+1}，忽略土条间的竖向剪切力 X_i 和 X_{i+1} 的作用，这样减少了 $n-1$ 个未知数，如图 7-8 所示。

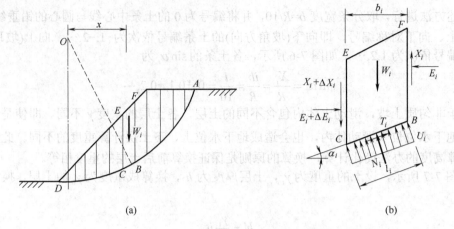

图 7-8　毕肖普公式推导示意图

将滑动面内的滑动土体分成 n 个土条，从中任取一个土条 i，其上的作用力有土条重量 W_i；作用于土条底面的切向抗剪力 T_i、有效法向反力 N_i'、孔隙水压力 $u_i l_i$；土条界面上的法向条间力 E_i 和 E_{i+1} 及切向条间力 X_i、X_{i+1}。

按摩尔-库仑强度理论，稳定安全系数为 K 时，切向力 T_i 和有效法向反力 N_i' 之间存在如下的关系，即

$$T_i = \frac{1}{K}(c_i' l_i + N_i' \tan \varphi_i') \qquad (i = 1,2,3,\cdots,n) \tag{7-10}$$

取 i 条在垂直方向上的平衡条件，有

$$W_i + \Delta X_i - N_i' \cos \alpha_i - T_i \sin \alpha_i - u_i l_i = 0 \tag{7-11}$$

将式(7-10)代入式(7-11)，整理后得到

$$N_i' = \frac{1}{m_a}(W_i + \Delta X_{ii} - u_i l_i \cos \alpha_i - \frac{1}{K} c_i' l_i \sin \alpha_i) \tag{7-12}$$

式中：

$$m_a = \cos \alpha_i + \frac{\sin \alpha_i \tan \varphi_i'}{K} \tag{7-13}$$

土坡处于稳定状态($K \geqslant 1$)时，各土条对圆心 O 的力矩之和应为零，此时条间力的作用将互相抵消，故有

$$\sum W_i x_i - \sum T_i R = 0 \tag{7-14}$$

将式(7-10)、式(7-12)及 $x_i = R \sin \alpha_i$，$b_i = l_i \cos \alpha_i$ 代入式(7-14)，得稳定安全系数 K 为

$$K = \frac{\sum [(W_i + \Delta X_i - u_i b_i) \tan \varphi_i' + c_i' b_i] \frac{1}{m_a}}{\sum W_i \sin \alpha_i} \tag{7-15}$$

由于简化毕肖普法忽略土条间的竖向剪切力 X_i 和 X_{i+1} 的作用，$\Delta X_i = 0$，式(7-15)变为

$$K = \frac{\sum [(W_i - u_i b_i) \tan \varphi_i' + c_i' b_i] \frac{1}{m_a}}{\sum W_i \sin \alpha_i} \tag{7-16}$$

上式即为简化毕肖普法稳定安全系数的计算公式。与瑞典条分法相比，简化的毕肖普法是在不考虑条块间切向力的前提下满足力的多边形闭合条件，也就是说，隐含着条块间有水平力的作用，虽然在公式中水平作用力并未出现。所以它的特点是：

(1) 满足整体力矩平衡条件；

(2) 满足各个条块力的多边形闭合条件，但不满足条块的力矩平衡条件；

(3) 假设条块间作用力只有法向力，没有切向力；

(4) 满足极限平衡条件。

由于考虑了条块间水平力的作用，得到的稳定安全系数较瑞典条分法略高一些。很多工程计算表明，毕肖普法与严格的极限平衡分析法即满足全部静力平衡条件的方法(如简布法)相比，结果甚为接近。由于计算过程不太复杂，精度也比较高，所以该方法是目前工程中很常用的一种方法。

必须指出，对于 α_i 为负的那些土条，要注意是否会使 m_α 趋近于零。如果 m_α 趋近于零，则简化的毕肖普法就不能使用，因为此时 N_i' 会趋于无限大，这显然是不合理的。

2) 安全系数的求解

式(7-16)为安全系数 K 的计算公式，因 m_α 中也包含 K，所以按式(7-16)计算时要采用试算。具体的方法如下。

(1) 试算法。

对于一个滑弧可先假定 3 个 K 值，即 K_1、K_2、K_3，其中 K_1 要假定得小一些，K_3 要假定得大一些，然后将 3 个 K 值分别代入式(7-16)中的右边，计算出 3 个相应的 $\overline{K_1}$、$\overline{K_2}$、$\overline{K_3}$，取一直角坐标系，如图 7-9 所示，横轴为 K(假定值)，纵轴为 $\overline{K}$ (计算值)，将(K_1，$\overline{K_1}$)、(K_2，$\overline{K_2}$)、(K_3，$\overline{K_3}$)三个点绘在该坐标系中，并连成一条光滑的曲线。在该坐标系中，通过坐标原点 O 作一条 45°线，与曲线交于一点，此交点所对应的 $K=\overline{K}$，即为所求的安全系数。

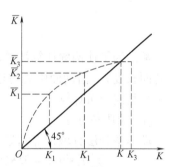

图 7-9　试算安全系数 K

(2) 迭代法。

先假定一个 K_1 值，代入式(7-16)的右边，计算出 K_2，再将 K_2 代入式(7-16)的右边，计算出 K_3，如此反复迭代，至 $K_i=K_{i+i}$ 为止。

如果将式(7-13)右边的 K 取为 1，计算得到的 m_α 代入(7-16)，得

$$K = \frac{\sum[(W_i - u_i b_i)\tan\varphi_i' + c_i' b_i] + \dfrac{1}{\cos\alpha_i + \sin\alpha_i \tan\varphi_i'}}{\sum W_i \sin\alpha_i} \tag{7-17}$$

此即为克莱法(Krey's Method)的边坡稳定安全系数的计算公式。当 $K>1$ 时，克莱法计算出的结果总是小于毕肖普法计算的数值，说明克莱法的稳定安全系数对于稳定的边坡来说是偏于安全的。

【例 7-1】一简单的黏性土坡，高 25m，坡比 1：2，辗压土的重度 γ =20kN/m³，内摩擦角 φ=26.6°(相当于 $\tan\varphi$=0.5)，黏结力 c =10kN/m²，滑动圆心 O 点如图 7-10 所示，试分别用瑞典条分法和简化毕肖普法求该滑动圆弧的稳定安全系数，并对结果进行比较。

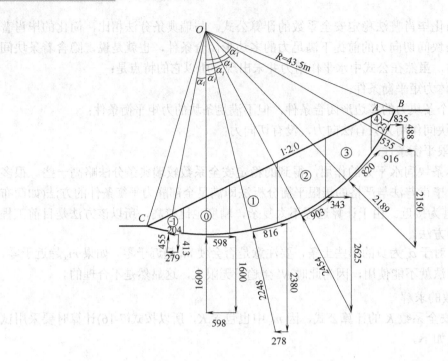

图 7-10 例 7-1 图

解： 为了使例题计算简单，只将滑动土体分成 6 个土条，分别计算各条块的重量 W_i、滑动面长度 l_i、滑动面中心与过圆心铅垂线的圆心角 φ_i，然后按照瑞典条分法和简化毕肖普法进行稳定分析计算。

(1) 瑞典条分法。

瑞典条分法分项计算结果见表 7-1。

$$\sum W_i \sin \alpha_i = 3584\text{kN}, \quad \sum W_i \cos \alpha_i \tan \varphi_i = 4228\text{kN}, \quad \sum c_i l_i = 650\text{ kN}$$

边坡稳定安全系数

$$K_1 = \frac{\sum (W_i \cos \alpha_i \tan \varphi_i + c_i l_i)}{\sum W_i \sin \alpha_i} = \frac{4228 + 650}{3584} = 1.36$$

表 7-1 瑞典条分法计算结果

条块编号	α_i /(°)	W_i /kN	$\sin \alpha_i$	$\cos \alpha_i$	$W_i \sin \alpha_i$ /kN	$W_i \cos \alpha_i$ /kN	$W_i \cos \alpha_i \tan \varphi_i$ /kN	l_i /m	$c_i l_i$ /kN
−1	−9.93	412.5	−0.172	0.985	−71.0	406.3	203	8.0	80
0	0	1600	0	1.0	0	1600	800	10.0	100
1	13.29	2375	0.230	0.973	546	2311	1156	10.5	105
2	27.37	2625	0.460	0.888	1207	2331	1166	11.5	115
3	43.60	2150	0.690	0.724	1484	1557	779	14.0	140
4	59.55	487.5	0.862	0.507	420	247	124	11.0	110

(2) 简化毕肖普法。

根据瑞典条分法得到计算结果 $K_1=1.36$，由于毕肖普法的稳定安全系数稍高于瑞典条分法，设 $K_{20}=1.55$，按简化的毕肖普条分法列表分项计算，结果如表 7-2 所示。

$$\sum \frac{c_i b_i + W_i \tan\varphi_i}{m_{ai}} = 5417 \text{ kN}$$

表 7-2　简化毕肖普法分项计算结果

编号	$\cos\alpha_i$	$\sin\alpha_i$	$\sin\alpha_i\tan\varphi_i$	$\dfrac{\sin\alpha_i\tan\varphi_i}{K_s}$	$M_{\theta i}$	$W_i\sin\alpha_i$	$c_i b_i$	$W_i\tan\varphi_i$	$\dfrac{c_i b_i + W_i\tan\varphi_i}{m_{ai}}$
-1	0.985	-0.172	-0.086	-0.055	0.93	-71	80	206.3	307.8
0	1.00	0	0	0	1.00	0	100	800	900
1	0.973	0.230	0.115	0.074	1.047	546	100	1188	1230
2	0.888	0.460	0.230	0.148	1.036	1207	100	1313	1364
3	0.724	0.690	0.345	0.223	0.947	1484	100	1075	1241
4	0.507	0.862	0.431	0.278	0.785	420	50	243.8	374.3

安全系数

$$K_{21} = \frac{\sum \dfrac{1}{m_{\theta i}}(c_i b_i + W_i \tan\varphi_i)}{\sum W_i \sin\alpha_i} = \frac{5417}{3586} = 1.51$$

第一次迭代误差为 $K_{20}-K_{21}=0.15$，误差较大。按 $K_{20}=1.51$，进行第二次迭代计算，结果列于表 7-3 中。

$$\sum \frac{c_i b_i + W_i \tan\varphi_i}{m_{ai}} = 5404.8$$

表 7-3　简化毕肖普法第二次迭代计算结果

编号	$\cos\alpha_i$	$\sin\alpha_i$	$\sin\alpha_i\tan\varphi_i$	$\dfrac{\sin\alpha_i\tan\varphi_i}{K_s}$	M_{ai}	$W_i\sin\alpha_i$	$c_i b_i$	$W_i\tan\varphi_i$	$\dfrac{c_i b_i + W_i\tan\varphi_i}{m_{ai}}$
-1	0.985	-0.172	-0.086	-0.057	0.928	-71	80	206.3	308.5
0	1.00	0.0	0	0	1.00	0	100	800	900
1	0.973	0.230	0.115	0.076	1.045	546	100	1188	1232.5
2	0.888	0.460	0.230	0.152	1.040	1207	100	1313	1358.6
3	0.724	0.690	0.345	0.228	0.952	1484	100	1075	1234.2
4	0.507	0.862	0.431	0.285	0.792	420	50	243.8	371

稳定安全系数

$$K_{22} = \frac{\sum \dfrac{1}{m_{\theta i}}(c_i b_i + W_i \tan\varphi_i)}{\sum W_i \sin\alpha_i} = \frac{5404.8}{3586} = 1.507$$

$K_{20} - K_{22} = 0.003$，十分接近，因此可认为 K_2=1.51。

计算结果表明，简化毕肖普条分法的稳定安全系数较瑞典条分法高，约大 0.15，与一般结论相同。

4. 最危险滑动圆弧圆心位置的确定

上述计算中，圆弧滑动面位置是任意假定的，因此需要试算许多可能的滑动面。相应于最小稳定安全系数 $K_{\min}$ 的滑动面才是最危险的滑动面。$K_{\min}$ 值必须满足规定的数值。由此可以看出，土坡稳定分析计算的工作量是很大的。为此，许多学者对土坡做了大量的计算分析，提出了确定最危险滑动面圆心的经验方法，以及计算土坡稳定安全系数的图表。

对于简单形状的均质土坡，费伦纽斯提出：

(1) 土的内摩擦角 $\varphi = 0$ 时，土坡的最危险圆弧滑动面通过坡角，其圆心为 D 点，如图 7-11 所示。D 点是由坡脚 B 及坡顶 C 分别作 BD 及 CD 线的交点，BD 与 CD 线分别与坡面及水平面成 β_1 及 β_2 角。β_1 及 β_2 角与土坡坡角 θ 有关，可由表 7-4 查得。

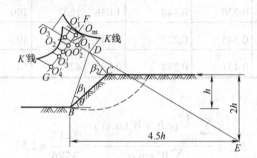

图 7-11 确定最危险滑动面圆心位置

表 7-4 β_1 及 β_2 的数值

土坡坡度(竖直：水平)	坡角 θ	β_1	β_2
1：0.58	60°	29°	40°
1：1	45°	28°	37°
1：1.5	33° 41′	26°	35°
1：2	26° 34′	25°	35°
1：3	18° 26′	25°	35°
1：4	14° 02′	25°	37°
1：5	11° 19′	25°	37°

(2) 土的内摩擦角 $\varphi > 0$ 时，土坡的最危险圆弧滑动面也通过坡角，其圆心在 ED 的延长线上，如图 7-11 所示。E 点的位置距坡脚 B 点的水平距离为 $4.5h$，竖直距离为 h。φ 值越大，圆心越向外移。计算时从 D 点向外延伸，取几个试算圆心 O_1、O_2、…，分别求得其相应的滑动稳定系数 K_1、K_2、…，绘 K 值曲线可得到最小安全系数值 $K_{\min}$，其相应的圆心 O_m 即为最危险滑动面的圆心。

实际上土坡的最危险滑动面圆心位置有时并不一定在 ED 的延长线上，而可能在其左右附近，因此圆心 O_m 可能并不是最危险滑动面的圆心，这时可以通过 O_m 点作 ED 线的垂线

FG，在 FG 上取几个试算滑动面的圆心 O_1'、O_2'、…，求得其相应的滑动稳定安全系数 K_1'、K_2'、…，绘得 K' 值曲线，相应于 $K_{\min}'$ 值的圆心 O 才是最危险滑动面的圆心。

对于简单土坡，稳定安全系数 K 的大小与滑弧圆心坐标 x 和 y、半径 R、边坡几何参数及土性参数 γ、φ、c 等因素有关，通过数学推导可建立安全系数 K 与这些参数之间的函数关系，通过最优化分析，求得稳定安全系数的最小值 $K_{\min}$。潘家铮分析了最危险滑弧圆心位置随"相对黏结度" S(相对黏结度 S 是反映土的黏结力与摩擦力关系的参数，$S = \dfrac{c}{\gamma \tan \varphi}$，单位为 m)的变化规律。最危险滑弧圆心的位置随 S 变化的轨迹近似于双曲线的一侧，此双曲线原点位于边坡中点，并以过坡中点的法线及铅垂线为渐近线，如图 7-12 所示。分别以 $\dfrac{L}{2}$ 和 $\dfrac{3L}{4}$ 为半径，以坡面中点为圆心作弧，交坡面的法线及中垂线于 a、a'、b、b'，则最危险滑弧圆心的位置大致位于 $aa'bb'$ 之内。

对于复杂土坡，最危险滑弧圆心位置与各土层的 S 值相关。有多少土层(包括同一土层在地下水位线上、下的不同部分)，就有可能出现多少个安全系数 K 的极小值区。对于图 7-13 所示的土坡，两个土层对应于最小安全系数 $K_{\min}$ 的滑弧圆心分别为 O_1 和 O_2。整个土坡的稳定安全系数为各极小值区内 K 的最小值。计算时，先固定一个出滑点(如图中的 A_1，…，A_n)，所计算的圆弧均应通过一个出滑点，求出 $K_{\min}$。再选定另一个出滑点，又计算出一个 $K_{\min}$。最后对不同出滑点的 K 值进行比较，从中求出最小的 K，作为土坡的稳定安全系数。

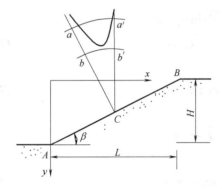
图 7-12　最危险滑弧圆心位置

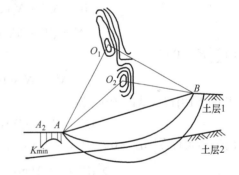
图 7-13　复杂土坡最危险滑弧圆心位置

上述计算可利用程序通过计算机进行。大量的计算结果表明，对基于极限平衡理论的各种稳定分析方法，若滑动面采用圆柱面，尽管求出的 K 值不同，但最危险滑弧的位置却很接近，而且在最危险圆弧面附近 K 值的变化很不灵敏。因此，可利用简单条分法确定出最危险滑弧的位置，然后对最危险的滑弧或其附近的少量的滑弧用比较精确的稳定分析方法来计算它的安全系数，以减少计算工作量。

7.4　非圆弧滑动面土坡的稳定分析

土坡破坏时，无黏性土坡一般为平面破坏，均质黏性土坡滑面一般为圆弧面。实际工程计算中，对级配良好的碾压路基、土坝及土石坝边坡稳定计算均采用圆弧滑动分析。但当边坡中存在明显夹层时,如在填方土坡地基中有软弱夹层,或在层面倾斜的岩面上填筑路堤等,此时滑坡将在软弱层中发生,其破坏面将与圆弧滑面相差甚远,圆弧滑动分析的简单条分法和简化毕肖普法不再适用。下面介绍两种常用的非圆弧滑动面计算方法,这些方法同样也适用于圆弧滑动分析。

7.4.1 简布普通条分法

1. 简布(N.Janbu,1954)法基本假设和受力分析

普遍条分法的特点是假定条块间水平作用力的位置。在这一假定前提下,每个土条块都满足全部的静力平衡条件和极限平衡条件,滑动土体的整体力矩平衡条件也自然得到满足,而且它适用于任何滑动面,而不必规定滑动面是一个圆弧面,所以称为普遍条分法。它是由简布提出的,又常称为简布法。分析表明,条块间水平力作用点的位置对土坡稳定安全系数影响不大,一般可假定其作用于土条底面以上 1/3 高度处,这些点的连线称为推力线,如图 7-14 所示。

2. 简布法安全系数计算公式

根据图 7-14(b)所示的土条 i 在竖向及水平向的静力平衡条件求得土条的水平法向力增量 ΔE_i 的表达式,然后根据 $\sum \Delta E_i = 0$ 的条件求得稳定安全系数 K 的表达式。

由 $\sum F_y = 0$ 得

$$W_i + \Delta X_i - \overline{N_i}\cos\alpha_i - \overline{T_i}\sin\alpha_i = 0$$
$$\overline{N_i} = (W_i + \Delta X_i)\sec\alpha_i - \overline{T_i}\tan\alpha_i \tag{7-18}$$

由 $\sum F_x = 0$ 得

$$\Delta E_i = \overline{N_i}\sin\alpha_i - \overline{T_i}\cos\alpha_i \tag{7-19}$$

将式(7-18)代入式(7-19),得

$$\Delta E_i = (W_i + \Delta X_i)\tan\alpha_i - \overline{T_i}\sec\alpha_i \tag{7-20}$$

由边界条件 $\sum \Delta E_i = 0$,由式(7-20)可得

$$\sum(W_i + \Delta X_i)\tan\alpha_i - \sum\overline{T_i}\sec\alpha_i = 0 \tag{7-21}$$

利用安全系数的定义和摩尔-库仑破坏准则,有

$$\overline{T_i} = \frac{\tau_{fi}l_i}{K} = \frac{1}{K}(c_ib_i\sec\alpha_i + \overline{N_i}\tan\varphi_i) \tag{7-22}$$

联合求解式(7-18)及式(7-22),得

$$\overline{T_i} = \frac{1}{m_iK}[c_ib_i + (W_i + \Delta X_i)\tan\varphi_i] \tag{7-23}$$

式中,$m_i = \cos\alpha_i + \dfrac{1}{K}\sin\alpha_i\tan\varphi_i$。

将式(7-23)代入式(7-21),得简布法安全系数计算公式为

$$K = \frac{\sum[c_ib_i + (W_i + \Delta X_i)\tan\varphi_i]\dfrac{1}{m_i}}{\sum(W_i + \Delta X_i)\sin\alpha_i} \tag{7-24}$$

再对土条 i 底面中点取力矩平衡，并略去高阶微量，得

$$X_i b_i = -E_i b_i \tan \alpha_{ti} + h_{ti} \Delta E_i$$

或

$$X_i = -E_i \tan \alpha_{ti} + h_{ti} \frac{\Delta E_i}{b_i} \tag{7-25}$$

$$\Delta X_i = \Delta X_{i+1} - \Delta X_i \tag{7-26}$$

简布公式则是利用力的多边形闭合和极限平衡条件，最后从 $\sum_{i=1}^{n} \Delta E_i = 0$ 得出。显然这些条件适用于任何形式的滑动面，而不仅仅局限于圆弧面。在式(7-24)中，ΔX_i 仍然是待定的未知量。毕肖普没有解出 ΔX_i，而让 $\Delta X_i = 0$，从而成为简化的毕肖普公式。而简布法则利用了条块的力矩平衡条件，因而整个滑动土体的整体力矩平衡也自然得到满足。

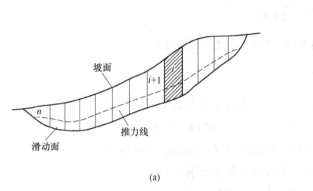

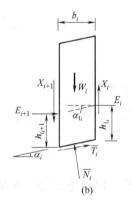

(a)　　　　　　　　　　　　(b)

图 7-14　简布法示意图

3. 简布法计算迭代步骤

用式(7-24)计算安全系数 K，需用迭代法。解题步骤如下。

(1) 假定 $\Delta X_i = 0$。相当于简化的毕肖普法，用公式(7-24)计算安全系数。这时需对 K 进行迭代：先假定 $K=1$，算出 m_i，代入式(7-24)算出 K，与假定值比较，如果相差较大，则由新的 K 值求出 m_i，再算 K，如此逐步逼出 K 的第一次近似值，并用这个 K 算出每一个土条的 $\overline{T}_i$。

(2) 用此 $\overline{T}_i$ 值代入式(7-20)，求出每一土条的 ΔE_i，从而求出每一土条的 E_i，再由式(7-25)求出每一土条侧面的 X_i，并求出 ΔX_i 值。

(3) 用新求出的 ΔX_i 重复步骤(1)，求出 K 的第二次近似值，并以此重新算出每一土条的 $\overline{T}_i$。

(4) 重复步骤(2)及(3)，直到 K 收敛于给定的允许误差值以内。

简布法基本可以满足所有静力平衡条件，所以是"严格"方法之一，但其推力线的假定必须符合条间力的合理性要求(即土条间不产生拉力和不产生剪切破坏)。

7.4.2　不平衡推力传递法

1. 基本假设

覆盖在起伏的岩基面上的土坡失稳多数沿这些界面发生，形成折线滑动面。对于岩质

边坡，破坏面沿断层或节理面发生，一般为折线滑动面。对这类边坡的稳定分析可采用不平衡推力传递法。

根据折线滑动面将滑动土体分成条块，假定条间力的合力与土条底面平行，如图 7-15，这样就确定了条件力作用方向，减少了 $n-1$ 个未知量，问题可求解。然后根据各分条力的平衡条件，逐条向下推求，直至最后一条土条的推力为零。

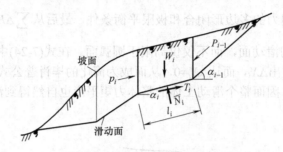

图 7-15　不平衡推力法传递图式

2. 计算公式

对任一土条 i，取垂直底面方向与平行底面方向力的平衡，有

$$\overline{N}_i - W_i \cos\alpha_i - P_{i-1} \sin(\alpha_{i-1} - \alpha_i) = 0$$
$$\overline{T}_i + P_i - W_i \sin\alpha_i - P_{i-1} \cos(\alpha_{i-1} - \alpha_i) = 0 \tag{7-27}$$

同样，根据稳定安全系数的定义和摩尔-库仑准则，有

$$\overline{T}_i = \frac{1}{K}(c_i l_i + \overline{N}_i \tan\varphi_i) \tag{7-28}$$

联合求解式(7-27)和式(7-28)，消除 $\overline{T}_i$、$\overline{N}_i$，得如下计算公式：

$$P_i = W_i \sin\alpha_i - \frac{1}{K}(c_i l_i + W_i \cos\alpha_i \tan\varphi_i) + P_{i-1}\psi_i \tag{7-29}$$

式中，ψ_i 称为传递系数，以下式表示：

$$\psi_i = \cos(\alpha_{i-1} - \alpha_i) - \frac{1}{K}\tan\varphi_i \sin(\alpha_{i-1} - \alpha_i) \tag{7-30}$$

3. 计算步骤

不平衡推力法计算时，先假设 $K=1$，然后从坡顶第一条开始逐条向下推求 P_i，直至求出最后一条的推力 P_n，P_n 必须为零，否则要重新假定 K，再进行试算。

国家标准《建筑地基基础设计规范》(GB 50007)中将式(7-30)简化为

$$P_i = KW_i \sin\alpha_i - W_i \cos\alpha_i \tan\varphi_i - c_i l_i + P_{i-1}\psi_i \tag{7-31}$$

式中，传递系数 ψ_i 改用下式计算，即

$$\psi_i = \cos(\alpha_{i-1} - \alpha_i) - \tan\varphi_i \sin(\alpha_{i-1} - \alpha_i) \tag{7-32}$$

近似计算公式(7-32)和公式(7-33)只能用于计算 $K \approx 1$ 的边坡稳定安全系数，否则会造成大的误差。

采用不平衡推力法计算时，因为分条之间不能承受拉应力，所以任何土条的推力 P_i 如果出现负值，此 P_i 不再向下传递，而对下一土条取 $P_{i-1}=0$。这种方法也常用来按照假定的安

全系数反推各土条和最后一条土条承受的推力大小，以便确定是否需要或设计挡土建筑物。

【例 7-2】某一滑动面为折线形均质滑坡，主轴断面和作用力参数如图 7-16 和表 7-5 所示，取滑坡推力计算安全系数 $K=1.05$，计算③条块剩余下滑力 P_3 的大小。

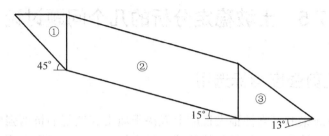

图 7-16　例 7-2 图

表 7-5　滑坡体主要参数

滑块编号	内摩擦角 $\varphi/°$	下滑力/(kN/m) $R_i = W_i \sin\alpha_i$	抗滑力/(kN/m) $T_i = c_i l_i + W_i \cos\alpha_i \tan\varphi_i$
①	12.5	$3.5×10^4$	$0.9×10^4$
②	12.5	$9.3×10^4$	$8.0×10^4$
③	35.0	$1.0×10^4$	$2.8×10^4$

解： 条块间传递系数计算

$$\psi_2 = \cos(\alpha_2 - \alpha_1) - \frac{1}{K}\tan\varphi_2 \sin(\alpha_2 - \alpha_1)$$

$$= \cos(45° - 15°) - \frac{1}{1.05}\tan 12.5° \sin(45° - 15°) = 0.760$$

$$\psi_3 = \cos(\alpha_3 - \alpha_2) - \frac{1}{K}\tan\varphi_3 \sin(\alpha_3 - \alpha_2)$$

$$= \cos(15° - 13°) - \frac{1}{1.05}\tan 35° \sin(15° - 13°) = 0.976$$

条块间不平衡推力计算：

$$P_1 = W_1 \sin\alpha_1 - \frac{1}{K}(c_1 l_1 + W_1 \cos\alpha_1 \tan\varphi_1)$$

$$= R_1 - \frac{T_1}{1.05} = 3.5×10^4 - \frac{0.9×10^4}{1.05} = 2.6429×10^4 \text{kN/m}$$

$$P_2 = W_2 \sin\alpha_2 - \frac{1}{K}(c_2 l_2 + W_2 \cos\alpha_2 \tan\varphi_2) + P_1\psi_2$$

$$= R_2 - \frac{T_2}{K} - P_1\psi_2 = 9.3×10^4 - \frac{8.0×10^4}{1.05} + 2.6429×10^4 × 0.760 = 3.6896×10^4 \text{kN/m}$$

$$P_3 = W_3 \sin\alpha_3 - \frac{1}{K}(c_3 l_3 + W_3 \cos\alpha_3 \tan\varphi_3) + P_2\psi_3$$

$$= R_3 - \frac{T_3}{K} - P_2\psi_3 = 1.0×10^4 - \frac{2.8×10^4}{1.05} + 3.6896×10^4 × 0.976 = 1.9344×10^4 \text{kN/m}$$

滑坡体③条块每延米剩余下滑推力为 1.9344×10^4 kN，根据计算的剩余下滑推力可以进行挡土构筑物设计。

7.5 土坡稳定分析的几个问题讨论

7.5.1 土的抗剪强度指标选用

土坡稳定分析成果的可靠性很大程度上取决于填土和地基的抗剪强度的正确确定。由于采用不同的试验方法可以得到不同的抗剪强度指标，在实际应用中应结合土坡的实际情况，使试验的模拟条件尽量符合土在现场的实际受力和排水条件，使试验的指标具有较好的代表性，选用合适的抗剪强度指标。验算边坡施工结束时的情况，若土坡施工速度较快，填土的渗透性较差，则土中的孔隙水压力不易消散，这时宜采用三轴不排水剪试验 UU 指标，用总应力法分析。验算土坡长期稳定性时，应采用三轴固结不排水剪切试验 CU 指标，采用有效应力分析。对稳定渗流期，不管采用何种分析方法，实质上均属于有效应力分析的范畴，应采用有效应力强度指标 c'、φ' 或三轴固结排水剪切试验强度指标。

7.5.2 稳定安全系数的确定

从理论上讲，处于极限平衡状态时土坡的稳定安全系数等于 1，因此，若设计土坡的 $K>1$，应能满足稳定要求。但在实际工程中，计算方法的选用、抗剪强度指标的确定和计算条件的简化都影响了计算结果的精度。目前对于土坡稳定安全系数的数值，各部门尚无统一标准，考虑的角度也不一样，在选用时要注意计算方法、强度指标、工程重要性和安全系数必须相互配套，并根据工程不同情况，结合当地已有的经验加以确定。

《建筑地基基础设计规范》(GB 50007)规定，采用不平衡推力法公式(7-33)计算土坡稳定安全系数时，对地基基础设计等级为甲级的建筑物宜取 1.25，设计等级为乙级的建筑物宜取 1.15，设计等级为丙级的建筑物宜取 1.05。

《建筑边坡工程技术规范》(GB 50330)规定，边坡工程稳定性验算时，其稳定安全系数不应小于表 7-6 规定的稳定安全系数的要求，否则应对边坡进行处理。

表 7-6　边坡稳定安全系数

计算方法 \ 边坡工程安全等级	一级边坡	二级边坡	三级边坡
平面滑动法	1.35	1.30	1.25
折线滑动法	1.35	1.30	1.25
圆弧滑动法	1.30	1.25	1.20

注：对地质条件很复杂或破坏后果极严重的边坡工程，其稳定安全系数宜适当提高。

7.5.3　坡顶开裂时的稳定计算

在黏性土路堤的坡顶附近，可能因土的收缩及张力作用而发生裂缝，如图 7-17 所示。地表水深入裂缝后，将产生静水压力 F_w，它是促使土坡滑动的作用力，故在土坡稳定分析中应予考虑。

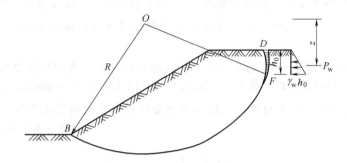

图 7-17　坡顶开裂时稳定计算

坡顶裂缝的开展深度 h_0 可近似地按挡土墙后为黏性土填土时，在墙顶产生的拉力区高度公式计算见第 6 章公式(6-7)，即

$$h_0 = \frac{2c}{\gamma \tan\left(45° - \dfrac{\varphi}{2}\right)}$$

裂隙内因积水产生的净水压力 $P_w = \dfrac{1}{2}\gamma_w h_0^2$，它对最危险滑动面圆心 O 的力臂为 z。在按前述各种方法分析土坡稳定性时，应考虑 P_w 引起的滑动力矩，同时土坡滑动面的弧长也将由 BD 缩短为 BF。

思　考　题

7-1　控制土坡稳定性的主要因素有哪些？

7-2　土坡稳定安全系数的意义是什么？有哪几种表达形式？

7-3　无黏性土土坡的稳定性只要坡角不超过其内摩擦角，坡高 h 可不受限制，而黏性土土坡的稳定性还同坡高有关，试分析其原因。

7-4　掌握条分法的基本原理及计算步骤。

7-5　对简单条分法、毕肖普法及简布法的异同进行比较。

7-6　用总应力法及有效应力法分析土坡稳定时有何不同之处？各适用于何种情况？

7-7　从土力学观点出发，你认为土坡稳定计算的主要问题是什么？

习 题

7-1 砂土土坡只要坡角不超过其内摩擦角，土坡便是稳定的，坡高 h 可以不受限制。而黏性土土坡的稳定性与坡高有关，试分析其原因。

7-2 一均质无黏性土坡，其饱和重度 $\gamma_{sat} = 19.5\text{kN}/\text{m}^3$，内摩擦角 $\varphi = 30°$，若要求这个土坡的安全系数为 1.25，试问：在干坡或完全浸水情况下以及坡面有顺坡渗流时坡角应为多少度？

[参考答案：干坡或完全浸水时坡角 $\alpha = 24.8°$，有顺坡渗流时坡角 $\alpha = 12.9°$]

7-3 某一均质黏性土土坡，高 15m，坡比 1：2，填土黏聚力 $c=40\text{kPa}$，内摩擦角 $\varphi = 8°$，重度 $\gamma = 19.5\text{kN}/\text{m}^3$，如图 7-18 所示。试用简单条分法计算土坡的稳定系数。

[参考答案：安全系数 $F_s = 1.19$]

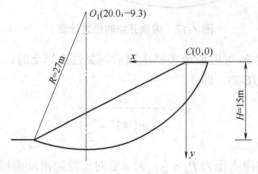

图 7-18 习题 7-3 图

7-4 土坡外形尺寸同习题 7-3，如图 7-18 所示，设土的重度 $\gamma = 18\text{kN}/\text{m}^3$，有效黏聚力 $c=10\text{kPa}$，内摩擦角 $\varphi' = 36°$，土条底面上的孔隙水应力 $u_i = \gamma h_i \overline{B}$，$h_i$ 为土条中心高度，孔隙应力系数 $\overline{B} = 0.60$，试用简化毕肖普条分法计算土坡的稳定安全系数。

[参考答案：安全系数 $F_s = 1.226$]

7-5 某一丘陵地区土坡高度 $H=8.5\text{m}$，土坡坡度为 1：2，如图 7-19 所示。土的重度 $\gamma = 19.6\text{kN}/\text{m}^3$，内摩擦角 $\varphi = 20°$，粘聚力 $c=18\text{kPa}$。试用简布法计算土坡稳定安全系数。

[参考答案：安全系数 $F_s = 1.976$]

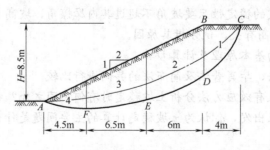

图 7-19 习题 7-5 图

第 8 章　地基承载力

学习要点

本章介绍了浅基础地基的三种破坏模式，然后说明了浅基础的临塑载荷、临界载荷的概念及其确定方法，并介绍了几个著名的地基极限承载力理论公式及地基承载力的确定方法。

8.1　浅基础的地基破坏模式

众所周知，土的强度主要指其抗剪强度，土的破坏也常常是由于抗剪强度的不足引起的剪切破坏。研究成果表明，浅基础的地基剪切破坏模式有三种，即整体剪切破坏、局部剪切破坏和冲剪破坏三种，如图 8-1 所示。

8.1.1　整体剪切破坏

整体剪切破坏是一种在浅基础载荷作用下地基产生连续剪切滑动面的地基破坏模式。

整体剪切破坏的过程如下。

(1) 当载荷 p 比较小时，沉降 s 也比较小，且地基静载荷试验 p-s 曲线基本保持直线关系，如图 8-2 曲线 1 的 Oa 段。

(2) 当载荷增加时，地基土内部出现剪切破坏区(或称塑性变形区)，通常是从基础边缘处开始，土体进入弹塑性变形阶段，p-s 曲线变成曲线段，如图 8-2 曲线 1 的 ab 段。

(3) 当载荷继续增大时，剪切破坏区不断扩大，在地基内部形成连续的滑动面，一直延伸到地表[见图 8-1(a)]，p-s 曲线形成陡降段，如图 8-2 曲线 1 的 bc 段。

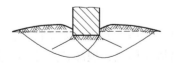
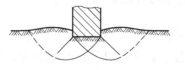
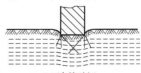

(a) 整体剪切破坏　　　　　(b) 局部剪切破坏　　　　　(c) 冲剪破坏

图 8-1　浅基础的地基破坏模式

整体剪切破坏的特征如下。

(1) p-s 曲线有明显的直线段、曲线段与陡降段。

(2) 破坏从基础边缘开始，滑动面贯通到地表。

(3) 基础两侧的土体有明显的隆起。

(4) 破坏时，基础急剧下沉或向一边倾倒。

8.1.2 局部剪切破坏

局部剪切破坏是在浅基础载荷作用下地基某一范围内发生剪切破坏区的地基破坏模式，是介于整体剪切破坏与冲剪破坏之间的一种破坏模式。其破坏过程与整体剪切破坏有类似之处，但 p-s 曲线无明显的转折点，当载荷 p 不是很大时，p-s 曲线就不是直线，如图 8-2 曲线 2 所示。

因此，局部剪切破坏的特征如下。

(1) p-s 曲线从一开始就呈非线性关系。

(2) 地基破坏也是从基础边缘开始，但滑动面未延伸到地表，而是终止在地基内部某一位置。

(3) 基础两侧的土体有微微隆起，不如整体剪切破坏时明显[见图 8-1(b)]。

(4) 基础一般不会发生倒塌或倾斜破坏。

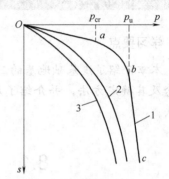

图 8-2 地基静载荷试验 p-s 曲线

8.1.3 冲剪破坏

冲剪破坏是在浅基础载荷作用下地基土体发生垂直剪切破坏，使基础产生较大沉降的一种地基破坏模式。冲剪破坏一般发生在基础刚度很大，同时地基土十分软弱的情况。在载荷的作用下，基础发生破坏时的形态往往是基础边缘的垂直剪切破坏，好像基础"切入"土中。p-s 曲线类似于局部剪切破坏，如图 8-2 中曲线 3。其破坏特征如下。

(1) p-s 曲线呈非线性关系，没有转折点。

(2) 基础发生垂直剪切破坏，基础内部不形成连续的滑动面。

(3) 基础两侧的土体不但没有隆起现象，还往往随基础的"切入"微微下沉。

(4) 基础破坏时只伴随过大的沉降，没有倾斜的发生。

8.1.4 地基破坏模式的影响因素

地基土究竟发生哪种模式的破坏取决于许多因素，例如：地基土的物理力学性质，如种类、密度、含水量、压缩性、抗剪强度等；基础条件，如基础形式、埋深、尺寸等。其中，土的压缩性和基础埋深是影响破坏模式的主要因素。

1．土的压缩性

一般来说，密实砂土和坚硬的黏土将发生整体剪切破坏，而松散的砂土或软黏土可能出现局部剪切或冲剪破坏。

2．基础埋深及加荷速率

基础浅埋，加荷速率慢，往往出现整体剪切破坏；基础埋深较大，加荷速率较快时，往往发生局部剪切破坏或冲剪破坏。

8.2　地基临塑载荷与临界载荷

8.2.1　临塑载荷 p_{cr}

由地基的破坏模式可知，地基土的破坏首先是从基础边缘开始的，在载荷较小的阶段，地基内部无塑性点(区)出现，对应的载荷沉降 p-s 关系曲线呈直线形式。当载荷增大到某一值时，基础边缘的点首先达到极限平衡状态，p-s 曲线的直线段到达了终点(如图 8-2 曲线 1 的 a 点)，a 点所对应的载荷称为比例界限载荷，或称临塑载荷，用 p_{cr} 表示。因此，临塑载荷是地基中即将出现塑性区时对应的载荷。

根据土中应力计算的弹性力学解答，当在地表作用有竖向均布条形载荷 p_0 时，如图 8-3(a) 所示，地表下任一点 M 处的大、小主应力可按下式计算：

$$\sigma_1 = \frac{p_0}{\pi}(\beta_0 + \sin\beta_0) \tag{8-1a}$$

$$\sigma_3 = \frac{p_0}{\pi}(\beta_0 - \sin\beta_0) \tag{8-1b}$$

式中：p_0——均布条形载荷大小(kPa)；

β_0——任意点 M 与均布载荷两端点的夹角(rad)。

实际工程中基础大部分是有一定的埋深 d，如图 8-3(b)所示，这样在地基中任一点 M 除了作用有附加应力外，还作用有土的自重应力。设基础为无限长条形基础，则由基底附加应力 p_0 在 M 点引起的大、小主应力仍可近似用式(8-1)计算，即

$$\sigma_1 = \frac{p_0}{\pi}(\beta_0 + \sin\beta_0) = \frac{p - \gamma_0 d}{\pi}(\beta_0 + \sin\beta_0) \tag{8-2a}$$

$$\sigma_3 = \frac{p_0}{\pi}(\beta_0 - \sin\beta_0) = \frac{p - \gamma_0 d}{\pi}(\beta_0 - \sin\beta_0) \tag{8-2b}$$

土的自重在 M 点引起的竖直向应力为 $\gamma_0 d + \gamma \cdot z$ (γ_0 为基础埋深范围内土的加权平均重度，γ 为基底以下土的重度)。

由于自重应力在各个方向是不等的，M 点的总应力不能直接把竖向自重应力叠加到式(8-2)所计算的大、小主应力上。为推导方便，假设当土即将产生塑性流动、达到极限平衡状态时，土像流体一样，各点处自重应力沿各个方向的应力相等，这样就可将竖向自重应力叠加到大、小主应力上，即

$$\sigma_1 = \frac{p - \gamma_0 d}{\pi}(\beta_0 + \sin\beta_0) + \gamma_0 d + \gamma z \tag{8-3a}$$

$$\sigma_3 = \frac{p - \gamma_0 d}{\pi}(\beta_0 - \sin\beta_0) + \gamma_0 d + \gamma z \tag{8-3b}$$

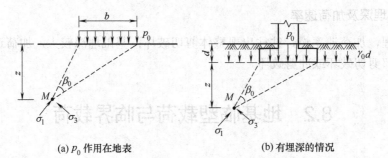

(a) p_0 作用在地表　　　　　　　(b) 有埋深的情况

图 8-3　均布条形载荷下地基中的主应力

根据摩尔—库仑强度理论建立的极限平衡条件可知，当土中某单元体处于极限平衡状态时，作用在单元体上的大、小主应力满足极限平衡条件：

$$\frac{1}{2}(\sigma_1 - \sigma_3) = \left[c \cdot \cot\varphi + \frac{1}{2}(\sigma_1 + \sigma_3)\right]\sin\varphi$$

将式(8-3)代入上式，得

$$\frac{p - \gamma_0 d}{\pi}\sin\beta_0 = c \cdot \cot\varphi \cdot \sin\varphi + \frac{p - \gamma_0 d}{\pi}\beta_0 \sin\varphi + (\gamma_0 d + \gamma z)\sin\varphi$$

整理后得

$$z = \frac{p - \gamma_0 d}{\pi\gamma}\left(\frac{\sin\beta_0}{\sin\varphi} - \beta_0\right) - \frac{c}{\gamma\tan\varphi} - \frac{\gamma_0}{\gamma}d \tag{8-4}$$

上式即为满足极限平衡条件的地基塑性区的边界方程，它给出了边界上任意一点的坐标 z 与 β 角的关系。若 p、d、γ_0、γ、φ 为已知，则可绘出塑性区的边界线，如图 8-4 所示。

由式(8-4)可求出在特定条件下塑性区开展的最大深度 z_{max}，即令 $\dfrac{dz}{d\beta_0} = 0$，求出 β_0，再代回式(8-4)即可。

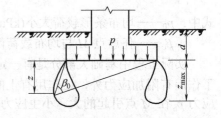

图 8-4　条形基础底面边缘塑性区

$$\frac{dz}{d\beta_0} = \frac{p - \gamma_0 d}{\pi\gamma}\left(\frac{\cos\beta_0}{\sin\varphi} - 1\right) = 0$$

$$\cos\beta_0 = \sin\varphi$$

则有

$$\beta_0 = \frac{\pi}{2} - \varphi \tag{8-5}$$

将式(8-5)代入式(8-4)，可求得 z_{max}：

$$z_{\max} = \frac{p - \gamma_0 d}{\pi \gamma} \left[\cot \varphi - \left(\frac{\pi}{2} - \varphi \right) \right] - \frac{c}{\gamma \tan \varphi} - \frac{\gamma_0}{\gamma} d \qquad (8\text{-}6)$$

若 $z_{\max} = 0$，则意味着在地基内部即将出现塑性区的情况，此时对应的载荷即为临塑载荷 p_{cr}，其表达式如下：

$$p_{cr} = \frac{\pi (\gamma_0 d + c \cdot \cot \varphi)}{\cot \varphi + \varphi - \dfrac{\pi}{2}} + \gamma_0 d \qquad (8\text{-}7)$$

由式(8-7)可以看出，临塑载荷 p_{cr} 由两部分组成，一部分为地基土黏聚力 c 的作用，另一部分为基础两侧超载 $\gamma_0 d$ 或基础埋深 d 的影响，这两部分都是内摩擦角 φ 的函数，p_{cr} 随 c、φ、$\gamma_0 d$ 的增大而增大。

8.2.2　临界载荷 $p_{1/4}$ 和 $p_{1/3}$

工程实践表明，采用不允许地基产生塑性区的临塑载荷 p_{cr} 作为地基承载力特征值时，往往不能充分发挥地基的承载能力，取值偏于保守。而临界载荷是指允许地基产生一定范围塑性变形区所对应的载荷。

对于中等强度以上的地基土，将控制地基中塑性区在一定深度范围内的临界载荷作为地基承载力特征值，使地基既有足够的安全度和稳定性，又能比较充分地发挥地基的承载能力，从而达到优化设计、减少基础工程量、节约投资的目的，符合经济合理的原则。允许塑性区开展深度的范围大小与建筑物的重要性、载荷性质和大小、基础形式和特性、地基土的物理力学性质等有关。

根据工程实践经验，在中心载荷作用下，控制塑性区最大开展深度 $z_{\max} = \dfrac{1}{4} b$（$b$ 为条形基础宽度），则相应载荷即为临界载荷 $p_{1/4}$，其表达式为

$$p_{1/4} = \frac{\pi \left(\gamma_0 d + c \cdot \cot \varphi + \dfrac{1}{4} \gamma b \right)}{\cot \varphi + \varphi - \dfrac{\pi}{2}} + \gamma_0 d \qquad (8\text{-}8)$$

在偏心载荷作用下控制 $z_{\max} = \dfrac{1}{3} b$，则相应的载荷即为临界载荷 $p_{1/3}$，其表达式为

$$p_{1/3} = \frac{\pi \left(\gamma_0 d + c \cdot \cot \varphi + \dfrac{1}{3} \gamma b \right)}{\cot \varphi + \varphi - \dfrac{\pi}{2}} + \gamma_0 d \qquad (8\text{-}9)$$

式(8-7)、式(8-8)和式(8-9)可改写成如下形式：

$$p_{cr} = c N_c + \gamma_0 d N_q = c N_c + q N_q \qquad (8\text{-}10\text{a})$$

$$p_{\substack{1/4 \\ (1/3)}} = c N_c + q N_q + \frac{1}{2} \gamma b N_\gamma \qquad (8\text{-}10\text{b})$$

式中：N_c，N_q，N_γ——承载力系数，可按下列公式计算，即

$$N_c = \frac{\pi \cot \varphi}{\cot \varphi + \varphi - \frac{\pi}{2}} \tag{8-11a}$$

$$N_q = 1 + \frac{\pi}{\cot \varphi + \varphi - \frac{\pi}{2}} \tag{8-11b}$$

$$N_{\gamma(1/4)} = \frac{\pi}{2\left(\cot \varphi + \varphi - \frac{\pi}{2}\right)} \quad \left(\text{当} z_{max} = \frac{1}{4}b \text{时}\right) \tag{8-11c}$$

$$N_{\gamma(1/3)} = \frac{\pi}{1.5\left(\cot \varphi + \varphi - \frac{\pi}{2}\right)} \quad \left(\text{当} z_{max} = \frac{1}{3}b \text{时}\right) \tag{8-11d}$$

由公式(8-10a)、公式(8-10b)可知，两个临界载荷由三部分组成：第一、二部分分别反映了地基土黏聚力和基础两侧超载 $\gamma_0 d$ 对承载力的影响，这两部分组成了临塑载荷；第三部分表现为基础宽度和持力层地基土重度的影响，实际上是受塑性区开展深度的影响。这三部分都随土的内摩擦角 φ 的增大而增大，其值可从公式计算得到，为方便查用，可查表 8-1 求得。

表 8-1 临界载荷承载力系数 N_γ、N_q、N_c

$\varphi/(°)$	$N_{\gamma(1/4)}$	$N_{\gamma(1/3)}$	N_q	N_c	$\varphi/(°)$	$N_{\gamma(1/4)}$	$N_{\gamma(1/3)}$	N_q	N_c
0	0.00	0.00	1.00	3.14	24	1.44	1.91	3.87	6.45
2	0.06	0.08	1.12	3.32	26	1.68	2.24	4.37	6.90
4	0.12	0.16	1.25	3.51	28	1.97	2.62	4.93	7.40
6	0.20	0.26	1.39	3.71	30	2.29	3.06	5.59	7.95
8	0.28	0.37	1.55	3.93	32	2.67	3.56	6.34	8.55
10	0.37	0.49	1.73	4.17	34	3.11	4.15	7.22	9.22
12	0.47	0.63	1.94	4.42	36	3.62	4.83	8.24	9.97
14	0.59	0.78	2.17	4.69	38	4.22	5.62	9.44	10.80
16	0.72	0.95	2.43	4.99	40	4.92	6.56	10.85	11.73
18	0.86	1.15	2.72	5.31	42	5.76	7.68	12.51	12.79
20	1.03	1.37	3.06	5.66	44	6.75	9.00	14.50	13.98
22	1.22	1.63	3.44	6.04	45	7.32	9.76	15.64	14.64

需要说明的是，临塑载荷和临界载荷公式都是在条形载荷情况下(平面应变问题)推导得到的，对于矩形或圆形基础(空间问题)，用此公式计算，其结果偏于安全。

【例 8-1】地基上有一条形基础，宽 $b=12.0\text{m}$，基础埋深 $d=2.0\text{m}$，土的浮重度 $\gamma'=10\text{kN/m}^3$，$\varphi=14°$，$c=20\text{kPa}$，试求 p_{cr} 与 $p_{1/3}$。

解：$p_{cr} = \dfrac{\pi(\gamma_0 d + c \cdot \cot \varphi)}{\cot \varphi + \varphi - \frac{\pi}{2}} + \gamma_0 d = \dfrac{\pi(10 \times 2 + 20 \times \cot 14°)}{\cot 14° + \frac{14 \times \pi}{180} - \frac{\pi}{2}} + 10 \times 2 = 137.2\text{kPa}$

$$p_{1/3} = \frac{\pi\left(\gamma_0 d + c \cdot \cot\varphi + \frac{1}{3}\gamma b\right)}{\cot\varphi + \varphi - \frac{\pi}{2}} + \gamma_0 d = 137.2 + \frac{3.14 \times \frac{1}{3} \times 10 \times 12}{\cot 14° + \frac{14 \times \pi}{180} - \frac{\pi}{2}} = 184.1\text{kPa}$$

8.3　地基的极限承载力

地基的极限承载力是地基剪切破坏发展至即将丧失稳定性时所能承受的载荷。在土力学的发展中，地基极限承载力的理论公式很多，大都是按整体剪切破坏模式推导，而用于局部剪切或冲剪破坏时根据经验加以修正。

目前，求解极限承载力的方法有两种，一种是根据静力平衡和极限平衡条件建立微分方程，根据边界条件求出地基整体达到极限平衡时各点的应力的精确解。由于这一方法只对一些简单的条件得到了解析解，对其他情况则求解困难，故此法不常用。另一种求极限承载力的方法为假定滑动面法，此法先假设滑动面的形状，然后以滑动面所包围的土体为隔离体，根据静力平衡条件求出极限载荷。这种方法概念明确，计算简单，得到广泛的应用。本节介绍按极限平衡理论求导的普朗特尔和瑞斯诺极限承载力，按假定滑动面求导的太沙基等极限承载力公式。

8.3.1　普朗特尔极限承载力理论

普朗特尔(L.Prandtl)在 1920 年根据塑性理论研究了刚性体压入介质中，介质达到破坏时滑动面的形状及极限压应力的公式。在推导公式时，假设介质是无质量的，载荷为无限长的条形载荷，载荷板底面是光滑的。

根据土体极限平衡理论，即由上述假定所确定的边界条件得出滑动面的形状，如图 8-5 所示，滑动面所包围的区域分五个区，一个 I 区，两个 II 区，两个 III 区。由于假设载荷板面是光滑的，因此 I 区中的竖向应力即为大主应力，称为朗肯主动区，滑动面与水平面夹角为$(45° + \varphi/2)$。由于 I 区的土楔 ABC 向下位移，把附近的土体挤向两侧，使III区中的土体 ADF 和 BEG 达到被动朗肯状态，称为郎肯被动区，该区大主应力作用方向为水平向，滑动面与水平面夹角为$(45° - \varphi/2)$。在主动区与被动区之间是由一组对数螺线和一组辐射向直线组成的过渡区。对数螺线方程为$\gamma = \gamma_0 e^{\theta \tan\varphi}$，对数螺线分别与主动及被动区的滑动面相切。

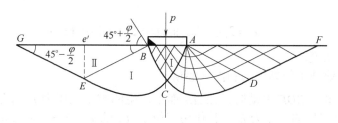

图 8-5　Prandtl 地基滑动模型

根据以上的假设，普朗特尔推导出极限承载力的理论解为

$$p_u = cN_c \tag{8-12}$$

其中

$$N_c = \cot\varphi \left[\exp(\pi\tan\varphi)\tan^2\left(45° + \frac{\varphi}{2}\right) - 1 \right] \tag{8-13}$$

式中：N_c——承载力系数，是内摩擦角 φ 的函数。

若考虑基础有埋深 d，则将基底平面以上的覆土以柔性超载 $q = \gamma_0 \cdot d$ 代替，瑞斯诺 (H.Reissner，1924)得出极限承载力的表达式为

$$p_u = cN_c + qN_q \tag{8-14}$$

式中：N_c、N_q——承载力系数，N_c 与式(8-13)相同。

N_q 计算公式如下：

$$N_q = \exp(\pi\tan\varphi)\tan^2\left(45° + \frac{\varphi}{2}\right) \tag{8-15}$$

由 N_c、N_q 表达式可以看出：$N_c = (N_q - 1)\cot\varphi$。

上述普朗特尔及瑞斯诺公式，均假定土的重度 $\gamma = 0$。若考虑土的重力时，普朗特尔推导得到的滑动面 II 区就不再是对数螺线了，其滑动面形状很复杂，目前尚无法按极限平衡理论求得其解析解，只能采用数值计算方法求解。

8.3.2 按假定滑动面确定极限承载力

1. 太沙基极限承载力理论

虽然 Prandtl 公式得到了解析解，但由于其理论假设介质(土)的重度 $\gamma = 0$，基底是光滑的，与实际情况出入较大。太沙基在普朗特尔研究的基础上作了如下假定。

(1) 基底是粗糙的，由于在基底下存在摩擦力，阻止了基底下 I 区上楔体 ABC 的剪切位移，这部分土体不发生破坏而处于弹性状态，它像一个"弹性核"随着基础一起向下移动。

(2) 地基土是有重量的($\gamma \neq 0$)，但是忽略地基土重度对滑移形状的影响。因为根据极限平衡理论，如果考虑土的重度，塑性区内的两组滑线就不一定完全是直线。太沙基滑动面的形状如图 8-6(a)所示。I 区土楔体 ABC 滑动面与水平面的夹角为 φ。2 个III区仍能达到被动极限平衡状态，与普朗特尔模型相同，也是等腰三角形。

(3) 不考虑基底两侧土体的抗剪强度，只把它作为超载考虑。

根据以上假定，当忽略不计楔体 ABC 的重量时，地基达到极限载荷时，AB 和 BC 面上只作用有被动土压力 p_p 和黏结力的合力 C_a，如图 8-6(b)所示，按楔体 ABC 竖直方向的静力平衡条件得

$$b \cdot p_u = 2p_p + 2C_a\sin\varphi = 2p_p + b \cdot c \cdot \tan\varphi \tag{8-16}$$

式中：b——基础宽度；

c、φ——地基土的黏聚力和内摩擦角。

根据土压力理论，BDF 滑动时，在 AB 面上产生的被动土压力 p_p 可分为三部分：一是由 $ABDF$ 土体自重产生的土压力 E_p，其作用点位于 AB 的下面1/3处；二是黏聚力产生的土压力 E_c；第三部分是由基础以上土的超载 $q = \gamma_0 \cdot d$ 引起的土压力 E_q。E_c 和 E_q 都是均匀分

布的，其作用点在 AB 的中点。由土压力的计算可得

$$E_p = \frac{1}{2}\gamma H^2 K_{pr} \tag{8-17a}$$

$$E_c = cHK_{pc} \tag{8-17b}$$

$$E_q = qHK_{pq} \tag{8-17c}$$

式中，K_{pr}、K_{pc}、K_{pq} 分别为由土重、黏聚力 c、超载 q 产生的被动土压力系数，无量纲；H 为刚性核的竖直高度。

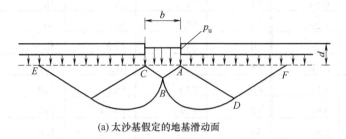 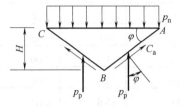

(a) 太沙基假定的地基滑动面　　　　　　　(b) 弹性楔体受力状态

图 8-6　太沙基地基滑动模型

将式(8-17)代入式(8-16)，并考虑 $H = \dfrac{b}{2}\tan\varphi$，可得

$$b \cdot p_u = 2\left[\frac{1}{2}\gamma\left(\frac{b}{2}\tan\varphi\right)^2 K_{pr} + c \cdot \frac{b}{2}\tan\varphi K_{pc} + q \cdot \frac{b}{2}\tan\varphi K_{pq}\right] + b \cdot c \cdot \tan\varphi$$

解出

$$p_u = \frac{1}{2}\gamma b \cdot \frac{1}{2}\tan^2\varphi K_{pr} + c \cdot (\tan\varphi \cdot K_{pc} + \tan\varphi) + q \cdot \tan\varphi \cdot K_{pq} \tag{8-18}$$

若令

$$N_\gamma = \frac{1}{2}\tan^2\varphi \cdot K_{pr} \tag{8-19a}$$

$$N_c = \tan\varphi \cdot K_{pc} + \tan\varphi \tag{8-19b}$$

$$N_q = \tan\varphi \cdot K_{pq} \tag{8-19c}$$

则有

$$p_u = cN_c + qN_q + \frac{1}{2}\gamma b N_\gamma \tag{8-20}$$

式中，N_γ、N_c、N_q 为无量纲的承载力系数，都是 φ 的函数。根据太沙基的推导得出

$$N_q = \frac{1}{2}\left[\frac{e^{\left(\frac{3}{4}\pi - \frac{\varphi}{2}\right)\tan\varphi}}{\cos\left(\frac{\pi}{4} + \frac{\varphi}{2}\right)}\right]^2 \tag{8-21a}$$

$$N_c = \cot\varphi(N_q - 1) \tag{8-21b}$$

N_γ 需要试算求得。N_γ、N_c、N_q 可通过查表 8-2 或图的方法求得。太沙基给出的承载力系数曲线如图 8-7 所示。

表 8-2　太沙基承载力系数

$\varphi/(°)$	N_c	N_q	N_γ	$\varphi/(°)$	N_c	N_q	N_γ
0	5.7	1.00	0.00	24	23.4	11.4	8.6
2	6.5	1.22	0.23	26	27.0	14.2	11.5
4	7.0	1.48	0.39	28	31.6	17.8	15
6	7.7	1.81	0.63	30	37.0	22.4	20
8	8.5	2.20	0.86	32	44.4	28.7	28
10	9.5	2.68	1.20	34	52.8	36.6	36
12	10.9	3.32	1.66	36	63.6	47.2	50
14	12.0	4.00	2.20	38	77.0	61.2	90
16	13.0	4.91	3.00	40	94.8	80.5	130
18	15.5	6.04	3.90	42	119.5	109.4	195
20	17.6	7.42	5.00	44	151.0	147.0	260
22	20.2	9.17	6.50	45	172.2	173.3	326

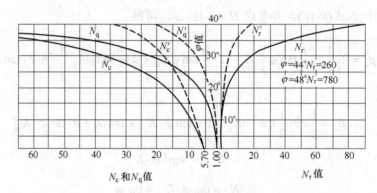

图 8-7　太沙基公式承载力系数(基底完全粗糙)

对于局部剪切破坏的情况，太沙基建议用调整 c、φ 的方法，即取

$$\overline{c} = \frac{2}{3}c \tag{8-22a}$$

$$\overline{\varphi} = \arctan\left(\frac{2}{3}\tan\varphi\right) \tag{8-22b}$$

代替式(8-20)中的 c 和 φ，则有

$$p_u = \frac{2}{3}cN_c' + qN_q' + \frac{1}{2}\gamma bN_r' \tag{8-23}$$

式中：N_c'、N_q'、N_r'——局部剪切破坏承载力系数，由 φ 查图 8-7 中的虚线，或由 $\overline{\varphi}$ 查图中的实线。

式(8-20)是在假定条形基础下地基发生整体剪切破坏时得到的，对于实际工程中存在的方形、圆形和矩形基础的情况则属于三维问题，太沙基根据一些试验资料建议按下列半经验公式计算。

对于边长为 b 的方形基础：

$$p_u = 1.2cN_c + qN_q + 0.4\gamma bN_\gamma \tag{8-24}$$

直径为 b 的圆形基础：

$$p_u = 1.2cN_c + qN_q + 0.6\gamma bN_\gamma \tag{8-25}$$

边长为 $b \times l$ 的矩形基础按 b/l 值在条形基础($b/l=0$)和方形基础($b/l=1$)之间内插求得极限承载力。

2. 魏西克极限承载力公式

在实际工程中，理想中心载荷作用的情况不是很多，在许多时候载荷是偏心的甚至是倾斜的，这时情况相对复杂一些，基础可能会整体剪切破坏，也可能水平滑动破坏，其理论破坏模式与中心载荷下不同。

魏西克(A.S.Vesic)20 世纪 70 年代在太沙基理论基础上提出了条形基础在中心载荷作用下的极限承载力公式：

$$p_u = cN_c + qN_q + \frac{1}{2}\gamma bN_\gamma$$

魏西克公式的形式虽然与太沙基公式相同，但承载力系数 N_γ、N_c、N_q 取值却有所不同，如表 8-3 所示。

表 8-3　魏西克承载力系数

$\varphi/(°)$	N_c	N_q	N_γ	$\varphi/(°)$	N_c	N_q	N_γ
0	2.14	1.00	0.00	24	19.32	9.60	9.44
2	5.63	1.20	0.15	26	22.25	11.85	12.54
4	6.19	1.43	0.34	28	25.80	14.72	16.72
6	6.81	1.72	0.57	30	30.14	18.40	22.40
8	7.53	2.06	0.86	32	35.49	23.18	30.22
10	8.35	2.47	1.22	34	42.16	29.44	41.06
12	9.28	2.97	1.60	36	50.59	37.74	56.31
14	10.37	3.59	2.29	38	61.35	48.93	78.03
16	11.63	4.34	3.06	40	75.31	64.20	109.41
18	13.10	5.26	4.07	42	93.71	85.38	155.55
20	14.83	6.40	5.39	44	118.37	115.31	224.64
22	16.88	7.82	7.13	46	152.10	158.51	330.35

魏西克公式也可按下式计算：

$$N_q = e^{\pi\tan\varphi} \cdot \tan^2(45° + \varphi/2) \tag{8-26a}$$

$$N_c = (N_q - 1)\cot\varphi \tag{8-26b}$$

$$N_r = 2(N_q + 1)\tan\varphi \tag{8-26c}$$

魏西克还研究了基础底面的形状、载荷偏心与倾斜、基础两侧覆盖土层的抗剪强度、基底和地面倾斜、土的压缩性影响等，对承载力公式进行了修正。

(1) 基础形状的影响

一般极限承载力公式都是根据条形载荷导出的，为了考虑方形和圆形基础，可以采用以下经验公式：

$$p_u = cN_c S_c + qN_q S_q + \frac{1}{2}\gamma b N_\gamma S_\gamma \qquad (8\text{-}27)$$

式中：S_c、S_q、S_r——基础形状修正系数，可按下式计算，即

矩形基础(宽为 b、长为 l)：

$$S_c = 1 + \frac{b}{l} \cdot \frac{N_q}{N_c} \qquad (8\text{-}28a)$$

$$S_q = 1 + \frac{b}{l} \cdot \tan\varphi \qquad (8\text{-}28b)$$

$$S_r = 1 - 0.4\frac{b}{l} \qquad (8\text{-}28c)$$

圆形基础和方形基础：

$$S_c = 1 + \frac{N_q}{N_c} \qquad (8\text{-}29a)$$

$$S_q = 1 + \tan\varphi \qquad (8\text{-}29b)$$

$$S_r = 0.6 \qquad (8\text{-}29c)$$

(2) 载荷偏心与倾斜的影响

载荷的偏心和倾斜都将降低地基承载力。当载荷只有偏心时，对于条基可采用以 $b'=b-2e$ (e 为偏心距)代替原来的宽度 b；若为矩形基础，则用 $b'=b-2e_b$，$l'=l-2e_l$ 分别代替原来的 b 和 l，e_b 和 e_l 分别为沿基础短边和长边的偏心距。当载荷倾斜时，可用载荷倾斜系数对承载力加以修正。

当载荷偏心和倾斜都存在时，可按下式计算极限承载力：

$$p_u = cN_c S_c i_c + qN_q S_q i_q + \frac{1}{2}\gamma b N_\gamma S_\gamma i_\gamma \qquad (8\text{-}30)$$

式中：i_c，i_q，i_γ——载荷倾斜修正系数，可按下式计算，即

$$i_c = \begin{cases} 1 - \dfrac{mH}{b'l'c \cdot N_c}, & \varphi = 0° \\[2mm] i_q - \dfrac{1-i_q}{N_c \cdot \tan\varphi}, & \varphi > 0° \end{cases} \qquad (8\text{-}31a)$$

$$i_q = \left(1 - \frac{H}{Q + b'l'c \cdot \cot\varphi}\right)^m \qquad (8\text{-}31b)$$

$$i_r = \left(1 - \frac{H}{Q + b'l'c \cdot \cot\varphi}\right)^{m+1} \qquad (8\text{-}31c)$$

式中：Q、H——倾斜载荷在基础底面上的垂直分力、水平分力(kN)；

　　　　m——系数，由下式确定，即

当载荷在短边方向倾斜时，　　　$m_b = \dfrac{2 + b/l}{1 + b/l}$

当载荷在长边方向倾斜时，$\qquad m_l = \dfrac{2+l/b}{1+l/b}$

条形基础，$\qquad\qquad\qquad\qquad m=2$

若载荷在任意方向倾斜，则

$$m_n = m_l \cos^2 \theta_n + m_b \sin^2 \theta_n \qquad\qquad (8\text{-}32)$$

式中：θ_n——载荷在任意方向的倾角。

(3) 基础两侧覆盖土层抗剪强度的影响

若考虑基础两侧覆盖土层的抗剪强度，则有下式：

$$p_u = cN_c S_c i_c d_c + qN_q S_q i_q d_q + \frac{1}{2}\gamma b N_\gamma S_\gamma i_\gamma d_\gamma \qquad\qquad (8\text{-}33)$$

式中：d_c、d_q、d_γ——基础埋深修正系数，可按下式确定，即

$$d_c = \begin{cases} 1 + 0.4d/b & (\varphi = 0, \ d \leqslant b) \\[2mm] 1 + 0.4\arctan(d/b) & (\varphi = 0, \ d > b) \\[2mm] d_q - \dfrac{1-d_q}{N_c \tan\varphi} & (\varphi > 0) \end{cases} \qquad (8\text{-}34\text{a})$$

$$d_q = \begin{cases} 1 + 2\tan\varphi(1-\sin\varphi)^2\,\dfrac{d}{b} & (d \leqslant b) \\[2mm] 1 + 2\tan\varphi(1-\sin\varphi)\arctan\left(d/b\right) & (d > b) \end{cases} \qquad (8\text{-}34\text{b})$$

$$d_\gamma = 1 \qquad\qquad (8\text{-}34\text{c})$$

3. 汉森极限承载力公式

与魏克西公式相似，汉森在极限承载力公式中也考虑了基础形状与载荷倾斜的影响，其形式如下：

$$p_u = cN_c S_c i_c d_c + qN_q S_q i_q d_q + \frac{1}{2}\gamma b' N_\gamma S_\gamma i_\gamma d_\gamma \qquad\qquad (8\text{-}35)$$

式中：b'——基础有效宽度，$b' = b - 2e_b$；

e_b——合力作用点的偏心距；

N_c，N_q，N_γ——承载力系数，查表 8-4 求得；

S_c，S_q，S_γ——基础形状修正系数，按下式计算，即

$$S_c = 1 + 0.2i_c(b'/l') \qquad\qquad (8\text{-}36\text{a})$$

$$S_q = 1 + i_q(b'/l')\sin\varphi \qquad\qquad (8\text{-}36\text{b})$$

$$S_\gamma = 1 - 0.4i_\gamma(b'/l') \qquad\qquad (8\text{-}36\text{c})$$

d_c，d_q，d_γ——基础埋深修正系数，与公式(8-34)相同；

i_c，i_q，i_γ——载荷倾斜系数，按下式计算，即

$$i_c = \begin{cases} 0.5 + 0.5\sqrt{1 - \dfrac{H}{cbl}} & (\varphi = 0°) \\[2mm] i_q - \dfrac{1-i_q}{N_c \cdot \tan\varphi} & (\varphi > 0°) \end{cases} \qquad (8\text{-}37\text{a})$$

$$i_q = \left(1 - \frac{0.5H}{Q + blc \cdot \tan\varphi}\right)^5 > 0 \qquad (8\text{-}37b)$$

水平基底：

$$i_\gamma = \left(1 - \frac{0.7H}{Q + blc \cdot \cot\varphi}\right)^5 > 0 \qquad (8\text{-}37c)$$

倾斜基底：

$$i_\gamma = \left(1 - \frac{(0.7 - \eta/450°)H}{Q + blc \cdot \cot\varphi}\right)^5 > 0$$

式中：η——基础底面与水平面的倾斜角。

表 8-4　汉森承载力系数

$\varphi/(°)$	N_c	N_q	N_γ	$\varphi/(°)$	N_c	N_q	N_γ
0	5.14	1.00	0.00	24	19.3	9.61	6.90
2	5.69	1.20	0.01	26	22.3	11.9	9.53
4	6.17	1.43	0.05	28	25.8	14.7	13.1
6	6.82	1.72	0.14	30	30.2	18.4	18.1
8	7.52	2.06	0.27	32	35.5	23.2	25.0
10	8.35	2.47	0.47	34	42.2	29.5	34.5
12	9.29	2.97	0.76	36	50.6	37.8	48.1
14	10.4	3.58	1.16	38	61.4	48.9	67.4
16	11.6	4.32	1.72	40	75.4	64.2	95.5
18	13.1	5.25	2.49	42	93.7	85.4	137
20	14.8	6.40	3.54	44	118	115	199
22	16.9	7.82	4.96	46	134	135	241

8.4　地基承载力的确定

8.4.1　地基承载力的概念

地基承载力是指地基土在单位面积上能承受载荷的能力，它是地基土抗剪强度的一种宏观表现。各种土木工程在其使用期限内均要求地基不能因为承载力不足、渗流破坏而失去稳定性，也不能因为变形过大而影响正常使用。

地基土在外部载荷的作用下内部应力增加，若某点沿某方向的剪应力达到土的抗剪强度，该点即处于极限平衡状态，若应力再增加，该点就发生破坏。随着外部载荷的不断增大，土体内部存在多个破坏点，若这些点连成整体，就形成了破坏面。地基土内一旦形成了整体滑动面(或贯通于地表，或存在于地基土内部)，则坐落在其上的建筑物或构筑物就会

发生急剧沉降、倾斜，从而失去使用功能，这种状态称为地基土失稳或丧失承载能力。地基即将丧失稳定性时的承载力即为地基极限承载力。

地基承载力问题是土力学中的重要研究课题之一，其研究目的是掌握地基土的承载规律，合理确定地基承载力，从而充分发挥地基承载能力，确保地基不致因为载荷作用而发生剪切破坏，以至于产生过大变形而影响建筑物或构筑物的正常使用。

地基稳定有足够的安全度，并且变形控制在建筑物容许范围内时的承载力称为容许承载力。一般以极限承载力除以安全系数 K 得到，通常 K 的取值为 2～3，此即定值法确定的地基承载力。

所有建筑物和土工建筑物的地基基础设计时均应满足地基承载力和变形的要求。对经常受水平载荷作用的高层建筑、高耸结构、高路堤和挡土墙以及建造在斜坡或边坡附近的建筑物，尚应验算地基稳定性。因此，通常地基计算时，首先应限制基底压力小于等于基础经过深度、宽度修正后的地基容许承载力，以便确定基础或路基的埋置深度和底面尺寸，然后验算地基变形，必要时验算地基稳定性。

国家标准《建筑地基基础设计规范》(GB 50007)采用了地基承载力特征值的概念。地基承载力特征值是指地基稳定有保证可靠度的承载能力，它作为随机变量是以概率理论为基础、以分项系数表达的实用极限状态设计法确定的地基承载力，同时也要验算地基变形不超过允许变形值。

《建筑地基基础设计规范》(GB 50007)将地基承载力特征值定义为"由载荷试验测定的地基土的压力-变形曲线线性变形段内规定的变形所对应的压力值，其最大值为比例界限值"，并对其进行了如下说明。

由于土为大变形材料，当载荷增加时，随着地基变形的相应增长，地基承载力也在逐渐加大，很难界定出一个真正的"极限值"；另一方面，建筑物的使用有一个功能要求，常常是地基承载力还有潜力可挖，而变形已达到或超过按正常使用的限值。因此，地基设计是采用正常使用极限状态这一原则，所选定的地基承载力是在地基土的压力变形曲线线性变形段内相应于不超过比例界限点的地基压力值，即容许承载力。

8.4.2　地基承载力的确定原则

目前确定地基承载力的方法主要有原位测试法、理论公式法、规范表格法及当地经验法。原位测试法是一种通过现场直接试验确定承载力的方法，原位测试包括(静)载荷试验、静力触探试验、标准贯入试验、旁压试验等，其中以载荷试验法为最可靠的基本原位测试法。理论公式法是根据土的抗剪强度指标计算的理论公式确定承载力的方法。规范表格法是根据室内试验指标、现场原位测试指标或野外鉴别指标，通过查规范所列表格得到承载力的方法。对于不同部门、不同行业、不同地区的规范，其承载力值不会完全相同，应用时需注意各自的使用条件。当地经验法是一种基于地区的使用经验，进行类比判断确定承载力的方法，它是一种宏观辅助的方法。

《建筑地基基础设计规范》(GB 50007)规定，地基承载力特征值可由载荷试验或其他原位测试、公式计算，并结合工程实践经验等方法综合确定。

静力触探、动力触探、标准贯入试验等原位测试用于确定地基承载力在我国已有丰富

经验，但必须有地区经验，即当地的对比资料，同时还应注意结合室内试验成果进行综合分析，不宜单独应用。

《公路桥涵地基与基础设计规范》(JTG D63)规定：地基承载力的验算应以修正后的地基承载力容许值$[f_a]$控制，该值是在地基原位测试或规范给出的各类岩土承载力基本容许值$[f_{a0}]$的基础上，经修正而得。

所谓修正后的地基承载力容许值或承载力特征值，均指所确定的承载力包含了基础埋深、基础宽度及地基土类别等因素。原位试验法和规范表格法确定的地基承载力均未包含基础埋深和基础宽度等因素，因此需要先求得地基承载力基本容许值$[f_{a0}]$，再经过深宽修正，得出修正后的地基承载力容许值$[f_a]$；或先求得地基承载力特征值f_{ak}，再经过深宽修正，得出修正后的地基承载力特征值f_a。理论公式法可以直接计算得出修正后的地基承载力容许值$[f_a]$或修正后的地基承载力特征值f_a。

8.4.3　理论公式计算确定地基承载力特征值

根据具体工程要求，可采用由极限平衡理论得到的地基土临塑载荷p_{cr}和塑性临界载荷$p_{1/4}$、$p_{1/3}$计算公式确定地基承载力特征值，也可以采用普朗特尔、瑞斯诺、太沙基、魏西克、汉森等地基极限承载力公式除以安全系数确定地基承载力特征值。一般对太沙基极限承载力公式，安全系数取2~3。

《建筑地基基础设计规范》(GB 50007)采用塑性临界载荷的概念，并参考普朗特尔、太沙基的极限承载力公式规定了按地基土抗剪强度指标确定地基承载力特征值的方法。当偏心距e小于或等于0.033倍基础底面宽度时，根据土的抗剪强度指标确定地基承载力特征值可按下式计算，并应满足变形要求：

$$f_a = M_b \gamma b + M_d \gamma_m d + M_c c_k \tag{8-38}$$

式中：f_a——由土的抗剪强度指标确定的地基承载力特征值(kPa)；

M_b、M_d、M_c——承载力系数，按表8-5确定；

b——基础底面宽度(m)，大于6m时按6m取值，对于砂土小于3m时按3m取值；

c_k——基底下一倍短边宽深度内土的黏聚力标准值(kPa)；

γ——基础底面以下土的重度，地下水位以下取有效重度(kN/m³)；

γ_m——基础底面以上土的加权平均重度，地下水位以下的土层取有效重度(kN/m³)；

d——基础埋置深度(m)，宜自室外地面标高算起。在填方整平地区，可自填土地面标高算起，但填土在上部结构施工后完成时应从天然地面标高算起；对于地下室，如采用箱形基础或筏基时，基础埋置深度自室外地面标高算起，当采用独立基础或条形基础时应从室内地面标高算起。

采用式(8-38)和表8-5确定地基承载力特征值时，地基土的抗剪强度指标采用内摩擦角标准值c_k、黏聚力标准值φ_k，可按下列规定计算。

(1) 根据室内n组三轴压缩试验的结果，按下列公式计算某一土性指标的试验平均值、标准差和变异系数，即

$$\delta = \sigma / \mu \tag{8-39}$$

$$\mu = \frac{1}{n} \sum_{i=1}^{n} \mu_i \tag{8-40}$$

$$\sigma = \sqrt{\frac{\sum_{i=1}^{n} \mu_i^2 - n\mu^2}{n-1}} \tag{8-41}$$

式中：δ——变异系数；

μ——某一土性指标的试验平均值；

σ——标准差。

表 8-5　承载力系数 M_b、M_d、M_c

$\varphi_k/(°)$	M_b	M_d	M_c	$\varphi/(°)$	M_b	M_d	M_c
0	0	1.00	3.14	22	0.61	3.44	6.04
2	0.03	1.12	3.32	24	0.80	3.87	6.45
4	0.06	1.25	3.51	26	1.10	4.37	6.90
6	0.10	1.39	3.71	28	1.40	4.93	7.40
8	0.14	1.55	3.93	30	1.90	5.59	7.95
10	0.18	1.73	4.17	32	2.60	6.35	8.55
12	0.23	1.94	4.42	34	3.40	7.21	9.22
14	0.29	2.17	4.69	36	4.20	8.25	9.97
16	0.36	2.43	5.00	38	5.00	9.44	10.80
18	0.43	2.72	5.31	40	5.80	10.84	11.73
20	0.51	3.06	5.66				

注：φ_k——基底下一倍短边宽深度内土的内摩擦角标准值。

(2) 按下列公式计算内摩擦角和黏聚力的统计修正系数 ψ_φ、ψ_c。

$$\psi_\varphi = 1 - \left(\frac{1.704}{\sqrt{n}} + \frac{4.678}{n^2}\right)\delta_\varphi \tag{8-42}$$

$$\psi_c = 1 - \left(\frac{1.704}{\sqrt{n}} + \frac{4.678}{n^2}\right)\delta_c \tag{8-43}$$

式中：ψ_φ——内摩擦角的统计修正系数；

ψ_c——黏聚力的统计修正系数；

δ_φ、δ_c——内摩擦角、黏聚力的变异系数。

(3) 内摩擦角、黏聚力的标准值 c_k、φ_k。

$$\varphi_k = \psi_\varphi \varphi_m \tag{8-44}$$

$$c_k = \psi_c c_m \tag{8-45}$$

式中：φ_m、c_m——内摩擦角、黏聚力的试验平均值。

8.4.4　载荷试验确定地基承载力特征值

1. 浅层平板载荷试验

地基土浅层平板载荷试验可适用于确定浅部地基土层的承压板下应力主要影响范围内

的承载力。承压板面积不应小于 0.25m²，对于软土不应小于 0.5m²。试验基坑宽度不应小于承压板宽度或直径的 3 倍。应保持试验土层的原状结构和天然湿度。宜在拟试压表面用粗砂或中砂层找平，其厚度不超过 20mm。

载荷试验加荷分级不应少于 8 级。最大加载量不应小于设计要求的 2 倍。每级加载后，按间隔 10min、10min、10min、15min、15min，以后为每隔半小时测读一次沉降量，当在连续两小时内每小时的沉降量小于 0.1mm 时，则认为已趋稳定，可加下一级载荷。

1) 试验终止加载的条件

当出现下列情况之一时，即可终止加载。

(1) 承压板周围的土明显地侧向挤出。

(2) 沉降 s 急剧增大，载荷-沉降(p-s)曲线出现陡降段。

(3) 在某一级载荷下，24 小时内沉降速率不能达到稳定标准。

(4) 沉降量与承压板宽度或直径之比大于或等于 0.06。

当满足前三种情况之一时，其对应的前一级载荷定为极限载荷。

2) 承载力特征值的确定

承载力特征值的确定应符合下列规定。

(1) 当 p-s 曲线上有比例界限时，取该比例界限所对应的载荷值。

(2) 当极限载荷小于对应比例界限的载荷值的 2 倍时，取极限载荷值的一半。

(3) 当不能按上述两款要求确定时，当压板面积为 0.25～0.50m²，可取 s/b=0.01～0.015 所对应的载荷，但其值不应大于最大加载量的一半。

同一土层参加统计的试验点不应少于三点，当试验实测值的极差不超过其平均值的 30% 时，取此平均值作为该土层的地基承载力特征值 f_{ak}。

2. 深层平板载荷试验

深层平板载荷试验可适用于确定深部地基土层及大直径桩桩端土层在承压板下应力主要影响范围内的承载力。深层平板载荷试验的承压板采用直径为 0.8m 的刚性板，紧靠承压板周围外侧的土层高度应不少于 80cm。

试验加荷等级可按预估极限承载力的 1/15～1/10 分级施加。每级加荷后，第一个小时内按间隔 10min、10min、10min、15min、15min，以后为每隔半小时测读一次沉降。当在连续两小时内，每小时的沉降量小于 0.1mm 时，则认为已趋稳定，可加下一级载荷。

1) 试验终止加载的条件

当出现下列情况之一时，可终止加载。

(1) 沉降 s 急剧增大，载荷-沉降(p-s)曲线上有可判定极限承载力的陡降段，且沉降量超过 0.04d(d 为承压板直径)。

(2) 在某级载荷下，24 小时内沉降速率不能达到稳定。

(3) 本级沉降量大于前一级沉降量的 5 倍。

(4) 当持力层土层坚硬，沉降量很小时，最大加载量不小于设计要求的 2 倍。

2) 承载力特征值的确定

承载力特征值的确定应符合下列规定。

(1) 当 p-s 曲线上有比例界限时，取该比例界限所对应的载荷值。

(2) 满足前两条终止加载条件之一时，其对应的前一级载荷定为极限载荷，当该值小于对应比例界限的载荷值的 2 倍时取极限载荷值的一半。

(3) 不能按上述两款要求确定时，可取 s/d=0.01～0.015 所对应的载荷值，但其值不应大于最大加载量的一半。

同一土层参加统计的试验点不应少于三点，当试验实测值的极差不超过平均值的 30% 时，取此平均值作为该土层的地基承载力特征值 f_{ak}。

思 考 题

8-1 地基的破坏模式有哪几种？影响地基破坏模式的主要因素是什么？

8-2 怎样根据地基内塑性区开展的深度来确定临界载荷？基本假定是什么？

8-3 地基临塑载荷和临界载荷的物理概念是什么？

8-4 将条形基础的极限承载力公式计算结果用于方形基础，是偏于安全还是不安全？

8-5 地基承载力的确定方法有哪些？

习　题

8-1 有一条形基础，宽度 $b = 3m$，埋置深度 $d = 1m$，地基土重度 γ=19kN/m³，c=10kPa，$\varphi = 10°$，试求地基的容许承载力 $p_{1/4}$ 和 $p_{1/3}$。

[答案：$p_{1/4}$=85kPa，$p_{1/3}$=88.4kPa]

8-2 某办公楼采用砖混结构基础。设计基础宽度 b=1.50m，基础埋深 d=1.4m，地基为粉土，γ=18.0kN/m³，$\varphi = 30°$，$c = 10kPa$，地下水位深 7.8m，按太沙基公式计算此地基的极限承载力。

[答案：1204.5kPa]

8-3 某承受中心载荷的柱下独立基础，基础底宽 b=1.5m，埋深 d=1.6m，地基土为粉土，重度 γ=17.8kN/m³，摩擦角标准值 φ_k=22°，c_k=1.2kPa，试确定地基承载力特征值。

[答案：121.5kPa]

参 考 文 献

[1] 中华人民共和国国家标准. 建筑地基基础设计规范(GB 50007—2011)[S]. 北京：中国建筑工业出版社，2012.

[2] 中华人民共和国国家标准. 岩土工程勘察规范(GB 50021—2001)[S]. 北京：中国建筑工业出版社，2002.

[3] 中华人民共和国国家标准. 土工试验方法标准(GB/T 50123—1999)[S]. 北京：中国计划出版社，1999.

[4] 中华人民共和国行业标准. 公路桥涵地基及基础设计规范(JTG D63—2007)[S]. 北京：人民交通出版社，2007.

[5] 中华人民共和国行业标准. 公路土工试验规程(JTG E40—2007)[S]. 北京：人民交通出版社，2007.

[6] 李广信，张丙印，于玉贞. 土力学. 2 版. 北京：清华大学出版社，2013.

[7] 张克恭，刘松玉. 土力学. 3 版. 北京：中国建筑工业出版社，2010.

[8] 陈希哲. 土力学地基基础. 5 版. 北京：清华大学出版社，2013.

[9] 张怀静. 土力学. 北京：机械工业出版社，2011.

[10] 张向东. 土力学. 2 版. 北京：人民交通出版社，2011.

[11] 袁聚云，钱建固，张宏鸣，等. 土质学与土力学. 北京：人民交通出版社，2015.

[12] 张春梅. 土力学. 北京：机械工业出版社，2012.

[13] 建筑地基基础设计规范理解与应用(第二版)编委会. 建筑地基基础设计规范理解与应用. 北京：中国建筑工业出版社，2012.